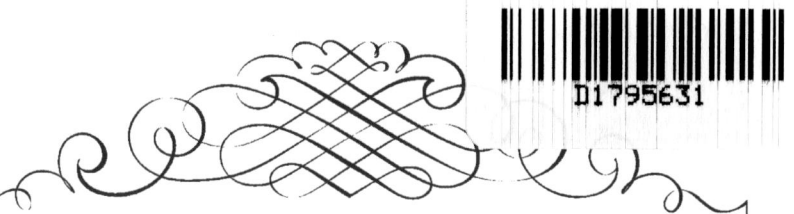

ISBN 978-0-282-86021-9
PIBN 10399170

1 MONTH OF
FREE
READING

at

www.ForgottenBooks.com

By purchasing this book you are eligible for one month membership to ForgottenBooks.com, giving you unlimited access to our entire collection of over 700,000 titles via our web site and mobile apps.

To claim your free month visit:

www.forgottenbooks.com/free399170

English
Français
Deutsche
Italiano
Español
Português

www.forgottenbooks.com

Mythology Photography **Fiction**
Fishing Christianity **Art** Cooking
Essays Buddhism Freemasonry
Medicine **Biology** Music **Ancient
Egypt** Evolution Carpentry Physics
Dance Geology **Mathematics** Fitness
Shakespeare **Folklore** Yoga Marketing
Confidence Immortality Biographies
Poetry **Psychology** Witchcraft
Electronics Chemistry History **Law**
Accounting **Philosophy** Anthropology
Alchemy Drama Quantum Mechanics
Atheism Sexual Health **Ancient History**
Entrepreneurship Languages Sport
Paleontology Needlework Islam
Metaphysics Investment Archaeology
Parenting Statistics Criminology
Motivational

HYGIÈNE ET THÉRAPEUTIQUE

THERMALES   .

BIBLIOTHÈQUE D'HYGIÈNE THÉRAPEUTIQUE

Dirigée par le professeur PROUST

HYGIÈNE ET THÉRAPEUTIQUE

THERMALES

PAR

G. DELFAU

Ancien interne des hôpitaux de Paris.

PARIS

MASSON ET Cie, ÉDITEURS

LIBRAIRES DE L'ACADÉMIE DE MÉDECINE

120, BOULEVARD SAINT-GERMAIN

1896

PRÉFACE

Les limites respectives de l'Hygiène et de la Thérapeutique ont été de tout temps assez imprécises; avec les progrès de la science moderne, ces deux branches de l'art médical se pénètrent mutuellement de plus en plus. Il y a des « modificateurs » qu'il serait impossible de parquer exclusivement dans l'une ou dans l'autre : les eaux minérales ont été de tout temps tenues pour des agents bien différents des agents médicamenteux proprement dits, quel que fût le point de vue sous lequel on les pût envisager; elles ont été considérées invariablement comme intermédiaires aux remèdes pharmaceutiques et aux moyens hygiéniques, et comme plus voisines de ces derniers que des premiers.

Au lieu de l'eau minérale en elle-même si l'on envisage, comme cela se doit, la cure thermo-

minérale, *aussitôt s'affirment clairement ses affi
nités avec les modificateurs hygiéniques.*

*Ce serait une conception bien étroite et bien
incomplète de ne voir dans une cure thermale
que l'action de l'eau minérale elle-même : le
climat, l'altitude, les vents régnants, l'exposition
de la localité,... l'abandon momentané des affaires,
des préoccupations quotidiennes, des plaisirs ordi-
naires, du régime habituel,... la vie au grand
air, l'exercice,... sans parler des agents annexes
du traitement proprement dit, tels sont les principaux éléments adjuvants dont on sait de plus en
plus apprécier l'action puissante, profonde et
durable.*

*La nature même des états de santé justiciables
de la* cure thermale *ajoute un trait de plus à la
physionomie de celle-ci : ce qu'elle modifie, ce
sont des habitudes morbides en quelque sorte, des
états chroniques, états chroniques généraux ou
états locaux liés à des états chroniques généraux.
Dans la prescription, puis dans la direction d'une
cure thermale, ce qui domine l'esprit du médecin,
ce sont les notions tirées de l'état général, du
tempérament, des forces du malade, de la forme
et des allures de l'affection, plutôt que de l'étiquette nosologique proprement dite.*

Et la résultante de ces actions complexes se rapproche des effets produits par les « grands modificateurs généraux » plus que de ceux fournis par les médicaments pharmaceutiques.

A elles seules ces quelques considérations suffisent pour rappeler que la Cure Thermale ressortit à la fois à la Thérapeutique proprement dite et à l'Hygiène, et plus encore à cette dernière telle qu'on tend de plus en plus à l'envisager aujourd'hui. Nous pensons qu'on ne saurait trop souligner ce caractère mixte; de là le titre de ce livre : Hygiène et Thérapeutique thermales.

G. Delfau.

HYGIÈNE ET THÉRAPEUTIQUE

THERMALES

— GÉNÉRALITÉS

Définition.

Les *eaux minérales, eaux thermales, eaux thermo-minérales* ou *minéro-thermales, eaux naturelles médicinales* sont des eaux naturelles douées de propriétés hygiéniques et thérapeutiques.

Ces eaux se distinguent des eaux douces par leur minéralisation. Cependant celle-ci peut être très faible; mais alors leur température plus ou moins élevée signale leur nature spéciale. Quand ces eaux sont à la fois faiblement minérales et faiblement thermales, ce qui se voit quelquefois, on se base généralement, pour trancher la question de leur véritable caractère, sur leur température, qui doit être constante et égale ou supérieure à la température moyenne de la localité. Ajoutons enfin que des conditions particulières qu'on n'est pas encore parvenu à déterminer font de ces eaux, à l'égard des maladies chroniques, des *modificateurs hygiéniques* très puissants et supé rieurs même ordinairement aux agents médica- menteux.

Aussi, les a-t-on définies très justement : « des eaux naturelles qui sont employées en hygiène et en thérapeutique en raison de leur constitution chimique, de leur température ou de leurs pro- priétés spéciales ».

Origine des eaux minerales.

(Genèse de leur thermalité et de leur minéralisation.)

Les eaux minérales peuvent être considérées comme des eaux atmosphériques ayant filtré dans la profondeur, puis revenant à la surface. Dans le trajet s'effectue leur minéralisation, les éléments de celle-ci leur étant fournis par les couches qu'elles traversent; c'est à la profondeur qu'elles puisent leur température.

Soit une excavation souterraine plus ou moins profonde et plus ou moins vaste, et communiquant avec la surface du sol par deux fissures. Dans la première fissure s'insinuent les eaux atmosphéri- ques ou même quelquefois s'engouffrent des rivières entières; l'excavation souterraine sert de réservoir; la seconde fissure fait office de cheminée ascensionnelle : l'ensemble constitue un siphon renversé.

Après s'être minéralisées au cours de leur trajet descendant, après s'être échauffées au cours de ce trajet et dans le réservoir, les eaux remontent à la surface par la seconde branche du siphon, leur trajet ascensionnel étant favorisé par diverses conditions telles que la diminution de leur pesanteur spécifique due à leur thermalité, la différence d'altitude entre les orifices d'entrée et de sortie, la pression exercée par les vapeurs et par les gaz.

On admet que les eaux minérales proviennent de points situés d'autant plus profondément qu'elles sont plus chaudes (en nombre rond 3 degrés par chaque centaine de mètres, ou 1 degré par 33 mètres). C'est ainsi que les eaux sulfurées sodiques des Pyrénées sont considérées comme ayant leurs réservoirs à 2 000 ou 2 500 mètres de profondeur. L'inverse toutefois ne serait pas toujours exact, car des eaux primitivement très chaudes peuvent, avant de jaillir à la surface, avoir subi des refroidissements, soit par suite de trajets contournés à travers des couches superficielles de moins en moins chaudes, soit surtout par suite de mélanges avec des eaux plus froides que la veine liquide ascensionnelle chaude peut avoir rencontrées dans ces mêmes régions superficielles.

Débit.

Le débit des eaux minérales présente une grande importance au point de vue de leur exploitation · les sources à débit très faible ne pourront guère être utilisées qu'en boisson. On compte qu'il faut environ un millier d'hectolitres quotidiens pour alimenter une installation balnéothérapique sérieuse dans une station fréquentée. L'emploi des bains à eau courante exige à la fois un débit considérable et une température suffisamment chaude.

Un certain nombre de sources fournissent un volume d'eau très considérable, et quelques-unes constituent de vraies rivières thermales. Générale ment les forts débits coïncident avec les températures élevées.

Température.

La température des eaux minérales est remarquable par sa constance : en 1754, Carrère avait déterminé la température des eaux des Pyrénées · cent ans plus tard, on a retrouvé les mêmes chiffres.

Elle présente la plus grande variété suivant les sources, et, pour ne parler que de la France, on y trouve tous les degrés intermédiaires entre 81° (Chaudesaigues) et 7° (Forges) et même 4° (Moudang). Quelques stations (Luchon, Ax, Graus d'Olette, Cauterets, Luxeuil, Plombières...) ont une série de sources de températures différentes, constituant une véritable échelle graduée, une « gamme de thermalité », de même qu'elles présentent parfois « une gamme de minéralisation ».

Constitution chimique.

La constitution chimique des eaux minérales peut être affirmée de deux manières différentes : par l'*analyse élémentaire*, et par le *groupement hypothétique* que l'on peut constituer avec les données fournies par l'analyse élémentaire. Celle-ci n'exprime que des corps simples ou des composés simples, tels que des acides et des bases ; le groupement hypothétique reconstitue des combinaisons, c'est-à-dire représente les corps et les composés simples tels qu'ils sont supposés exister dans l'eau minérale.

Il s'agit là, bien entendu, d'une interprétation ; mais cette « analyse interprétée », s'il nous est permis de l'appeler ainsi, est celle qui intéresse le médecin, c'est celle qu'il réclame, demandant « des conclusions » aux sciences accessoires qui apportent leur concours à la *clinique*, pour éclairer celle-ci. Aussi, dans les tableaux d'analyse que nous donnons pour les diverses sources thermo-minérales, au cours de ce volume, fournissons-nous toujours le groupement hypothétique, c'est-à-dire l'analyse interprétée. Car ce livre n'est pas un traité de chimie appliquée à l'étude des eaux minérales, c'est un livre de médecine, et de médecine essentiellement pratique.

Altitudes.

Dans une cure thermale, l'altitude de la station constitue un élément jamais indifférent et souvent d'une très grande importance. Pour certaines localités, telles que Barèges, le Mont-Dore..., leur position élevée constitue un des traits importants de leur physionomie thérapeutique. Et nous ne parlons pas, bien entendu, des « cures d'altitude » proprement dites, qui ne rentrent pas dans notre sujet.

D'une manière générale, les altitudes moyennes ou basses conviennent aux sujets irritables ; les altitudes élevées, au contraire, sont favorables aux sujets torpides et à ceux dont l'état général a besoin d'être remonté et stimulé.

On trouve pour les diverses stations de France les degrés d'élévation les plus divers : depuis le niveau de la mer (Balaruc, Biarritz), jusqu'aux degrés assez élevés pour que cet élément contribue aux résultats de la cure. Les stations les plus élevées de France sont : Les Escaldas, 1 350 mètres ; — Barèges, 1 232 mètres ; — La Preste, 1 100 mètres ; — Mont-Dore, 1 050 mètres ; — Cauterets, 980 mètres, — les sources de Moudang sont à 1 665 mètres ; et le petit établissement de l'Abéourat (Lescun) est à près de 2 000 mètres.

Climats. — Saisons thermales.

D'une manière générale, les stations du Midi ont un climat plus doux que les stations du Nord, et les stations de montagnes un climat plus rude que les stations de la plaine. Mais les conditions particulières d'exposition, d'abri, d'orientation, de régime météorologique viennent à chaque instant faire fléchir cette règle générale.

Suivant l'effet qu'il désire obtenir, le médecin devra donc, pour le choix définitif de la station à prescrire dans un cas donné, tenir grand compte de la localité elle-même, des conditions climatériques qu'elle présente : station du nord ou du midi, de montagne ou de plaine; d'altitude basse, moyenne, élevée ou très élevée; plus ou moins abritée; recevant les rayons du soleil pendant une portion de la journée plus ou moins considérable; voisine ou non de bois ou de forêts, ou bien de cours d'eau. La disposition même de l'endroit est très importante : il y a des stations à flanc de coteau, ou sur un plateau, plus ou moins balayées par les vents régnants; d'autres sont dans une vallée ou dans un ravin plus ou moins étroit, et dont l'orientation peut être très diverse; il y en a qui occupent un « fond de cuvette », disposition généralement redoutée des asthmatiques.

Le climat influe beaucoup, naturellement, sur l'époque et la durée de la *saison thermale*. Dans certaines stations le traitement peut être fait toute l'année; et dans ces établissements, les aménagements sont disposés en vue de cette éventualité. Dans quelques stations, au contraire la période favorable est très restreinte.

En général, cependant, on peut dire que les cures thermales se font de mai à octobre.

Boisson.

La boisson joue un rôle généralement très important dans les cures thermales; ce rôle varie toutefois suivant la maladie et la nature des eaux. Aussi la part qui revient à ce mode d'administration est-elle plus ou moins prépondérante, ou au contraire plus ou moins effacée, suivant les stations thermales. Dans la plupart, cependant, le traitement comprend la combinaison de la boisson et des moyens externes, avec prédominance de l'une ou des autres.

Les doses auxquelles on boit les eaux minérales varient beaucoup, car ces doses sont subordonnées notamment à la nature de l'eau et aux maladies pour lesquelles on la boit. Chaque station a même plus ou moins ses traditions là-dessus, et le médecin n'est pas toujours consulté. On conçoit donc qu'il ne peut être rien dit d'absolu quant aux doses. On boit par verres, par demi-verres, par quarts de verre, et cela un nombre de fois variant le plus ordinairement entre deux ou trois fois et cinq ou six fois.

On ne doit pas entasser les doses les unes sur les autres : il convient de laisser entre elles un intervalle d'un quart d'heure ou d'une demi-heure, suivant le cas. Entre la dernière dose et le repas, on laissera encore un intervalle, d'une heure généralement.

C'est le matin à jeun que sera faite la cure par l'eau en boisson ; on pourra cependant prendre de l'eau l'après-midi, avant le repas du soir, mais en quantité moindre que le matin.

Ajoutons qu'on débutera par des doses faibles pour n'atteindre que graduellement la dose qui convient au cas particulier. De même, à la fin de la cure, les doses seront graduellement restreintes.

Auprès de la plupart des fontaines, l'eau est bue telle qu'elle jaillit de la source, et dès qu'elle a été recueillie dans le verre. Certaines eaux sont trop chaudes pour cela : on est obligé pour les boire de les laisser refroidir ou de les couper avec de l'eau minérale préalablement refroidie. En Allemagne, on fait chauffer certaines eaux gazeuses pour éliminer une partie de l'acide carbonique qu'elles contiennent et qui, trop abondant, rendrait leur digestion difficile. Dans diverses stations, on a l'habitude de couper l'eau minérale, le plus souvent pour masquer sa saveur, avec diverses préparations : sirops béchiques, décoctions de plantes émollientes, infusions de tilleul ou de violettes, sirop de gomme, de tolu, etc., d'autres fois c'est avec du lait, ou du petit-lait.

Dans certains cas, mais à titre purement accidentel, et pour parer à des états momentanés, le médecin fait ajouter à l'eau en boisson des médicaments proprement dits : magnésie contre la constipation, élixir parégorique contre la diarrhée, digitale dans le cas d'excitation cardiaque, etc. Dans ces cas même, dont seul est juge le médecin il convient souvent de suspendre la cure thermale.

Quant à l'opportunité de cette suspension du traitement chez les femmes pendant leurs règles, il n'y a rien d'absolu, et la décision à prendre est subordonnée à des considérations d'ordres divers.

Il est généralement recommandé de marcher entre les verrées, mais modérément et sans secousses.

Bains.

Une longue expérience clinique a démontré l'efficacité des bains. Ils agissent puissamment sur l'innervation et la circulation générales; à ne considérer même que leur action bienfaisante sur la peau, il ne faut pas oublier la solidarité qui existe entre le bon fonctionnement du tégument cutané et celui des viscères, le balancement notamment qui s'établit entre la circulation et la nutrition du chorion externe d'une part et celles d'autre part du chorion interne. On sait combien

influe la santé de la peau sur celle du poumon, de
l'estomac, de l'intestin, des reins, etc. On s'explique très bien comment, en agissant sur la peau
par des bains appropriés, et cela pendant vingt,
vingt-cinq, trente jours consécutifs, on arrive à
modifier le fonctionnement d'organes internes si
importants, à modifier conséquemment la nutrition
générale et, par suite, les états diathésiques.

La durée des bains est très variable. Quand ils
sont tempérés, ce qui est le cas ordinaire en balnéothérapie thermale, la durée oscille généralement entre une demi-heure et une heure. Cette
durée peut être plus longue, et l'est en effet cou-
ramment dans certaines stations. Pour les bains
chauds, la durée ne doit pas dépasser quinze ou
dix minutes ; elle sera même plus courte s'il s'agit
de bains très chauds, à 42° et même 45°, comme
on en prescrit dans certains cas. On doit en outre
tenir grand compte, à ce point de vue, de la nature
de la maladie et de l'état des organes, ainsi que du
tempérament même du malade.

Il ne peut être rien dit d'absolu non plus sur la
répétition des bains ; cela dépend du cas particulier : certains malades n'en pourront pas prendre
tous les jours, d'autres en prendront deux par
jour.

Les moments les plus favorables pour prendre le
bain sont le matin à jeun ou bien l'après-midi vers
quatre ou cinq heures. En principe, le matin
semble plus favorable ; mais l'heure du soir a bien

aussi ses avantages pour le bain sédatif; il dissipe la fatigue de la journée et le délassement qu'il procure ne sera pas contrarié par la chaleur, la promenade, les excursions; le baigneur n'ayant plus alors qu'à dîner et se reposer.

Au lieu d'être pris individuellement dans une baignoire, les bains peuvent être pris en commun dans une *piscine*, bassin plus ou moins grand, et qui peut être assez vaste pour permettre des exercices de natation. Autant que possible la piscine doit être à eau courante. Dans le cas contraire son contenu doit être renouvelé après chaque « série » de baigneurs.

Pour les petites piscines on admet que la température doit osciller entre 34° et 35°. Pour la grande piscine, ou piscine de natation, qui implique des mouvements faits par les baigneurs, la température varie entre 32° et 28°.

On emploie aussi en thérapeutique thermale les demi-bains, les bains de siège et les bains de pieds et de jambes.

Douches.

Il y a lieu de considérer dans la douche : 1° la *composition* de l'eau, les gaz qu'elle peut dégager, et sa vapeur quand elle est chaude; 2° la *température*, qui peut être froide, tiède, chaude, ou alternante; 3° la *pression*, qui peut être faible, moyenne ou forte; 4° la *direction*, qui peut être horizontale, descendante ou ascendante; 5° la *forme* : en lance, en pomme d'arrosoir, en pluie, en cercle ; 6° la surface frappée : douches *générales* et douches *locales*.

A chacune de ces conditions revient une part dans les actions physiologiques et dans les résultats thérapeutiques d'une douche ; aussi le médecin fait-il varier ces conditions diverses suivant le résultat qu'il se propose d'obtenir.

La douche peut être combinée avec le *massage* : dans ce cas, le malade est couché pour recevoir la douche, dont le jet verticalement descendant est promené sur les diverses parties du corps. Sauf pour la douche froide et très courte, il devrait toujours en être ainsi : mettant les muscles dans l'état de relâchement, cette posture est bien plus favorable à l'action de la douche.

Elle peut être combinée *avec le bain*. Dans ce cas, la douche et le bain seront tièdes l'un et l'autre, et la douche précédera le bain, si l'on recherche un effet résolutif ; s'agit-il au contraire d'obtenir un effet de révulsion, le bain précédera la douche, et celle-ci sera chaude.

Outre la douche générale, on emploie aussi la *douche locale* : notamment sur les pieds et les jambes, ordinairement dans un but de révulsion et de dérivation. Parmi les autres douches locales nous citerons les douches et les irrigations nasales, vaginales et enfin la douche ascendante (anale, rectale ou intestinale) ; c'est la douche rectale qui est la plus employée et la plus utile dans les cas d'atonie de l'intestin.

Étuves.

L'*étuve* est un espace clos dont la température est maintenue à un degré déterminé, mais supérieur en tout cas à 35°, de manière à produire la sudation.

L'étuve est dite *sèche* quand elle ne contient que de l'air ordinaire chaud.

L'étuve est dite *humide* quand l'élévation de la température tient à l'introduction de vapeurs d'eau chaude, d'où le nom de *bain de vapeur (vaporarium)* sous lequel on la désigne communément.

C'est cette dernière qu'on trouve dans un assez grand nombre de stations, particulièrement auprès des sources chaudes. Ces étuves sont alimentées par les vapeurs des eaux minérales. Il en est de deux sortes : les unes, construites sur le point d'émergence ou dans son voisinage immédiat, utilisent les vapeurs telles qu'elles se dégagent de l'eau (étuves à vapeur *spontanée*); pour les autres, l'eau minérale est préalablement chauffée dans des chaudières à des températures plus ou moins élevées (étuves à vapeur *forcée*).

La température des étuves est très variable : de 36° à 45° et même plus; la plus fréquemment employée est celle comprise entre 37° et 42°. Dans certaines étuves on peut graduer à volonté la chaleur de la vapeur qu'on y amène; certaines, au contraire, reçoivent des vapeurs dont la température est toujours la même. Dans ces dernières on peut néanmoins graduer la chaleur pour chaque malade : en le faisant simplement asseoir plus ou moins haut sur des gradins ménagés en amphithéâtre à des hauteurs graduées tout autour de la pièce. Plus on monte, plus l'air est chaud et chargé de vapeur d'eau.

On emploie aussi des étuves *partielles*; ce sont des caisses fumigatoires ou boîtes de vapeurs pouvant recevoir tout le corps sauf la tête, ou bien un membre seulement.

Il existe aussi (en France, à Cransac) des *étuves naturelles*. Elles sont constituées par des excavations artificielles pratiquées dans le flanc de la montagne. La température varie d'une excavation à l'autre de 32° à 48°.

Inhalation, humage, pulvérisation.

Pris dans son acception la plus générale, le mot *inhalation* s'applique à l'introduction dans les voies respiratoires et à leur absorption par la muqueuse broncho-pulmonaire des gaz et des vapeurs que laissent dégager les eaux minérales et aussi de ces eaux elles-mêmes préalablement réduites en poussière extrêmement fine.

Cependant il convient de réserver et on réserve en effet généralement ce nom d'*inhalation* à la pénétration dans les voies respiratoires et à leur absorption consécutive des gaz et des vapeurs émanant des eaux minérales, quand cette pénétra tion et cette absorption résultent simplement du séjour plus ou moins prolongé dans une atmosphère chargée de ces émanations ; que l'atmosphère se trouve ainsi chargée naturellement, comme dans les cas de bains et de douches, ou qu'elle soit chargée systématiquement, artificiellement, dans un but thérapeutique.

Au lieu d'être répandus dans le milieu où se trouve le malade, ces gaz et ces vapeurs peuvent être, à l'aide d'appareils spéciaux, recueillis et conduits directement dans les voies respiratoires ; cette pratique s'appelle le *humage*.

On fait de la *pulvérisation* quand on utilise non plus des vapeurs ou des gaz émanant des eaux minérales, mais bien les eaux elles-mêmes préalablement réduites en poussière extrêmement fine.

Eaux mères.

On donne le nom d'*eaux mères* au résidu ultime d'évaporation des eaux salées. On les recueille dans les endroits où on extrait le sel marin, c'est-à-dire sur le bord de la mer, ou bien auprès de certaines sources salées ou auprès des bancs de sel gemme.

Ce résidu se présente sous l'aspect d'un liquide épais, sirupeux, poisseux, brunâtre, inodore, d'une saveur très salée, âcre et saumâtre.

Ce résidu lui-même peut être soumis à une nouvelle évaporation, de manière à fournir une matière solide plus favorable au transport. Elles offrent toujours une proportion considérable de *chlorure* : *chlorure de sodium* (Salins), ou *chlorure de magnésium* (Salies-de-Béarn, Bex), ou bien *chlorure de calcium* (Kreuznach, Nauheim). — Dans celles de Salies-de-Béarn, le *bromure* (bromure de magnésium) acquiert par son chiffre élevé une grande importance thérapeutique.

On emploie les eaux mères pour l'usage externe : on les ajoute, pour les bains, soit à de l'eau ordinaire, afin de constituer un bain médicamenteux, soit à une eau chlorurée naturelle. On les emploie aussi en applications locales, à l'aide de compresses imbibées d'une eau dans laquelle on a préalablement fait dissoudre des eaux mères. — Dans les bains, on ajoute 1, 2, 3, 4 ou 5 litres, et jusqu'à 10 litres d'eaux mères; pour les enfants la proportion est de 1, 2 ou 3 litres.

Boues minérales.

On donne le nom de *boues, boues minérales boues médicinales*, à des terres délayées par les eaux et dans lesquelles celles-ci ont à la longue développé une abondante végétation thermale et déposé leurs principes minéralisateurs (Caulet).

Telles qu'on les emploie aujourd'hui, les boues minérales ont plusieurs origines. Les unes sont constituées par le dépôt limoneux des sources. D'autres sont à proprement parler des terres marécageuses minérales constituées par un sol perméable plus ou moins tourbeux, traversé depuis des siècles par des sources minérales qui l'inondent. On ne pourrait les employer telles quelles : il faut le plus souvent les amener à consistance boueuse en leur incorporant de l'eau. D'autres enfin ont pour base un limon fluviatile déposé sur des griffons d'eaux minérales.

Les unes et les autres présentent le double caractère d'être ou d'avoir été animées par une végétation spéciale dont le produit, vivant ou mort, fait partie intégrante de leur masse, et d'avoir fixé en leur sein les principes minéralisateurs qui les ont formées.

En France, les boues sont employées surtout à Barbotan, Saint-Amand, Balaruc... En Allemagne, et particulièrement dans les stations de Bohême, elles jouissent d'une grande vogue. On les emploie soit en bains, soit en applications locales.

III — MÉDICATIONS THERMALES
CLASSIFICATION

———————

Dans l'étude des eaux minérales le besoin d'une classification s'est fait sentir dès le premier moment et d'autant plus vivement qu'ici la clas sification devait avoir pour but d'éclairer en même temps que l'étude de leur nature celle de leurs applications médicales.

L'interférence de cette considération de l'application pratique de l'objet étudié ne pouvait qu'ajouter à la difficulté. Or celle-ci est déjà très grande. Si bien qu'on n'est pas arrivé encore à établir une classification complètement satis faisante, et qu'on n'y arrivera jamais d'ailleurs : c'est là une conviction qu'on ne tarde pas à acquérir pour peu qu'on y réfléchisse.

Mais nous croyons que des passionnés spécula-tifs de classification pourraient seuls s'attarder à des regrets aussi superflus qu'ils seraient du reste peu fondés : la classification n'est pas un but, elle n'est qu'un moyen; cette vérité doit être perdue de vue moins que jamais quand il s'agit de sciences

appliquées, et particulièrement de médecine ther
male.

C'est dire que nous ne nous exagérons pas l'importance du classement que nous avons adopté dans
ce travail. Si nous avons rangé les eaux minérales
comme nous l'avons fait, c'est que ce groupement
nous a paru tenir compte à la fois de la nature des
eaux et de leurs applications thérapeutiques.

Or nous pensons qu'une classification des eaux
minérales doit avoir pour point de départ leur
composition *chimique*, et qu'une préoccupation
clinique doit y présider.

Les eaux minérales contiennent des substances
chimiques très nombreuses et très diverses. Mais
le plus grand nombre de ces substances s'y ren-
contrent en proportion minime et on n'a pas pu en
tout cas jusqu'ici déterminer sérieusement la part
qui leur revient dans l'action thérapeutique glo-
bale d'une eau donnée. Le nombre est assez res-
treint des éléments qui sont prépondérants au point
de vue de leur chiffre et de la part d'action qu'on
leur reconnaît.

Les éléments constitutifs sont de deux ordres :
les uns sont *acides* ou *électro-négatifs*, les autres
sont *basiques* ou *électro-positifs*.

Les seuls à retenir ici sont les suivants ·

A. — *Éléments acides* ·

1° L'acide dérivé du carbone.	Acide carbonique.
2° L'acide dérivé du chlore..	Acide chlorhydrique.
3° Les acides dérivés du soufre.	$\begin{cases} \text{Acide sulfhydrique.} \\ \text{Acide sulfurique.} \end{cases}$

B. — Quant aux *bases* combinées à l'élément acide, elles sont ou alcalines (avec prédominance constante de la soude) — ou terreuses (chaux, magnésie), — ou métalliques (protoxyde de fer, manganèse).

Considérant le rôle actif que paraît jouer l'élé ment *acide* ou *électro-négatif* dans l'origine des eaux minérales, on l'a fait servir de base à l'établissement des grandes divisions dans leur classification ·

Acide dérivé du carbone	*Eaux bicarbonatées.*
Acide dérivé du chlore	— *chlorurées.*
Acides dérivés du soufre ... $\Big\{$	— *sulfurées* *sulfatées.*

L'élément *électro-positif* ou *base* fournit les sub-divisions ·

Bicarbonatées. $\Big\{$	Sodiques. Terreuses (calciques et magnésiennes).
Chlorurées....	Sodiques.
Sulfurées .... $\Big\{$	Sodiques. Calciques.
Sulfatées..... $\Big\{$	Sodiques. Calciques et magnésiennes.

Si nous envisagions les eaux minérales au point de vue géologique et chimique, cette classification nous paraîtrait fort satisfaisante et nous l'adopterions. Mais au point de vue médical, qui doit être le nôtre ici, il n'en est plus de même.

On voit tout de suite que la classification géologico-chimique pure a l'inconvénient de disperser, au lieu de les grouper le plus possible, des eaux à indications thérapeutiques analogues ou voisines et de rapprocher au contraire des eaux médicinales très différentes.

Ainsi, les eaux *ferrugineuses* sont dispersées dans les grandes divisions sous le prétexte qu'elles sont ou Carbonatées ou Sulfatées, et les Crénatées sont inclassables; — les eaux *calciques* n'y ont pas l'autonomie à laquelle leur donnent droit à la fois leur composition chimique, leur origine géologique, leur physionomie thérapeutique parfaitement définie et leur importance médicale; — il n'est pas réservé de place aux eaux *arsenicales*; — au contraire, les eaux *sulfatées sodiques et magnésiennes*, qui sont des agents médicamenteux proprement dits, débités dans les pharmacies, et qui ne sont pas des agents d'une « médication thermo-minérale », y sont admises et rangées près des Sulfatées Calciques. Quant aux eaux que, pour employer un terme emprunté à l'histoire de l'art, nous appellerons *composites*, et dont le rôle est très important en médecine, leur classement devient bien difficile, puisque c'est de la diversité précisément des *éléments acides* que vient leur complexité de composition. Qu'il nous suffise de citer les eaux de Bohème qui sont :

Bicarbonatées.............. ⎫
Sulfatees.................. ⎬ Sodiques.
Chlorurées................ ⎭

Frappé de ces inconvénients, nous avons cru devoir procéder autrement.

La classification que nous avons adoptée a toujours naturellement pour point de départ la nature même des eaux, leur composition chimique ; mais, ne perdant pas de vue la préoccupation *clinique*, nous nous sommes efforcé d'approcher le plus possible de ce résultat qu'à chaque étiquette chimique correspondît assez exactement une étiquette thérapeutique.

Nous admettons *sept médications thermales*, auxquelles correspondent *sept groupes d'agents* de la thérapeutique thermale

1° Médication sulfureuse...	Eaux sulfurées.		
2° —	salée........	salées.	
3° —	alcaline......	alcalines.	
4° —	arsenicale ...	arséniatées.	
5°	calcique.. ..	—	calciques et magnésiennes.
6°	ferrugineuse.	ferrugineuses.	
7°	thermo-miné-		
rale simple............	thermo-minérales simples.		

Les eaux *sulfurées* comprennent les *sulfurées sodiques* et les *sulfurées calciques* ou *hydrosulfurées*.

Chacun de ces sept groupes d'eaux minérales est bien défini au point de vue de sa nature et correspond à un groupe d'indications qui lui sont propres.

Cependant nous ne poursuivrons pas ici, nous le répétons, la chimère d'une classification parfaite. Fût-elle réalisable, elle deviendrait de ce fait mauvaise par sa complication et irait à l'encontre de son vrai but, qui est de faciliter l'étude. Quand une eau minérale présente une physionomie complexe qui fait hésiter pour la placer dans l'une ou dans l'autre des deux classes qui semblent la réclamer, elle présente à peu près toujours un caractère dominant qui décide de son classement.

Ainsi, certaines eaux, comme Uriage, Aix-la Chapelle, sont à la fois chlorurées sodiques et hydrosulfurées ; mais c'est leur caractère d'eau *chorurée* qui l'emporte. Nous classerons donc les eaux à la fois *chlorurées et hydrosulfurées* à côté des eaux *chlorurées sodiques*, plutôt que parmi les eaux sulfurées : ce sont des agents de la *médication salée* plutôt que des agents de la médication sulfureuse.

C'est pour des raisons analogues que les eaux à la fois *bicarbonatées et chlorurées* (Ems, Royat) seront rangées parmi les agents de la *médication alcaline*. Nous en dirons autant des eaux à la fois *bicarbonatées* et *sulfatées sodiques* (eaux de Bohême).

Quant aux eaux qui, en même temps que du *bicarbonate de soude*, contiennent des sels *terreux*, nous les rangerons à la suite des Bicarbonatées Sodiques pures. La plupart de ces *bicarbonatées mixtes* sont d'ailleurs plutôt des « eaux de table » que des agents d'une médication thermale proprement dits.

Les eaux *calciques* (Sulfatées ou Bicarbonatées ou bien Sulfatées et Bicarbonatées) sont presque toujours en même temps *magnésiennes*. Ce sont des eaux *terreuses*. Comme les sels de chaux dominent le plus souvent et que cette appellation d'ailleurs est plus familière au médecin, nous les appellerons simplement *calciques*.

Dans les eaux *arsenicales*, la présence d'autres corps, du Chlorure de Sodium notamment, réclame une part d'action ; mais celle de l'Arsenic nous a paru assez importante pour qu'il y ait lieu de maintenir la classe des Arsenicales.

Les eaux *ferrugineuses* n'ont pas besoin d'explication particulière. Disons seulement que la division en bicarbonatées, sulfatées et crénatées, sur laquelle d'ailleurs il y aurait à dire, n'intéresse pas le médecin. Au point de vue des applications hygiéniques et thérapeutiques, au contraire, ces eaux présentent des traits différents suivant qu'elles sont froides ou chaudes, gazeuses ou non gazeuses.

Les eaux *thermo-minérales simples* sont des eaux très faiblement minéralisées et dont l'action est imputée à la thermalité de l'eau et aux moyens balnéothérapiques

Certaines eaux, les Chlorurées Sodiques particulièrement, renferment des *bromures* et de l'*iode* ; mais ces substances ne sauraient influencer la classification, leurs proportions étant très faibles et leur rôle très effacé.

Le tableau suivant met sous les yeux l'ensemble des sept médications thermales et des groupes d'eaux minérales qui leur correspondent respectivement.

Médications.	Eaux minérales.	
I. Sulfureuse	Sulfurées.	{ Sulfurées sodiques. { Hydrosulfurées.
II. — Salée.		{ Chlorurées. { Chlorurées sulfurées.
III. — Alcaline.........		(Bicarbonatées. { Bicarbonatées chlorurées. (Bicarbonatées sulfatées.
IV. — Arsenicale.......	Arsenicales.	
V. — Calcique.........	Calciques.	
VI. — Ferrugineuse	Ferrugineuses.	
VII. — Thermo - minérale simple.........	Thermo-minérales simples.	

Applications hygiéniques et thérapeutiques.

Les applications hygiéniques et thérapeutiques respectives de ces divers groupes d'eaux minérales seront étudiées dans le volume consacré plus particulièrement à l'hygiène et à la thérapeutique thermales proprement dites. Mais, de même qu'à propos de l'histoire particulière de chaque station thermale nous signalons les applications spéciales qui en sont faites, de même ici nous croyons devoir énumérer rapidement les applications capitales qui sont communes aux diverses eaux miné rales de chacun des groupes que nous venons d'établir.

1° *Médication sulfureuse.* — Affections chroniques des muqueuses (et très spécialement de la muqueuse respiratoire), affections cutanées — quand ces états s'accompagnent d'irritation passive et sont greffés sur un terrain lymphatique et surtout

herpétique. — Ulcères. — Rhumatismes. — Affec
tions traumatiques, vieilles blessures, corps étrangers dans les tissus, syphilis constitutionnelle. —
Les degrés les plus divers de minéralisation et de
température qu'on trouve parmi les eaux sulfureuses leur permettent de remplir dans les états
que nous venons d'énumérer des indications très
variées

2° *Médication salée.* — L'indication dominante
des eaux salées est constituée par la Scrofule et le
Lymphatisme. Les manifestations les plus diverses
de la diathèse scrofuleuse en sont justiciables ·
affections des ganglions, de la peau, des muqueuses, des os, des articulations, des yeux, des
oreilles. — Certains états pathologiques de l'appareil digestif, particulièrement cet état que les Allemands appellent « la pléthore abdominale ». —
Affections utérines diverses. — Débilité. — Affections chirurgicales.

3° *Médication alcaline.* — Maladies chroniques de
l'appareil digestif; maladies du foie et des voies
biliaires : engorgements du foie, surtout quand ils
sont causés par l'impaludisme et le séjour dans les
pays chauds, congestions du foie, lithiase biliaire
et coliques hépatiques; — goutte, diabète, gravelle urique; obésité; affections catarrhales des
voies urinaires; — affections des diverses muqueuses. — Les Bicarbonatées Mixtes sont généralement des Eaux de Table.

4° *Médication arsenicale.* — Diverses affections

liées à un état d'asthénie ; — affections des voies respiratoires caractérisées par un état catarrhal ; — asthme ; — certaines formes de phtisie ; impaludisme ; — mais l'indication principale se trouve dans les maladies de la peau.

5° *Médication calcique.* — Affections des voies urinaires, gravelle urinaire et coliques néphrétiques ; goutte, diabète goutteux ; affections de l'appareil digestif et de l'appareil biliaire, congestions du foie, gravelle biliaire et coliques hépatiques ; — particulièrement dans les cas où il y a lieu de redouter comme trop vive l'action d'autres eaux telles que les bicarbonatées sodiques fortes. — États nerveux divers, rhumatismes, manifestations diverses de l'arthritisme, affections de la peau chez des sujets irritables.

6° *Médication ferrugineuse.* — Elle vise les états d'affaiblissement de l'organisme liés à un vice de l'hémopoïèse et consécutifs aux pertes considérables de sang, aux convalescences lentes, et à d'autres causes diverses d'anémie et de dépression physique ; dyspepsies sans irritation de la muqueuse gastrique ; troubles fonctionnels de l'utérus liés à l'anémie ; états nerveux causés ou entretenus par l'affaiblissement. Dans certaines stations enfin où les eaux ferrugineuses sont chaudes et où les moyens balnéothérapiques tiennent une place importante, on traite avec succès les manifestations du rhumatisme, particulièrement quand ces manifestations s'accompagnent d'un état

général d'asthénie et certaines névroses graves
comme l'ataxie.

7º *Médication thermo-minérale simple.* — Manifestations diverses du rhumatisme; états nerveux
divers; d'une manière générale les états qui s'accompagnent d'un élément d'excitation ou d'éré
thisme, ou bien d'un élément douloureux.

MÉDICATION SULFUREUSE

La Médication Sulfureuse comprend : les *Eaux sulfurées sodiques* et les *Eaux hydrosulfurées.*

1° *EAUX SULFURÉES SODIQUES*

LUCHON (Haute-Garonne)

Voies d'accès. — Réseau des chemins de fer du Midi ; ligne de Toulouse à Bayonne. — Embranchement de Montrejeau à Luchon.

Situation, aspect général. — Petite ville ravissante dans un des plus magnifiques sites des Pyrénées, au fond d'une gracieuse vallée, sur les bords de la Pique, affluent de la Garonne ; entourée de montagnes qui la garantissent contre les vents froids.

Altitude. — 630 m.

Climat. Assez doux, mais air vif et frais.

Saison. Du 1er juin au 1er octobre.

Ressources. De toutes sortes, très étendues, en rapport avec le nombre considérable et la diversité des étrangers qui y sont attirés à la fois par le nombre, la variété des sources, l'aménagement très perfectionné des

installations balnéaires, ainsi que par les commodités de
la vie qui font qu'on y peut à volonté mener une existence modeste ou luxueuse. — Des hôtels, des villas, des
maisons particulières en grand nombre offrent des installations répondant aux besoins et aux goûts les plus divers.
— Casino magnifique, avec un parc très grand et très
beau, concerts, fêtes. — Enfin promenades et excursions
dont la variété et la beauté suffiraient pour faire de
Luchon une des premières stations de l'Europe.

L'*Établissement thermal*, construit par François
et Chambert, a 97 mètres de façade sur 53 mètres de
profondeur, et couvre une superficie de 5 141 mètres
carrés. Il est très bien aménagé et renferme tous
les modes balnéaires connus : 120 baignoires avec
douches locales, 1 grande piscine de natation,
3 piscines plus petites, 6 salles de grandes douches, des étuves et des bains de vapeur pour
40 malades, des salles d'inhalation. Depuis peu
d'années, on y trouve en outre, pour le humage,
une installation qui peut être considérée comme
unique. Ces eaux étaient connues dès l'époque
romaine.

Les **Eaux**, sulfurées sodiques chaudes, offrent
une extrême variété comme sulfuration et comme
température. Elles émergent à la limite des terrains cristallophylliens et des terrains paléozoïques.

Nombre des sources. — 19 sources dans lesquelles
les degrés de sulfuration sont échelonnés entre
0 gr. 0763 et 0 gr. 0032, et les degrés de température échelonnés entre 68° et 38°, ce qui constitue
une gamme de minéralisation et de thermalité.

Débit. — Le débit total des sources de Luchon est de 3 720 hectolitres par vingt-quatre heures. Les jaugeages faits en 1883 et en 1884 ont donné les mêmes résultats à ce point de vue que ceux effectués par Filhol en 1850. Mais il n'en est pas de même si l'on envisage les débits respectifs des diverses sources. Nous ne pouvons pas en donner ici le tableau comparé complet, nous nous bornerons à relever les chiffres obtenus en 1884 (Jacquot et Willm). Les chiffres en regard des sources indiquent le débit en litres par vingt-quatre heures.

Ferras nouvelle, ancienne et enceinte.......	10 660
Bosquet......................................	15 150
Groupe des Bordeu.............	86 400
Richard ancienne............................	20 090
Richard nouvelle...........................	
Azémar......................................	57 600
Étigny	9 290
Blanche .... ,..............	19 200
Reine	54 000
Grotte inférieure............................	10 040
Grotte supérieure............................	5 570
Sengez......................................	13 090
Eaux tièdes? (38°)	72 000

Température et minéralisation dominante — Chargé de l'analyse des eaux de Luchon, par la commission de revision de l'annuaire, Willm a observé à la source même, en 1884, les températures et les déterminations sulfhydrométriques de 13 sources; nous reproduisons dans le tableau ci-dessous le résultat de ses observations. Pour les 3 dernières sources (Étigny, Blanche, Azémar), nous complétons à l'aide des indications de Filhol.

Nom des sources.	T°	Sulfure de sodium.	Hyposulfite de sodium
Bayen	64°,5	0ᵍʳ,0763	0ᵍʳ,0038
Reine	57°,5-58°	0 ,0544	,0057
Grotte supérieure	59	,0490	,0047
Richard nouvelle, ou supérieure.	48	,0484	,0057
Richard ancienne, ou inférieure.	41	,0328	0 ,0025
Ferras nouvelle	40	,0271	,0028
Ferras ancienne	36	,0077	,0019
Bosquet	44	0 ,0586	,0019
Bordeu n° 1	57°,5	0 ,0769	»
n° 2	35	,0191	»
n° 3	47°,48	,0648	0 ,0019
Pré n° 1	62	0 ,0753	0 ,0047
— n° 2	42°,6	0 ,0517	0 ,0025
Étigny	43°,3	0 ,0336	»
Blanche	47°,2	0 ,0368	
Azémar	53°,17	0 ,0497	

A ces éléments si nous joignons un tableau de l'*alcalinité* des principales sources, et l'*analyse* complète des deux sources : *Bayen* et *Reine*, nous croyons que nous aurons fourni amplement toutes les données nécessaires au point de vue thérapeutique sur la nature des eaux de Luchon. C'est encore au beau travail de Willm que nous emprunterons ces documents. Le triple tableau suivant donne l'échelle de l'*alcalinité* totale, et de celle indépendante du sulfure. L'alcalinité est représentée par la quantité d'acide sulfurique SO^4H^2 nécessaire pour la saturer.

Particularités physiques. — Les eaux de Luchon sont limpides, à odeur d'œufs couvis, à saveur hépatique. La plupart sont incolores, mais certaines prennent une teinte jaune liée à la transfor-

NOMS DES SOURCES	ALCALINITÉ totale.	NOMS DES SOURCES	ALCALINITÉ due au sulfure.	NOMS DES SOURCES	ALCALINITÉ des carbonates.
Bosquet............	0gr,1410	Bordeu n° 1.........	0gr,0962	Bosquet............	0gr,0677
Bayen..............	0 ,4383	Bayen..............	0 ,0958	Bordeu n° 2........	0 ,0622
Bordeu n° 1.........	0 ,4362	Pré n° 1...........	0 ,0942	Grotte supéri ure...	0 ,0492
Pré n° 4...........	0 ,4333	Bordeu n° 3........	0 ,0810	Richard nou elle...	0 ,0483
Grotte supérieure...	0 ,4107	Bosquet............	0 ,0733	Bayen.............	0 ,0424
Reine.............	0 ,4093	Reine.............	0 ,0680	Reine.............	0 ,0413
Bord nouvelle....	0 ,4088	Pré n° 2...........	0 ,0649	Bordeu n° 1.........	0 ,0400
Bordeu n° 3.........	0 ,4053	Grotte supérieure...	0 ,0615	Pré n° 1...........	0 ,0391
— n° 2...........	0 ,0862	Richard nouvelle...	0 ,0605	Ferras ancienne....	0 ,0374
Pré n° 2...........	0 ,0823	Richard ancienne...	0 ,0110	— n ouvelle......	0 ,0351
Richard ancienne...	0 ,0705	Ferras nouvelle....	0 ,0271	Richard ancienne...	0 ,0295
Ferras nouvelle....	0 ,0657	Bordeu n° 2........	0 ,0240	Bordeu n° 3........	0 ,0243
— ancienne.....	0 ,0448	Ferras ancienne....	0 ,0077	Pré n° 2...........	0 ,0174

Analyse des sources Bayen et Reine ·

	Bayen.	Reine.
Acide carbonique combiné.............	$0^{gr},0379$	$0^{gr},0352$
libre.................	0 ,0144	0 ,0110
Sulfure de sodium (Na²S)..............	0 ,0763	,0544
Hyposulfite de sodium (S²O³Na²).......	0 ,0038	,0057
Chlorure de sodium..................	0 ,0911	,0772
Carbonate de sodium................ .	0 ,0315	,0074
de calcium................	0 ,0113	,0267
de magnésium............. :.	0 ,0017	0 ,0053
Silice libre ou en excès..............	0 ,0933	0 ,0670
Sulfate de sodium...................	0 ,0062	,0456
de potassium.................	0 ,0091	,0079
Oxyde de fer (avec manganèse)........	0 ,0021	,0031
Sels de lithium et d'ammoniaque......	traces	traces
Borates, phosphates, iodure, cuivre....	traces	traces
Totaux par litre........	0 ,3264	0 ,3003
Poids du résidu séché vers 80°........	0 ,3460	0 ,3164
Différence : matière organique approximative..............................	0 ,0196	0 ,0161
Résidu converti en sulfates ; observé...	0 ,4194	0 ,3692
Résidu sulfaté calculé d'après l'analyse.	0 ,4196	0 ,3697
Alcalinité exprimée en acide sulfurique : observée.	0 ,1383	0 ,1093
d'après le groupement.......	0 ,1379	0 ,1070

mation du sulfure en polysulfure. C'est à Luchon
spécialement qu'on observe le « blanchiment » : ce
phénomène tient à la décomposition que la plupart
des eaux de Luchon subissent au contact de l'air,
et qui consiste en ce qu'une partie du soufre
qu'elles renfermaient primitivement à l'état de
Sulfure de Sodium, devenant libre, se suspend
dans l'eau minérale, d'où l'aspect laiteux d'une
émulsion qu'elles prennent alors (Filhol). Importante au point de vue chimique, cette modification
de l'eau minérale intéresse aussi le médecin, car il

en résulte une action topique dont bénéficient les
maladies de la peau. Certaines sources, dans les
conduits ou réservoirs fermés que l'eau ne remplit
pas complètement, dégagent de l'Acide Sulfhydrique; celui-ci, décomposé par l'air, donne naissance à de l'Eau, d'une part, et, d'autre part, à du
Soufre qui se sublime à la partie supérieure libre
des réservoirs ou des canaux. Enfin les eaux de
Luchon contiennent de la matière organique : de
la Sulfuraire et de la Barégine.

Applications thérapeutiques. — La grande
variété que présentent les sources de Luchon
comme température et comme minéralisation permet de faire varier les formes, les applications
et la force du traitement, et par conséquent de
suivre dans des nuances multiples les indications
générales. Aussi pour qu'il porte tous ses fruits et
même pour qu'il ne donne pas de mécomptes, le
traitement doit-il être judicieusement dirigé et
surveillé avec attention.

D'une manière générale on peut dire que les
eaux de Luchon sont surtout efficaces dans les
manifestations de la Diathèse Scrofuleuse, du Rhu
matisme, de l'Herpétisme et de la Syphilis, surtout
quand ces manifestations portent sur la peau ou
les muqueuses, quand elles sont caractérisées par
l'atonie ou tout au moins l'absence d'irritabilité et
quand il s'agit de sujets chez qui domine l'asthénie
et qui ne présentent pas en tout cas un état de
vive impressionnabilité.

Parmi les *dermatoses* nous citerons l'Eczéma l'Impétigo, l'Echthyma, l'Acné, l'Herpès, surtout quand ces états sont à marche lente et chez des sujets lymphatiques ou herpétiques. L'Herpétisme d'ailleurs constitue une indication capitale des eaux de Luchon.

Parmi les *affections des muqueuses* : la Pharyngite granuleuse, la Pharyngo-Laryngite, certains Catarrhes utérins et vésicaux.

Parmi les manifestations du *Rhumatisme*, nous. signalerons celles qui sont cutanées, muqueuses, névralgiques, musculaires, articulaires.

Les manifestations cutanées, muqueuses, ganglionnaires, articulaires, osseuses, de la *Scrofule* en bénificient, surtout quand elles sont à marche lente.

La *Syphilis* chronique et la Syphilis larvée se trouvent très bien des eaux de Luchon.

Les contre-indications générales des eaux de Luchon sont les maladies du cœur et des gros vaisseaux, le cancer, la tuberculose, du moins chez les sujets exposés aux hémorragies et aux poussées fébriles; la goutte aiguë; elles sont mal supportées communément par les sujets à système nerveux très excitable et par ceux qui présentent des tendances aux congestions et aux hémorragies.

Pour ce qui est des indications spéciales à chaque groupe de sources, il est bien difficile d'être précis là-dessus. Nous croyons intéressant

de rappeler cependant ici de quelle manière Lam
bron envisageait les diverses formes de médica
tions que fournissent les diverses sources :

A. — *Ferras* et *Bosquet*, sources *douces* et à *sulfuration légère*. Leur action douce les fait plus particulièrement employer au début du traitement balnéaire.

B. — La *Blanche*, source *douce* avec du *soufre en
suspension*. L'eau des bains est laiteuse : c'est une
véritable émulsion de soufre en nature. Cet état
particulier du principe sulfureux est souvent très
utile chez certaines personnes nerveuses, et dans
quelques affections de la peau.

C. — *Bosquet* et *Bordeu*, sources *douces* et à *sulfuration moyenne*. Par suite de la décomposition
de leur monosulfure de sodium, elles renferment
beaucoup d'acide sulfhydrique qui leur donne
une action calmante et sédative.

D. — *Richard supérieure* et *Richard inférieure*,
sources à *sulfuration forte, sans action excitante*
marquée. Plus particulièrement appliquées aux
affections rhumatismales et aux maladies de la
peau.

E. — *Grotte supérieure* et *grotte inférieure*,
sources *légèrement excitantes* et à *sulfuration forte*.
Les deux principales actions des eaux sulfureuses,
excitation et *sulfuration*, se trouvent ici réunies.

F. — La *Reine*, source *très excitante* quoique à
sulfuration moyenne. Cette source est très énergique.

✖ CADÉAC (Hautes-Pyrénées) ✖

Voies d'accès. — Réseau des chemins de fer du Midi. — Ligne de Toulouse à Bayonne. — De la gare de Lannemezan à Cadéac, 30 k. (Dans un an, sera livré l'embranchement de Lannemezan à Arreau.)

Situation. — Dans la vallée d'Aure, à 3 k. au Sud d'Arreau, sur la rive gauche de la Neste, se trouve le village de Cadéac. A 1 k. en amont de ce dernier, sur la même rive, on rencontre l'*établissement Fisse*.

Altitude.   730 m.

Climat.   Très doux en été.

Saison. — Du 15 mai au 15 octobre.

Ressources.   L'établissement Fisse comprend un hôtel très bien installé. On loge aussi dans les maisons du village, mais à la condition de se contenter d'une installation très sommaire. Le site est très beau. Promenades, excursions.

L'*Établissement thermal* (Établissement Fisse) comprend une buvette, 12 cabinets de bains, une salle de douches, une salle d'inhalation. Il est très convenablement installé.

L'eau qui alimente l'établissement est *froide* : 15° 65 ; elle est *sulfurée sodique* et c'est, comme le fait remarquer Filhol, l'une des plus sulfurées de la chaîne des Pyrénées : 0 gr. 0772.

Cette eau est remarquable par sa fixité, et c'est de toutes les eaux sulfureuses des Pyrénées celle qui paraît le mieux se conserver : tandis que les autres eaux exportées perdent, par le transport, de 9 à 27 pour 100 et jusqu'à 42 pour 100, celle-ci ne perd que 3 pour 100. C'est ce qui résulte d'une analyse comparative faite à ce point de vue en 1864 par Filhol : « On voit, dit-il, que la perte éprouvée par l'eau de Cadéac-Fisse, à la suite du transport, est presque nulle et que cette eau possède, après un long séjour en bouteilles, une richesse presque aussi grande qu'au moment où elle vient d'être puisée à la source : 0 gr. 075 au lieu de 0 gr. 077. »

Les *applications thérapeutiques* sont celles des eaux sulfurées sodiques fortes, et tout particuliè rement le Rhumatisme et la Scrofule et en première ligne les manifestations de cette dernière diathèse : affections des os et des articulations, de la peau, des muqueuses, oculaire, nasale, pharyngée, etc., catarrhes bronchiques.

Analyse de la source de Cadéac-Fisse.

Sulfure de sodium.....	$0^{gr},0772$
Chlorure de sodium...................	$0 ,1180$
Silicate de soude....................	$0 ,1767$
Silicate de potasse..................	
Silicate de chaux....................	$0 ,0140$
Borate de soude.....................	traces
Sulfate de soude....................	$0 ,0189$
Ammoniaque	$0 ,0030$
Sulfite de soude....................	trace
Matière organique..............	$0 ,0400$
	$0^{gr},4478$

(FILHOL, 1857.)

Sur la rive droite de la Neste sourd une autre source sulfurée sodique froide qui alimente un petit établissement.

TRAMEZAIGUES (Hautes-Pyrénées)

De la gare de Lannemezan à Arreau : 30 k.; d'Arreau à Tramezaïgues : 14 k. — Petit établissement rudimentaire renfermant 6 baignoires; sur les bords de la Neste, à 970 m. d'altitude — à peu de distance du point où la vallée d'Aure se bifurque en vallée de Rieumayou et vallée d'Aragnouet.

Température : 20°.

Sulfure de sodium : 0 gr. 022 (Annuaire de 1854).

COURET et LOUDENVIELLE

(Hautes-Pyrénées)

Entre Arreau et Luchon, dans la vallée du Louron, sur la rive gauche de la Neste de Louron, se trouvent deux petits établissements thermaux rudimentaires : le premier, celui de *Couret*, à 3 k. d'Arreau, sur le bord de la route de Bagnères de Bigorre à Luchon par Arreau, a l'altitude de 730 m.; le second, à 12 k. plus en amont, celui de *Loudenvielle*, à 1 k. au-dessus du village de ce nom, et à l'altitude de 1 123. — Ils sont alimentés l'un et l'autre par des sources *sulfureuses froides*. — D'après une analyse faite à l'École des Mines en 1877, la source sulfureuse de l'établissement de Couret contient 0 gr. 0216 de sulfure de sodium.

LÈS

(Espagne. — Val d'Aran. — Dans le voisinage de Luchon)

Voies d'accès. — Réseau des chemins de fer du Midi. Ligne de Toulouse à Bayonne. Embranchement de Montrejeau a Luchon. Gare de Marignac. De la gare de Marignac à Lès, route de voitures : 19 k. (par Saint-Béat, Fos, Pont-du-Roi).

De Marignac : — à 3 k. Saint-Béat, — à 6 k. Fos, — — à 10 k. 1/2. Pont-du-Roi, — à 16 k. Lès.

De Lès à Bosost : 3 k. — De Lès à Viella, par Bosost : 19 k.

Situation, aspect général. Village pittoresque, dans un très beau site, sur la rive droite de la Garonne. Belles promenades : Lès est sur le trajet d'une des principales excursions de Luchon.

Altitude. — 635 m.

Climat. — Doux.

Saison. — De mai à octobre.

Ressources. Un bon Hôtel-Casino, un Hôtel plus modeste dans l'établissement, maisons particulières louant des chambres meublées.

L'*Établissement thermal* comprend une buvette, des bains et un cabinet de douches.

Ces eaux étaient *connues* des Romains ; aujourd'hui elles sont fréquentées surtout par les habitants du Val d'Aran, de la Haute-Garonne et des contrées voisines.

Les eaux *émergent* des roches cristallophylliennes.

Minéralisation dominante. — Sulfure de sodium (de 0,0089 à 0,0152).

Température. — Eaux froides et chaudes : de 19°,5 à 35 degrés.

Particularités physiques. — Ces eaux sont limpides ; elles ont une odeur et une saveur sulfureuses.

On les *emploie* en boisson et en bains, surtout en boisson.

Applications thérapeutiques. — Rhumatismes, névralgies, maladies de la peau ; affections scrofuleuses mais surtout lymphatiques et herpétiques des muqueuses (muqueuses de la gorge, des bronches, de la matrice) : particulièrement chez les malades qui ont besoin d'être remontés sans être trop vivement excités. On y va surtout pour les maladies de la poitrine, spécialement quand il s'agit de malades qui supporteraient mal les eaux sulfurées sodiques fortes de Bonnes ou de Caute rets.

⚡ A X (Ariège) ⚡

Voies d'accès. — Réseau du Midi. — Ligne de Toulouse à Bayonne. — Embranchement de Portet-Saint-Simon à Ax (par Foix et Tarascon).

Situation, aspect général. — Petite ville située à la jonction des trois vallées de l'Ariège : de Mérens, d'Orgeix, d'Ascou.

Altitude.   716 m.

Climat. — Doux, mais variations brusques de température.

Saison. — Du 15 mai au 30 octobre.

Ressources. — Bons hôtels, maisons meublées. — Promenades et excursions.

Etablissements thermaux. — Il y en a 4, dans lesquels sont aménagées les sources suivantes :

1° Le Couloubret (le plus anciennement connu). — Sources du *Mystère, Beaufort, Pilhes, Montmo rency, Rossignol supérieur.*

2° Le Teich. — Sources *Viguerie, Joly, Saint-Roch à droite, Eau-Bleue.*

3° Le Breilh. — Sources *Filhol, Petite sulfureuse, Fontan, Longchamps.*

4° Établissement modèle. — Sources *alcaline*, *Grande sulfureuse*, des *Abeilles*.

Ancienneté. — Elles ont été utilisées par les Romains, et n'ont jamais été abandonnées depuis. C'est ainsi qu'en 1260 on construisit, sur la demande du roi de France, pour les soldats qui avaient contracté la lèpre en Palestine, le large bassin appelé le « Bain des Ladres ». Ces eaux sont fréquentées surtout depuis le XVIIIe siècle.

Les Eaux. — Chaudes, sulfurées sodiques. Elles *émergent* du terrain granitique.

Nombre de sources. — Il y en a plus de 55, qu'on a divisées en 3 groupes et dont les principales sont distribuées dans les 4 établissements cités plus haut.

Débit total : 13 300 hectolitres par 24 heures.

Température. — Très variée suivant les sources : de 77°,6 (Rossignol supérieur) à 25°,7 (Montmoreney). — Pour l'usage on abaisse la température en faisant circuler l'eau dans un serpentin plongé dans de l'eau froide. Voici le tableau des températures que présentent les principales sources (Willm, 1886).

Rossignol supérieur	77°,6	Mystère	49°,5
Rossignol inférieur	77 ,2	Bain-Fort	45 ,6
Canons	76 .2	Eau-Bleue (à la Buvette)	45 ,5
Viguerie	73 ,8	Saint-Roch, à droite	40 ,8
Joly	69 ,6	Gaston Phébus	36 ,9
Grande sulfureuse	69 ,5	Abeilles (à la Buvette)	36 .0
Filhol	66 ,9	Petite sulfureuse	32 ,6
Longchamps	61 ,3	Pilhes	31 ,5
Alcaline	56 .0	Montmorency	25 ,7
Fontan	54 ,5		

Particularités physiques. — Ces eaux sont lim
pides au griffon, elles ont une odeur et une saveur
hépatiques. Quelques-unes présentent le phénomène du « blanchiment », et leurs conduits
contiennent du soufre sublimé à la partie supérieure. Une source du Teich présente la couleur
bleue : d'après Filhol, c'est une faible quantité de
soufre en suspension qui donne à cette eau une
couleur blanche ou bleue suivant la profondeur de
la couche liquide.

Modes d'emploi. — Boisson, bains, douches,
étuves humides. L'abondance et la température
des eaux permettraient l'installation de piscines
à eau courante.

Applications thérapeutiques. — L'abondance
et le nombre des sources, leur variété au point
de vue de la température et de la minéralisation
font que la station d'Ax peut répondre à la géné-
ralité des applications de la médication sulfureuse.

Astrié et Filhol classent les eaux en 3 groupes :
1° eaux douces, sédatives, sans effet débilitant ; —
2° sources moyennes, applicables chez les sujets
dont les systèmes nerveux et circulatoire demandent beaucoup de ménagements ; — 3° sources
fortes, convenant aux constitutions lymphatiques
sans réaction. Manifestations de la Scrofule et
du Rhumatisme, maladies de la Peau et des
Muqueuses. — Contre-indications : tuberculose
maladies du cœur, cancer, goutte.

Analyses. — Sans parler de leur température,

les eaux des diverses sources ne présentent de différences saillantes que dans leur *sulfuration*; comme le fait remarquer Willm, leur *minéralisation totale* ne varie que dans des limites très res treintes. Pour donner la physionomie générale chi mique exacte de la station, il suffira donc que nous donnions l'analyse complète d'une source importante et l'échelle de sulfuration des principales. (Voici les résultats obtenus par Willm en 1886.)

Source Viguerie, 73°,8

Acide carbonique des bicarbonates.........	0^{gr},369
Acide carbonique libre...	
Sulfure de sodium.	0 ,0226
Hyposulfite de sodium...................	0 ,0070
Sulfate de sodium.....................	0 ,0250
— de potassium...................	0 ,0108
Chlorure de sodium.........	0 ,0222
Carbonate de sodium........	0 ,0358
— de calcium...................	0 ,0070
de magnésium.................	0 ,0013
Silicate de sodium...............	»
Silice en excès.........................	0 ,0932
Oxyde ferrique........................	0 ,000⁰
Matières organiques	0 ,001ᵢ
Ammoniaque, iode, lithium..............	traces
Borates et phosphates...................	traces
Sulfarsénites.........................	tr. faibles
Résidu de 1 litre séché à 180°........... ..	0^{gr},2268
Résidu sulfaté calculé...................	0 ,2605
observé.........	0 ,2596
Alcalinité d'après le groupement..........	0 ,0706
observée.....................	0 ,0735

Les carbonates ci-dessus correspondent aux quantités ci-dessous de bicarbonates :

Bicarbonate de sodium (anhydre)	0^{gr},0626
de calcium.................	0 ,0101
de magnésium..............	0 ,0019

Échelle de sulfuration (en sulfuration brute).

Grande sulfureuse...	$0^{gr},0282$	Mystère.............	$0^{gr},0198$
Joly................	0 ,0250	Bain-Fort..........	0 ,0199
Petite sulfureuse...	0 ,0242	Saint-Roch, à droite.	0 ,0198
Viguerie............	0 ,0243	Fontan	0 ,0175
Canons.............	0 ,0239	Alcaline...........	0 ,0137
Filhol.............	0 ,0253	Eau-Bleue	0 ,0062
Rossignol supérieur.	0 ,0236	Pilhes.............	0 ,0031
Longchamps........	0 ,0249	Gaston Phébus......	0 ,0015
Abeilles	0 ,0213		

*Échelle de l'alcalinité, d'après l'observation directe exprimée
en SO^4H^2 nécessaire.*

ALCALINITÉ TOTALE		ALCALINITÉ DUE AUX CARBONATES	
Viguerie	$0^{gr},0735$	Eau-Bleue..........	$0^{gr},0571$
Mystère............	0 ,0715	Montmorency.......	0 ,0568
Filhol	0 ,0696	Pilhes.............	0 ,0549
Petite sulfureuse...	0 ,0696	Mystère	0 ,0486
Rosssignol supérieur.	0 ,0696	Fontan	0 ,0476
Bain-Fort..........	0 ,0681	Bain-Fort..........	0 ,0456
Fontan	0 ,0677	Saint-Roch	0 ,0451
Grande sulfureuse..	0 ,0676	Viguerie...........	0 ,0451
Saint-Roch, à droite.	0 ,0670	Alcaline	0 ,0450
Longchamps	0 ,0664	Rossignol supérieur.	0 ,0430
Joly	0 ,0654	Filhol	0 ,0417
Eau-Bleue	0 ,0647	Longchamps......:.	0 ,0414
Abeilles	0 ,0617	Petite sulfureuse....	0 ,0410
Alcaline...........	0 ,0593	Abeilles	0 ,0371
Pilhes.............	0 ,0580	Joly...............	0 ,0363
Montmorency.......	0 ,0568	Grande sulfureuse..	0 ,0348

Quant à l'*alcalinité due au sulfure*, l'ordre est le
même que pour la sulfuration

✻ MÉRENS (Ariège) ✻

Village sur la route d'Ax à Puycerda, à 8 k. d'Ax.
3 sources sulfurées sodiques chaudes jaillissant à
300 m. du village.

	T°	Sulfure de sodium.
Source supérieure...............	45°	0gr,0061
intermédiaire.............	36	0 ,0022
inférieure...............	39	0 ,0032

(FILHOL.)

Filhol signale l'avantage que présentent les deux dernières, dont les températures permettraient de les employer en bains à l'état naturel.

Les analyses de ces trois sources faites à l'École des mines en 1881 leur assignent une sulfuration plus forte ·

	Sulfure de sodium.
Source des Bains....................	0gr,0186
— de la Chalaneille...............	0 ,0217
— de Saillens...................	0 ,0)8³

CARCANIÈRES, ESCOULOUBRE, USSON

Aux confins des départements de l'Ariège et de l'Aude sont trois groupes de sources : *Carcanières*, *Escouloubre* et *Usson*, sur une étendue de 3 à 4 kilomètres.

Elles sont fréquentées par les gens du pays.

Elles ont pour indications communes les rhumatismes et les affections catarrhales des voies respiratoires.

Willm en a effectué l'analyse en 1887 pour la revision de l'annuaire. C'est de son travail que sont extraits les chiffres que nous donnons plus bas relativement à la minéralisation dominante et à la température des sources.

✳ CARCANIÈRES (Ariège) ✳

Voies d'accès.   Réseau des chemins de fer du Midi.
— Ligne de Bordeaux à Cette — Embranchement de
Carcassonne à Quillan. — De la gare de Quillan à Car-
canières, par Axat et Roquefort-de-Sault : 36 k.

La station est *située* dans une gorge profonde, à une
altitude de 700 m.

Le *climat* est assez doux, et la *saison* dure de mai à
octobre; les *ressources* sont limitées;   cette station est
fréquentée depuis longtemps, mais surtout par les gens
du pays.

Les **Eaux** émergent du terrain primitif, elles sont
sulfurées sodiques chaudes. On y compte une douzaine de *sources*, dont 6 principales, utilisées dans
2 établissements.

Ces eaux sont limpides, elles ne se troublent pas
à l'air; elles ont une saveur hépatique. La plupart
déposent de la barégine et tiennent en suspension
des matières ocracées.

*Tableau de la minéralisation dominante
et de la température.*

1º ÉTABLISSEMENT ROQUELAURE :	Sulfure de sodium.	Hyposulfite de sodium.	T°
Baraquette neuve (bain fort)...	0gr,0259	0gr,0070	54°,2
Baraquette vieille (bain doux)..	0 ,0110	0 ,0070	45 .3
Buvette de la Vierge..........	0 ,0079	0 ,0074	36
2º ÉTABLISSEMENT ESPARRE :			
Source Marie	0 ,0122	0 ,0057	35 ,3
Source Siméon................	0 ,0123	0 ,0063	39 ,3
Source de la Régine..........	0 ,0150	0 ,0057	59
Bain Fort....................	0 ,0140	0 ,0057	49 ,7

✳ ESCOULOUBRE (Aude) ✳

On y compte 5 sources, qui sont utilisées, dans un établissement thermal unique, en boisson et en bains. Elles sont sulfurées-sodiques chaudes.

	Sulfure de sodium.	Hyposulfite de sodium.	T°
Source Pourpry........	0^{gr},0129	0^{gr},0036	49°
Lœtitia.........	0 ,0141	0 ,0050	42 ,1
Courent........	0 ,0128	0 ,0041	40 ,4
Marie..........	0 ,0139	0 ,0050	38 ,1
Bonnail........	0 ,0115	0 ,0022	21 ,2

✳ USSON (Ariège) ✳

La station d'Usson est près de Carcanières.
Elle comprend plusieurs sources sulfurées sodiques tièdes.

	Sulfure de sodium.	Hyposulfite de sodium.	T°
Source Condamy....`............	0^{gr},0129	0^{gr},0088	23°3
Source Soumain............ ...	0 ,0140	0 ,0079	26 5
Source Rosine.................	0 ,0118	0 ,0080	19 8

✳ CAUTERETS (Hautes-Pyrénées) ✳

Voies d'accès.   Réseau des chemins de fer du Midi. — Ligne de Toulouse à Bayonne. — Embranchement de Lourdes à Pierrefitte. — De la gare de Pierrefitte à Cauterets, 11 k., 2 heures environ. Voitures de correspondance, omnibus et voitures particulières.

Situation, aspect général. — Jolie petite ville fort ancienne, mais transformée dans ces dernières années, située sur le gave du même nom, dans une vallée étroite, entourée de montagnes qui la dominent de plus de 1 200 m. (Peyraute, Péguère, Peyrenère, Cabaliros).

Altitude. — 980 m.

Climat. — Climat de montagnes, variable et offrant

des contrastes tranchés entre la température du milieu de la journée et la temperature du matin ou du soir. Cependant le climat est très sédatif (Lebret), surtout en juillet et en août.

Saison. — Du 15 mai au 15 octobre (mais surtout en juillet et août).

Ressources. — Cauterets est une des stations les plus fréquentées de l'Europe ; elle offre des ressources de tout premier ordre comme installation, approvisionnements, distractions. On peut y mener l'existence la plus luxueuse comme la plus modeste. Les promenades sont char mantes et les nombreuses excursions dont la station est le centre comptent parmi les plus belles des Pyrénées.

Établissements thermaux. — On compte 9 établissements, divisés en 3 groupes :

1° Dans la ville : *Thermes des Œufs,* — *de César et des Espagnols,* — *Néo-Thermes* ;

2° A l'est : *Pauze vieux,* — *César nouveau* ;

3° Au sud : les établissements de *La Raillère,* du *Petit-Saint-Sauveur,* du *Pré,* du *Bois,* auxquels il convient de joindre la buvette du *Mauhourat.*

Ces divers établissement sont dispersés à des hauteurs différentes. C'est ainsi que le groupe de l'Est se trouve à 120 mètres au-dessus de la place de Cauterets, et la Raillère à 125 mètres au dessus de ce même point, à une distance de 1 kilo mètre. En s'élevant encore, on rencontre successivement : le *Petit-Saint-Sauveur* (à 136 mètres), le *Pré* (à 150 mètres), le *Bois* (à 240 mètres) ; quant à la buvette de Mauhourat, elle est à 178 mètres au-dessus de la place (Jacquot et Willm).

Les principaux de ces établissements sont les thermes des *Œufs*, de *César*, les *Néo-Thermes* et l'établissement de *la Raillère*. Ils sont aménagés de manière à répondre à toutes les exigences de la thérapeutique et du confort modernes. Les thermes des *Œufs* sont les plus considérables ; ils comprennent 26 cabinets, un système complet de douches, une piscine de 160 mètres carrés, à eau sulfureuse courante d'une température de 27° à 30°, etc.

Ces eaux étaient connues dès l'époque romaine.

Les **Eaux** sont sulfurées-sodiques chaudes ; elles émergent du terrain granitique.

Nombre des sources. — On compte à Cauterets 92 sources disséminées sur une étendue de 3 kilomètres.

Débit. — Le débit total est évalué à 13 000 hectolitres par jour, sur lesquels la seule source des *Œufs* compte pour 5 900 hectolitres.

La *température* des principales sources est représentée par les chiffres suivants de Descloiseaux :

Œufs	53°,8	Bois	42°,85
Mauhourat	49	La Raillère	38 ,6
Pré	48 ,5	Petit-Saint-Sauveur	38
César	46 ,85	Les Yeux	30
Pauze vieux	44 ,75	Rieumizet	23
Espagnols	44 ,25		

Particularités physiques. — Ces eaux sont limpides. Elles dégagent, d'après Filhol, moins d'acide sulfhydrique que celles de Luchon. Leur odeur et

leur saveur, hépatiques, sont plus ou moins prononcées suivant les sources. Elles sont presque
nulles à la Raillère et au Mauhourat. Elles ne
déposent pas de soufre dans les conduits (Filhol).
Toutes, au contact de l'air, déposent de la Baré
gine ; toutes s'altèrent assez rapidement.

Modes d'emploi. — Boisson (surtout *la Raillère*
et *Mauhourat*), bains, demi-bains, bains de piscine,
douches, gargarismes, inhalations, pulvérisations.

Applications thérapeutiques. — De la multi-
plicité des sources, de leur variété comme minéralisation et température résultent naturellement des
indications multiples et diverses. D'une manière
générale on peut dire qu'elles sont plus douces et
plus sédatives que les autres eaux sulfureuses
fortes. Aux diverses sources ressortissent plus spécialement des affections diverses : Laryngites, Pharyngites, Bronchites, Phtisie au début, chez les
malades congestifs, Bronchites à retours fréquents,
Asthme humide (*la Raillère*) ; — Maladies du tube
digestif, Dyspepsies, Gastralgies, Entérites (*Mauhourat*) ; — Leucorrhée, Dysménorrhée, Catarrhe
utérin accompagné de sensibilité et de névropathie
(*Petit-Saint-Sauveur*) ; — *César* et les *Espagnols*, qui
sont les sources les plus actives, réclament les
sujets peu irritables, dans les cas surtout de scrofule glandulaire osseuse, articulaire, chez les
enfants, et dans les cas de dermatoses torpides, de
rhumatismes ; — *Pauze vieux* et *Pauze nouveau*
sont moins excitants.

	Sulfuration.	Alcalinité.
César......................	0^{gr},0231	0^{gr},0398
Espagnols.................	0 ,0209	0 ,0423
Pauze vieux...............	0 ,0130	0 ,0450
Rocher....................	0 ,0146	0 ,0424
La Raillère...............	0 ,0170	0 ,0390
Pré.......................	0 ,0128	0 ,0411
Petit-Saint-Sauveur..........	0 ,0130	0 ,0370
Bois......................	0 ,0105	0 ,0451
OEufs.....................	0 ,0149	0 ,0387
Mauhourat.................	0 ,0105	0 ,0380

	César.	Espagnols.	La Raillère.
Acide carbonique libre......	0^{gr},0298	0^{gr},0188	0^{gr},0267
Sulfure de sodium..........	0 ,0243	0 ,0219	0 ,0205
Hyposulfite de sodium.......	0 ,0119	0 ,0158	0 ,0090
Silicate de sodium.........	0 ,0281	0 ,0245	0 ,0241
de calcium..........	0 ,0130	0 ,0134	0 ,0165
de magnésium.......	0 ,0020	0 ,0021	0 ,0029
Silice en excès..............	0 ,0454	0 ,0476	0 ,0414
Sulfate de sodium...........	0 ,0282	0 ,0320	0 ,0334
de potassium........	0 ,0064	0 ,0068	0 ,0057
Chlorure de sodium.........	0 ,0656	0 ,0632	0 .0484
de lithium.........			
Iodure de sodium et bromure.			Traces.
Borates.....			
Phosphates.................	Traces.	Traces.	
Oxyde de fer...............			0 ,0008
Ammoniaque...............			Traces.
Sulfarsénite de sodium.... .			
Matière organique......... .	0 ,0292	0 ,0120	0 ,0240
Total	0 ,2541	0 ,2393	0 ,2267

Composition chimique. — Il n'a été fait d'analyse complète que pour quelques-unes des eaux de Cauterets : par Filhol, Garrigou, Willm. Nous reproduisons les analyses des eaux de César, des Espagnols, de la Raillère faites par Willm en 1883; un tableau de la sulfuration des principales sources et un tableau de leur alcalinité donneront une vue d'ensemble. Pour ces deux derniers tableaux nous donnons les chiffres de Duhoureau (l'alcalinité est donnée indépendante des sulfures, exprimée en carbonate).

⊁⊱ BARÈGES (Hautes-Pyrénées) ⊰⊁

Voies d'accès. — Réseau des chemins de fer du Midi. — Ligne de Toulouse à Bayonne. — Embranchement de Lourdes à Pierrefitte. — De Pierrefitte à Barèges, par Luz, route de voitures, 19 k.

Situation, aspect général. — Le village de Barèges est une longue rue bâtie sur la rive gauche du Bastan, sur le trajet de la route qui, de Luz, va par le col du Tourmalet jusqu'au haut de la vallée de Campan. Trois ponts permettent de traverser le Bastan : en amont, en aval et au centre du village. Celui-ci est encaissé de hautes montagnes; il est dominé par le Pic du Midi de Bigorre au N. et par le Pic d'Ayré au S.

Altitude. — 1 232 m. C'est la station la plus élevée de France, après les Escaldas (abstraction faite des sources de Moudang et de Lescun).

Climat de montagnes, comportant des variations brusques de température et des écarts entre celle du milieu de la journée et celle du matin ou du soir. Il faut donc compter avec des alternatives de fortes chaleurs et de froids vifs, et se munir de vêtements de laine.

La *saison* va du 1er juin au 15 septembre.

Ressources. Comme installation et comme approvisionnements, elles sont suffisantes; mais les éléments de plaisir font défaut dans la localité même. En revanche, Barèges est le centre d'excursions très belles.

L'*Établissement thermal* renferme une buvette, 31 baignoires, 2 piscines, 3 cabinets de douches

1 douche ascendante et 3 salles réservées respectivement aux bains de pieds, aux gargarismes et au humage. — L'*Hôpital militaire* s'élève
en face de l'établissement thermal. Il peut recevoir 70 officiers et 300 ou 400 sous-officiers et
soldats.

Ancienneté. — Les eaux de Barèges sont connues
et employées depuis plusieurs siècles; mais les
paysans du pays en usaient seuls. En 1667, le mar-
quis de Louvois y vint faire une cure. Leur notoriété date surtout de 1677, époque à laquelle
Mme de Maintenon y conduisit le jeune duc du
Maine sur ordonnance du médecin de Louis XIV,
Fagon, qui les avait connues par Tournefort. La
route de Tarbes à Barèges par Pierrefitte fut cons-
truite en 1745, et c'est en 1760 que fut édifié, pour
les blessés de la guerre de Sept ans, un hôpital
militaire, réédifié depuis en face de l'établissement
thermal.

Les Eaux. — Sulfurées-sodiques, chaudes. Les
eaux de Barèges *émergent* au point de jonction du
calcaire et du granit.

Les *sources* sont au nombre de 12. Les plus
importantes sont : le *Tambour*, l'*Entrée*, *Polard*, la
source *nouvelle* ou *Bain neuf*. Citons encore : *Dassier*, *La Chapelle*, *Louvois*, *Ramond*.

Le *débit* total a été évalué à 2 600 hectolitres
quotidiens.

La *température* des principales sources est représentée par le tableau suivant :

Tambour......................	44°,5	(Willm, 1883).
Entrée......................	41,8	
Polard......................	38	(Filhol, 1860).
Bain neuf..................	36	(Willm, 1883).
Dossier.....................	35	(Filhol, 1860).
La Chapelle.................	31	—

Il y a deux sources tempérées : *Louvois* (26°) et
Ramond (24°).

Particularités physiques. — Ces eaux sont limpides et laissent se dégager des bulles de gaz. Leur
odeur et leur saveur sulfureuses sont à peine per-
ceptibles. Elles contiennent de la Barégine. Elles
ont une grande fixité et ne blanchissent pas.

Modes d'emploi. — Boisson (eau du Tambour)
bains, douches, pulvérisations, gargarismes : c'est
surtout l'emploi externe des eaux qui constitue le
traitement de Barèges.

Applications thérapeutiques. — Ce sont des
eaux très fortes, très actives, très excitantes, et il
convient d'en surveiller l'emploi. Leurs indications
et leurs contre-indications ont été très bien résu-
mées par Lebret. « Leur action, dit-il, se formule
en un double phénomène de substitution locale et
de modification des dispositions constitutionnelles,
héréditaires ou acquises. Elles excitent tous les
systèmes, augmentent les sécrétions, déterminent
une stimulation qui se traduit souvent par un mouvement fébrile passager, un dépôt d'urates dans
les urines, de l'insomnie, etc. On y observe rare-
ment la poussée à la peau que produisent des eaux
moins énergiques. L'altitude de la station inter-

vient certainement dans ce mode curatif qui exclut les idiosyncrasies impressionnables, les névropathies, les dispositions aux hémorragies et aux congestions, et ne peut convenir, d'une manière générale, qu'à des états ou à des constitutions torpides. »

Les eaux de Barèges agissent surtout dans les affections du tissu osseux et des articulations, particulièrement quand ces affections sont liées à la scrofule. De ces cas nous rapprocherons ceux de fractures, de plaies de guerre, de traumatismes variés et ceux où il s'agit d'amener l'expulsion d'esquilles et de divers corps étrangers.

Les manifestations diverses de la scrofule en sont justiciables : manifestations muqueuses, cutanées, glandulaires, oculaires, comme celles qui sont osseuses ou articulaires (tumeurs blanches, mal de Pott, trajets fistuleux). Ajoutons enfin certaines paralysies périphériques et certains rhumatismes.

On considère comme des contre-indications formelles : la goutte, la phtisie pulmonaire, le cancer, les affections du foie et des reins, les lésions du cœur.

Composition chimique. — Nous donnons comme type l'*analyse* de la source du *Tambour* (Willm, 1883), et nous la faisons suivre d'un tableau de la teneur des principales sources en sulfure de sodium.

Acide carbonique libre.................... $0^{gr},0219$
Sulfure de sodium........................ 0 ,0392
Hyposulfite de sodium.................... 0 ,0107
Silicate de sodium....................... 0 ,0580
— de calcium....................... 0 ,0108
de magnésium.................... 0 ,0013
Silice en excès.......................... 0 ,0528
Chlorure de sodium...................... 0 ,0418
de lithium...................... traces
Sulfate de sodium........ .... 0 ,0173
de potassium.................... 0 ,0065
Iodures. Bromures...................... traces.
Borates. Phosphates.................... traces.
Ammoniaque............................ traces.
Sulfarsénite de sodium.................. 0 ,0002
Oxydes de fer et de manganèse........... 0 ,0011
Matière organique (Barégine).......... ... 0 ,0308

Total par litre................ 0 ,2705
Alcalinité totale (SO^4H^2) nécessaire........ 0 ,1055
des silicates................... 0 ,0563

Sulfure de sodium (Na^2S).

Tambour................... $0^{gr},0392$ (Willm, 1883).
Entrée.................... 0 ,0358 —
Bain neuf.... .... 0 ,0255 —
Polard .... 0 ,0238 (Filhol, 1860).
Dassier .... 0 ,0234
La Chapelle............... 0 ,0203

✻ BARZUN-BARÈGES ✻

La *source* de Barzun jaillit à droite du Bastan, en aval et à 700 m. environ de Barèges. En 1881, elle a été conduite à Luz en considération du climat plus doux de cette dernière localité.

Le trajet est de 6 k. et l'altitude de l'établissement où on l'y utilise est de 600 m.

Comme l'eau de Barèges, celle de Barzun renferme beaucoup de Barégine et elle ne blanchit pas non plus.

La température, au griffon, est de 29°,6.

L'eau arrivée à Luz a perdu les trois quarts de sa sulfuration : soit par suite du transport, soit pour toute autre raison, elle ne contient plus que 8 milligrammes de Monosulfure de sodium. Cependant, chose remarquable, elle présente des propriétés physiologiques et thérapeutiques identiques à Luz après son parcours, et à Barèges auprès du griffon. On a pu s'en rendre compte parce que la source alimente sur ces deux points différents deux établissements qui fonctionnent parallèlement.

Ces eaux ont leur *application* dans les affections nerveuses, les névralgies, les rhumatismes. — D'une manière générale on peut les considérer comme sédatives. Elles sont, au point de vue de leur action sur le système nerveux, intermédiaires aux eaux de Barèges et à celles de Saint-Sauveur : si bien qu'à Barèges elles sont tenues pour sédatives et qu'à Saint-Sauveur elles sont considérées comme excitantes.

SAINT-SAUVEUR (Hautes-Pyrénées)

Voies d'accès. — Réseau des chemins de fer du Midi. Ligne de Toulouse à Bayonne. — Embranchement de Lourdes à Pierrefitte. — De Pierrefitte à Saint-Sauveur · route de voitures, 12 k.

Situation, aspect général. — Saint-Sauveur se trouve situé à l'extrémité méridionale de la vallée de Luz, à l'entrée de la gorge qui aboutit au cirque de Gavarnie, dans la partie la plus curieuse à visiter et la plus fréquentée des Pyrénées centrales. La station thermale, adossée à une montagne élevée dans le flanc de laquelle elle est comme incrustée, suspendue au-dessus d'un torrent rapide qui mugit au fond du précipice, entourée d'une végétation abondante qui l'encadre de la façon la plus pittoresque, se compose d'une cinquantaine de maisons toutes disposées en appartements meublés.

Altitude. — 770 m.

Climat. — Il est loin de présenter, malgré son altitude déjà élevée, les propriétés stimulantes, excitantes, qui caractérisent les climats de montagne. Au contraire, la douceur de la température, le calme habituel de l'atmosphère, l'état hygrométrique de l'air, donnent au climat de la station des vertus sédatives qui le font particulièrement apprécier des sujets nerveux, irritables, et des malades épuisés par de longues souffrances.

Saison.   Du 1er juin au 1er octobre.

Ressources. — Cinq grands hôtels ; toutes les maisons en outre, louent des chambres et des appartements meublés. — Casino, belles promenades, les excursions dont Saint-Sauveur est le centre comptent parmi les plus belles des Pyrénées.

Établissement thermal. — Au centre du village s'élève l'établissement communal alimenté par la Source des Dames, dont l'eau y est employée immédiatement à sa température naturelle et avec sa sulfuration native. C'est un édifice à la fois simple et majestueux, disposé en péristyle rectangulaire, limitant un vaste hall vitré et offrant une vue charmante sur le Gave de Gavarnie. — Il comprend, au rez-de-chaussée : 2 buvettes, 22 cabinets de bains avec vestiaire, une douche ascendante ; au sous-sol, en façade sur le Gave : 5 cabinets de bains, 2 salles de grandes douches thermales, une salle de douches pulvérisées, 3 douches ascendantes; enfin un quartier spécial pour l'hydrothérapie.

Les baignoires du rez-de-chaussée ne reçoivent que l'eau thermale à sa température naturelle, qui varie, selon l'éloignement de la source, de 34° à 32°.

— Les bains et les douches du sous-sol reçoivent en outre de l'eau du Gave froide (12°) et cette eau du Gave chauffée, ce qui permet, au besoin, le coupage de l'eau thermale et l'emploi des bains émollients non minéraux. — Les cabinets du rez-de-chaussée sont en outre munis d'une installation spéciale pour l'application des irrigations vaginales au bain, lesquelles se donnent sous une pression constante, équivalant à une colonne d'eau de 25 à 90 centimètres de hauteur, selon le cabinet. Une disposition ingénieuse permet, selon l'indication, d'administrer ces irrigations à la température du bain ou à une température différente de un degré en plus ou en moins.

La pression maximum des grandes douches thermales est de 5 mètres; celle des douches froides (hydrothérapie), de 12 mètres.

Les Eaux. — Sulfurées-sodiques chaudes.

Elles *émergent* de calcaires de transition, ayant subi l'influence métamorphique de poussées granitiques, et se présentant sous la forme de marbres et de schistes argileux.

La principale *source* est la Source des Dames, qui sourd au milieu du village et alimente l'établissement thermal. On trouve en outre, à 50 mètres au-dessus de Saint-Sauveur, la Source de la Hontalade.

Le *débit* de la Source des Dames est de 1 450 hectolitres par 24 h.; — celui de la Hontalade n'est que de 180 hectolitres

Température. — Source des Dames : 34°,5, — S. Hontalade : 22°.

Particularités physiques. — L'eau de la Source des Dames est limpide, transparente; sa saveur est hépatique et elle offre l'odeur caractéristique des œufs couvis. Elle dégage une multitude de petites bulles de gaz constituées par de l'azote pur. Elle se distingue entre toutes par sa douceur au toucher et l'impression toute particulière d'onctuosité agréable, de velouté, qu'elle produit sur la peau, propriété dont elle est redevable à son alcalinité et à une forte proportion de matières organiques (Barégine) tenues en dissolution. — L'eau de la Hontalade est une eau de boisson très analogue à la source Vieille, des Eaux-Bonnes.

Modes d'emploi. — C'est surtout le traitement externe qui est employé.

Applications thérapeutiques. — Nous ne saurions mieux faire que de les puiser dans une note inédite qu'a bien voulu nous communiquer un observateur particulièrement compétent sur cette question, le docteur Caulet.

Les eaux de Saint-Sauveur, essentiellement minéralisées par le Sulfure de Sodium et présen-

tant la sulfuration des sources moyennes de
Barèges et de Luchon, sont des agents puissants
de la médication sulfureuse. Mais, indépendamment
des indications générales qu'elles revendiquent à
ce titre et qu'elles partagent avec les autres eaux
sulfureuses des Pyrénées, elles excercent une
action élective, pathogénétique sur l'appareil
utéro-ovarien et sont douées de vertus sédatives
spéciales qui, ne ressortissant pas communément
à la médication sulfureuse, et d'ailleurs fort rares
en thérapeutique thermale, les différencient de
leurs congénères et déterminent le caractère *clinique* de la station. Saint-Sauveur en effet est le
type des eaux thermales sédatives. *Douces* en ce
sens qu'elles agissent en silence, sans accroître les
phénomènes morbides, *tempérantes* parce qu'elles
s'adressent directement à l'état nerveux et aux
phénomènes dynamiques, elles trouvent leur indication chaque fois qu'il s'agit d'appliquer une cure
sulfureuse effective à un sujet irritable ou affaibli;
mais on les prescrit surtout et la tradition les a
spécialisées dans le traitement des maladies des
femmes, des affections nerveuses, des diverses
maladies chroniques compliquées d'un état nerveux, de la gastralgie et du catarrhe de la vessie.

Un mot sur ces diverses applications :

1° Les eaux de Saint-Sauveur ont manifeste
ment pour effet de mettre en jeu l'activité des
organes utéro-ovariens. En outre de certaines
sensations intérieures que les femmes traduisent

en disant « qu'elles sentent leur matrice », leur emploi provoque à l'état normal des contractions utérines et des sécrétions particulières désignées par le docteur Caulet sous le nom d'*hydrorrhée thermale*; au siècle dernier on les qualifiait d'*impré- gnadères* (engrosseuses). Leur action curative s'exerce dans les différentes maladies de ces organes.

Il y a là une spécialité thérapeutique indéniable qu'il faut constater; on traite à Saint-Sauveur *toutes* les maladies des femmes, maladies *boni moris* et non néoplasiques, bien entendu; toutes y viennent : accidents de la puberté et de la méno pause, suites de couches, troubles fonctionnels, affections dyscrasiques, infectieuses, névralgiques stérilité, vices de forme, déplacements, etc., et dans toutes la cure peut avoir de bons effets; les eaux agissent ici tant en modifiant la vitalité de l'organe qu'en modérant ses réactions sur l'éco nomie et corrigeant l'état névropathique concomi- tant.

Le succès comporte donc soit la guérison, c'est- à-dire l'arrêt du processus morbide avec restaura- tion de l'organe et de la fonction, soit seulement la disparition des symptômes, ce qui, dans bien des cas, est un mode admissible de guérison.

Ces bons effets ne s'obtiennent pas chez toutes les malades indistinctement; on remarque que celles à qui les eaux ne conviennent pas quant à la constitution intime n'en retirent aucun avantage pour l'affection utérine, tandis qu'au contraire celles dont la métropathie bénéficie de la cure profitent également de celle-ci pour leur état cons titutionnel.

L'état général, envisagé dans sa modalité primitive et ses déviations propres, fournit donc les meilleures indications de la cure. Celle-ci est contre-indiquée chez les malades goutteuses et en état de diathèse urique; il faut s'en défier chez les azoturiques et chaque fois que la dénutrition est exagérée. Elle est insuffisante dans la scrofule grave, torpide.

C'est chez les nerveuses — (nervosisme pur, original, essentiel), — chez les herpétiques — (dans ce qu'on appelait « l'herpétisme dartreux » par opposition à « l'herpétisme goutteux » qui ne convient pas), — chez les lymphatiques et généralement chez les sujets à nutrition faible, à urines pauvres, qu'elle se montre le plus efficace.

Avec ces conditions, les résultats sont partienlièrement favorables dans la dysménorrhée et les névroses pelviennes, la métrite, l'ovario-salpingite, simple et compliquée de péri-métrite, les engorgements, les fongosités (métrite hémorragique), le catarrhe utérin et la disposition aux fausses couches.

L'expérience montre ici que dans les maladies des femmes la cure thermale peut recevoir un développement d'autant plus intensif, et que les succès sont d'autant plus brillants que les symptômes sont plus sévères et le sujet plus souffrant. La surexcitabilité du système nerveux, l'exagération des malaises locaux, l'hyperesthésie de l'organe, la disproportion entre les symptômes et les lésions sont donc, comme les conditions tirées de l'état général, de précieuses indications de la cure. Tant qu'ici les eaux n'ont point été employées, on peut affirmer que la médecine n'a pas dit son dernier mot. Le fait est d'ailleurs classique. Tout récemment le savant professeur De Bourgade de la Dardye, étudiant les eaux d'Auvergne, et montrant aux élèves qu'elles peuvent remplir toutes les indications des maladies des femmes, se voyait pourtant obligé de faire une exception à cette règle : « Il y a, disait-il, des malades névropathes qui ne peuvent guérir qu'à Saint-Sauveur. Ces thermes précieux ont une spécialité toute partienlière et l'on voit des affections utérines résister à nos eaux du plateau central qui guérissent dans la station Pyrénéenne » (Clinique de l'Hôtel-Dieu de Clermont-Ferrand. La Métrite chronique et les affections utérines aux eaux minérales d'Auvergne et du Plateau Central. — Archives d'hydrologie, 1886.)

2° Parmi les affections nerveuses le plus fré quemment traitées à Saint-Sauveur, nous citerons : l'*éréthisme ou faiblesse irritable*, ces états particu liers désignés sous le nom de *mobilité*, d'*impression nabilité*, de *nervosisme*, l'*hystérie* sous ses formes vaporeuse et hyperesthésique, la *migraine* et les

névralgies, notamment celles de la face (tic douloureux), et des nerfs intercostaux.

3° Comme exemple des maladies compliquées
d'un état nerveux où la cure de Saint-Sauveur
rend de grands services, nous mentionnerons le
rhumatisme musculaire invétéré, certaines variétés
anormales du rhumatisme articulaire chronique,
dit « rhumatisme nerveux », dans lesquelles l'élément hyperesthésique l'emporte sur l'élément
fluxionnaire, et enfin ces formes difficilement
traitables d'affections de poitrine avec éréthisme
nerveux ou vasculaire qui ne pourraient supporter
les eaux plus énergiques de Bonnes ou de Cauterets.

4° En outre de la gastralgie proprement dite
ou névralgie franche de l'estomac, les eaux de
Saint-Sauveur, et particulièrement celles de la
Hontalade, sont utiles dans les dyspepsies des
ujets nerveux et des herpétiques ; elles conviennent
surtout dans les formes flatulentes, douloureuses
et diarrhéiques de ces maladies ; nous devons du
reste constater que dans tous les cas où l'on
emploie avec succès l'eau de Saint-Sauveur, l'amé-
lioration durable des troubles dyspeptiques conco-
mitants est un des effets les plus constants de la
cure.

5° Les eaux de la Hontalade, éminemment diurétiques, se sont acquis une renommée justifiée dans
le traitement des affections catarrhales irritatives
ou névralgiques des voies urinaires, *en l'absence de*

toute diathèse urique. Dans ces conditions, la douceur de la cure permet souvent de l'appliquer à la cystite vraie et dans le cas de complication prostatique.

Analyse :

	Source des Dames.	Hontalade.
Acide carbonique libre.......	0^{gr},0206	0^{gr},0165
Sulfure de sodium............	0 ,0246	0 ,0208
Hyposulfite de sodium........	0 ,0120	traces.
Silicate de sodium............	0 ,0293	0 ,0380
de calcium...........	0 ,0128	0 ,0110
de magnésium........	0 ,0012	0 ,0012
Silice en excès..............	0 ,0406	9 ,0388
Chlorure de sodium..........	0 ,0705	0 ,0786
de lithium..........	traces	traces.
Sulfate de sodium...........	0 ,0330	0 ,0281
de potassium.........	0 ,0080	0 ,0076
Iodure de sodium et bromure.	traces	traces.
Borates, phosphates..........	traces	traces.
Ammoniaque	traces	traces. .
Oxyde de fer................	traces	0 ,0005
Matière organique...	0 ,0236	0 ,0238
Total par litre........	0 ,2556	0 ,2493
Alcalinité totale (acide sulfurique. nécessaire)..	0 ,0664	0 ,0678
Alcalinité des silicates........	0 ,0355	0 ,0417

(WILLM, 1883).

✿ EAUX-BONNES (Basses-Pyrénées) ✿

Voies d'accès.   Réseau des chemins de fer du Midi. Embranchement de Pau à Laruns. — De Laruns à Eaux-Bonnes : 6 k.

Situation, aspect général.   La petite ville d'Eaux-Bonnes est située dans la gorge étroite de la source qui est entourée de hautes montagnes et traversée par un torrent, le Valentin, qui va se jeter dans le gave d'Ossau, près de Laruns. Le site est très pittoresque. Le village

était formé autrefois par les maisons en bordure sur une
rue unique conduisant à l'établissement thermal. Des
quartiers neufs dans lesquels on voit de belles constructions se sont élevés depuis, au S. et au N.-E. de la
Grande-Rue, ainsi que plus loin, au delà de l'établissement et de l'église.

Altitude. — 750 m.

Le *climat* est doux et présente très peu de variations
de température, l'atmosphère y est généralement calme
parce que la station est abritée par des montagnes; elle
n'est ouverte qu'à l'ouest.

Saison. — Du 1er juin à fin septembre.

On trouve aux Eaux-Bonnes toutes les *ressources* désirables au point de vue de l'installation matérielle : hôtels,
villas, maisons meublées, grandes facilités d'approvi-
sionnement. La vie y est très calme et les distractions
restreintes. En revanche, les promenades et les excursions sont très belles.

Établissements thermaux. — Il y en a deux, dont
les installations balnéaires sont très simples, ce qui
s'explique par l'usage presque exclusif, à Bonnes,
de la boisson.

Le *Grand Établissement* est alimenté par la *source
Vieille*. Il comprend, outre la Buvette, 20 baignoires,
des salles pour gargarismes, douches pharyn
giennes, bains de pieds.

L'*Établissement d'Orteig*, alimenté par la *source
d'Orteig*, comprend une buvette, une douche et
8 baignoires.

Une buvette, enfin, abritée sous un kiosque, près
de l'ancien hospice, débite l'eau de la *source Froide*.

Ancienneté. — Les eaux de Bonnes étaient connues déjà au commencement du xive siècle

Les **Eaux** sont sulfurées sodiques chaudes. Elles sont limpides, à odeur sulfureuse, onctueuses au toucher.

On compte *8 sources,* dont le débit total ne dépasse pas 700 hectolitres en 24 heures (Willm).

Abstraction faite de la *source Froide,* qui est à 12°,5, les *principales sources* sont chaudes et leur température s'échelonne entre 32° 5 et 22° 8 :

```
Source vieille........................... 32°,5
  —    nouvelle......................... 31
       d'en bas.......  ................. 28
       d'Orteig....................:  22 ,8
```

Applications thérapeutiques. — Les Eaux-Bonnes sont une des stations thermales dont les applications sont le plus nettement définies, comme le fait très justement remarquer le Docteur V. Meunier dans un intéressant travail inédit où nous puisons les indications qui suivent.

Malgré leur réputation ancienne dans le traitement externe des plaies et blessures (Eaux d'arquebusade), on y traite aujourd'hui presque exclusivement les maladies chroniques des voies respiratoires. Les Eaux-Bonnnes possèdent en effet au plus haut degré l'action anticatarrhale sur la muqueuse aérienne et l'action résolutive sur les altérations néoplasiques du parenchyme pulmonaire.

De là leur application dans les angines chroniques pharyngée et laryngée, — la pharyngite granuleuse, — la bronchite chronique, — l'asthme compliqué de catarrhe, — les pleurésies et les broncho-pneumonies à résolution lente et tendant à la chronicité, la phtisie pulmonaire. Les Bordeu, au siècle dernier, et, à une époque plus récente, Andrieu, Darralde, Gueneau de Mussy, Pidoux ont fait de cette médication l'une des plus précieuses que nous possédions.

T. Bordeu avait observé et décrit l'action reconstituante de ces eaux et le « remontement général » de l'économie qu'elles déterminent souvent chez les « pulmoniques ». Pidoux met particulièrement en lumière leur efficacité remarquable contre la susceptibilité catarrhale des bronches, leur influence résolutive sur les néoplasies tuberculeuses, notamment sur celles dont l'origine se rattache à l'herpétisme, à l'arthritis ou à la scrofule ; enfin il démontre leur valeur prophylactique chez les sujets prédisposés à la tuberculose par l'hérédité. Les recherches récentes sur la genèse de la granulation tuberculeuse et, d'autre part, la démonstration de son origine parasitaire ont éclairé le mécanisme de cette action résolutive et reconstituante signalée depuis longtemps. C'est aujourd'hui un des faits les mieux établis dans la thérapeutique thermale que la rapidité avec laquelle s'amendent et se guérissent aux Eaux-Bonnes les catarrhes et les engorgements pulmonaires, notamment chez les herpétiques, les lymphatiques et les scrofuleux. La durée des effets obtenus n'est pas moins remarquable, et, en ce qui concerne les affections

catarrhales, l'immunité complète est très fréquente
pendant l'hiver qui suit la cure. On sait, du reste,
que la sulfuration à base calcique paraît liée en
tout pays à une efficacité supérieure dans la cure
thermale des affections broncho-pulmonaires, et
les thermes de la Vallée d'Ossau sont les seuls de
la chaîne Pyrénéenne qui présentent dans leur
composition ce caractère fondamental.

En ce qui concerne la tuberculose, l'action notablement stimulante de ces eaux ne permet plus
d'y envoyer indistinctement tous les malades, et
il importe de bien préciser certaines contre-indications. Il faut en exclure d'une manière absolue la
phtisie aigue non circonscrite; — dans la phtisie
circonscrite, non seulement les résultats sont des
plus favorables dans la première période, mais le
ramollissement et même parfois l'état cavitaire ne
sont pas des motifs d'abstention, si l'on attend
pour recourir au traitement thermal que la maladie
soit dans un de ces temps d'arrêt qui séparent les
poussées; il n'en est plus de même en cas de com
plications cardiaques, d'entérite chronique, ou de
fièvre hectique sans rémission matinale bien marquée; la cure est impossible dans ces dernières
conditions, elle doit être au moins ajournée. Quant
à l'hémoptysie, à moins qu'elle ne soit récente et liée
à une de ces poussées actives qui caractérisent
l'envahissement, elle n'est pas une contre-indication;
elle a été longtemps la préoccupation dominante
du malade et du médecin, qu'elle détournait d'une

médication utile, mais elle n'est vraiment à redouter que pour ceux qui méconnaissent les précautions nécessaires en cours de traitement, et qui ne savent éviter ni les irrégularités dans le régime, ni les courses exagérées dans la montagne, ni l'excès dans le dosage des eaux.

La *source Vieille* est celle dont on fait presque exclusivement usage à l'intérieur; il en est de même pour les gargarismes, les douches pharyngiennes et naso-pharyngiennes. En boisson, les eaux se prescrivent ordinairement à très faible dose d'abord, une ou deux grandes cuillerées, par exemple; puis on augmente progressivement la quantité, sans dépasser celle de trois verres par jour, prise le matin à jeun et, dans l'après-midi, de quart d'heure en quart d'heure ou de demi-heure en demi-heure. Rien n'est plus simple comme médication; mais ce dosage est une affaire d'accommodation individuelle qui implique la surveillance des effets produits sur l'état local ou général. Les pédiluves thermaux et les bains minéraux peuvent être associés à l'usage interne des eaux.

La source d'*Orteig* mérite une mention spéciale : employée surtout en bains et douches, elle convient aux sujets nerveux et irritables, qu'elle tonifie sans déterminer d'excitation : elle est très précieuse comme médication auxiliaire dans le traitement des femmes et des enfants.

Si grande que soit l'efficacité du traitement thermal, il ne faut pas méconnaître l'influence du milieu, de l'altitude et du climat. Tous les ans, en dehors des malades proprement dits, un certain nombre de personnes délicates se rendent aux Eaux-Bonnes comme aux stations estivales des Alpes, et y retrouvent, après quelques semaines de séjour, une grande activité fonctionnelle de la respiration, de la digestion et de la locomotion. Une altitude de 750 à 800 mètres, le voisinage immédiat de la forêt, les caractères essentiels du climat du Sud-Ouest, qui s'y retrouvent à un degré très marqué, tout cela constitue les éléments fondamentaux d'une véritable cure d'air dont les effets utiles s'ajoutent certainement à ceux de la cure thermale.

L'eau de Bonnes transportée jouit encore de propriétés thérapeutiques remarquables; aussi, bien qu'elle ne puisse équivaloir à l'eau prise à la source, elle est d'un usage très répandu dans toute l'Europe et même au delà des mers. On l'administre généralement à la dose d'un quart de verre ou d'un demi-verre, le matin à jeun, tiédie avec du lait chaud, édulcorée ou non.

La cure dure habituellement de 21 à 30 jours.

Composition chimique. — Elle est sensiblement la même pour toutes les sources de la station (Filhol). La *source Vieille* est la plus importante de beaucoup, elle est presque exclusivement employée: c'est donc son analyse qui intéresse le médecin. Elle est Sulfurée Sodique Chlorurée.

Analyse de la source Vieille :

Acide carbonique libre....................	0^{gr},0089
Sulfhydrate et sulfure de sodium..........	0 ,0098
d'ammonium.................	0 ,0054
Hyposulfite de sodium....................	0 ,0080
Carbonate de calcium....................	0 ,0015
Silicate de sodium......................	0 ,0160
Silice en excès........................	0 ,0552
Chlorure de sodium.....................	0 ,2665
de potassium..................	0 ,0216
de lithium......................	0 ,0005
de magnésium	0 ,0012
Bromure de sodium.....................	0 ,0040
Iodure.................................	traces.
Sulfate de sodium........	0 ,0330
de calcium...........	0 ,1544
Sulfure d'arsenic. Acide phosphorique.....	traces.
Matière organique......................	0 ,0210
Total par litre................	0 ,5981
Résidu observé à 200°...................	0 ,5990

(WILLM, 1878.)

⁂ EAUX-CHAUDES (Basses-Pyrénées) ⁂

Voies d'accès. — Réseau des chemins de fer du Midi, embranchement de Pau à Laruns. — De Laruns à Eaux-Chaudes, route de voitures : 6 k.

Situation, aspect général. — Petit village à proximité des Eaux-Bonnes, dans une gorge très étroite, dirigée du N. au S. sur la rive droite du gave d'Ossau ou de Gabas. Site sauvage et grandiose.

Altitude — 675 m.

Climat. — De montagne, variations brusques et fréquentes de température.

Saison. Du 1er juin au 15 septembre.

Ressources matérielles assez étendues. Vie très calme, promenades très belles.

L'*Établissement thermal*, construit en 1850, restauré en 1870, est très bien aménagé : buvettes, cabinets de bains, piscines, douches; — salons de réunion, galerie couverte. — Ces eaux sont connues de temps immémorial.

Les **Eaux** sont sulfurées sodiques et leur température varie suivant les sources entre 36°,25 et 10°,5. — Elles ont pour origine géologique le point de jonction du calcaire et du granit.

7 *sources* : le Clot, l'Esquirette chaude, le Rey, l'Esquirette tempérée, Baudot, Larressec, Minvielle. — Les deux premières sont consacrées aux bains, les autres sont réservées pour la boisson.

Débit. — Les trois sources de bains fournissent ensemble 1152 hectolitres par jour. Les sources Baudot, Larressec, Esquirette tempérée ne donnent que 340 hectolitres, et la source Minvielle en fournit seulement 27·

Température. — Il y a 3 sources chaudes, — 3 sources tempérées et 1 source froide.

La température aux baignoires est de : 33°,65, le Clot, — 33°,2, l'Esquirette chaude, — 32°,50, le Rey. — La température à la buvette est de : 31°,5, l'Esquirette tempérée, — 25°,50, Baudot, — 24°, Larressec (Mialhe et Lefort). — Quant à la source Minvielle, sa température est de 11°,60 (Willm).

Particularités physiques. — Ces eaux sont limpides, leur odeur et leur saveur sont sulfureuses. Elles déposent de la barégine.

Modes d'emploi. — Boisson, bains, douches. — Le traitement externe est surtout employé.

Applications thérapeutiques. — Leur action paraît en rapport avec la température des diverses sources; elle est tenue, d'une manière générale, pour moins excitante que celle des autres eaux sulfurées sodiques. — Elles sont employées dans certaines dermatoses un peu torpides greffées sur un fond de lymphatisme, — dans le catarrhe des voies urinaires, dans les métrites chroniques, — dans les rhumatismes, les névralgies, les névropathies. D'après Astrié, elles conviendraient surtout dans les rhumatismes nerveux.

Composition chimique. — Elles sont, comme le fait observer Willm, très faiblement alcalines douées d'une sulfuration faible et presque dépourvues d'acide carbonique.

Willm a fait l'analyse de ces sources en 1882-83 pour la revision de l'Annuaire. Comme leur minéralisation est analogue, nous donnerons seulement les résultats se rapportant à une d'entre elles, celle du *Clot.*

Acide carbonique libre...................... $0^{gr},0085$
Sulfure de sodium.......................... $0\ ,0089$
Hyposulfite de sodium...................... $0\ ,0079$
Carbonate de calcium .... $0\ ,0012$
Silicate de sodium......................... $0\ .0185$
Silice en excès............................ $0\ ,0496$
Sulfate de calcium......................... $0\ ,0699$
Sulfate de sodium .... $0\ ,0694$
Chlorure de sodium........................ $0\ ,0843$
   — de potassium...................... $0\ .0075$

Chlorure de magnésium.................... non dosé.
Lithium, fer, ammoniaque....... .... traces.
Iode, arsenic...,....................... traces.
Matières organiques et pertes.............. 0^{gr},0016
                                            _____
    Total par litre............... .. 0 ,3188
Alcalinité observée...................... ⎫ 0 ,0270
          calculée...................... ⎬
                                          ⎭
          des carbonates et silicates....... 0 ,0160

✴ LABASSÈRE (Hautes-Pyrénées) ✴

La source de Labassèrc est *située* dans les environs
de Bagnères-de-Bigorre (à 15 k. en passant par Pouzac)
dans la vallée d'Oussouet.

Débit. — Elle *débite* 280 hectolitres par jóur d'une
eau qui est *froide* (de 11° à 13°), et qui est *chloro-
sulfurée sodique.* Elle fait partie du groùpe des
chloro-sulfurées sodiques (avec les Eaux-Bonnes
Gazost et Germs). Elle émerge d'un terrain schisteux de transition.

Sa grande stabilité, que Filhol attribue à la fois
à sa température et à sa composition chimique
(alcalinité, faible proportion de silice et proportion
notable au contraire de chlorure) en fait une eau
précieuse pour être bue loin de la source. Aussi
s'exporte-t-elle au loin dans des proportions importantes. En outre, pendant la saison thermale à
Bagnères-de-Bigorre, une buvette est établie dans
laquelle on sert de cette eau chauffée au bain-
marie à l'abri du contact de l'air.

On administre l'eau de Labassère surtout dans les maladies de poitrine.

Elle a été analysée par Filhol en 1850, et plus récemment par Willm en 1890. Ces deux observateurs sont arrivés à un résultat identique au point de vue de la sulfuration; ils ont trouvé l'un et l'autre exactement 0 gr. 046 de sulfure de sodium.

Analyse :

Acide carbonique total......................	$0^{gr},0335$
— libre..........	»
Ammoniaque.................................	0 ,0026
Sulfure de sodium..........	0 ,0165
Hyposulfite de sodium............	0 ,0038
Carbonate de sodium....	0 ,0277
de calcium..................	0 ,0104
— de magnésium	0 ,0010
Chlorure de sodium..........................	0 ,2521
de lithium.........................	traces.
Iodures.....................................	traces.
Sulfate de sodium...........................	0 ,0105
— de potassium...................... ...	0 ,0167
Silice......................................	0 ,0398
Matière organique (par différence).......... ..	0 ,0237
Total des principes fixes.....	0 ,4322
Résidu converti en sulfates { observé.........	0 ,5162
{ calculé..........	0 ,5135
Alcalinité totale (acide sulfurique nécessaire)..	0 ,1035
des carbonates.....................	0 ,0144

(Willm, 1890.)

GAZOST (Hautes-Pyrénées)

Voies d'accès. —De Lourdes au village de Gazost : 10 k., — du village de Gazost aux sources : 5 k.

L'*altitude* du point d'émergence des eaux est de 900 m.

Il y a plusieurs sources; la seule qui soit bien captée est la *Grande Source*, ou *S. Burgade*, dont le débit est de 4000 hectolitres environ.

La difficulté de l'accès a donné l'idée de conduire les eaux à Argelès (7 k.), ce qu'on a fait à l'aide de conduits clos. On a choisi pour cela la Grande-Source.

Les eaux sont *froides* : 12°,5 à 14° (O. Henry) ; elles sont *chloro-sulfurées sodiques*. Elles sont limpides, à odeur et à saveur sulfureuses.

Applications thérapeutiques. — Plaies, blessures, ulcères, affections scrofuleuses des articulations, des os, de la peau.

Composition chimique. — Ces eaux ont été analysées en 1890 par Willm. Nous ne retiendrons ici des résultats de son travail que le degré de sulfuration (de la Grande Source), déterminé au griffon :

Sulfure de sodium........................ 0^{gr},0117
Hyposulfite de sodium. .... 0 ,0060

Cet observateur fait remarquer que « leur sulfuration augmente après un certain temps d'embouteillage, et même que des eaux qui ont perdu toute sulfuration, comme celle qui est amenée à Argelès, la reprennent en partie après un certain temps, lorsqu'on les a mises à l'abri de l'air ». De semblables faits ont été observés pour quelques autres eaux par Filhol.

❧ GERMS (Hautes-Pyrénées) ❧

A 4 kil. de Labassère, entre Lourdes et Bagnères-de-Bigorre.

Ces eaux forment avec celles des Eaux-Bonnes, de Gazost et de Labassère, le groupe des chloro-sulfurées sodiques. Cinq sources ont été analysées par Filhol. L'une d'elles, la plus importante, renferme notamment, comme minéralisation dominante :

Sulfure de sodium...................... $0^{gr},0310$
Chlorure de sodium..................... $0 ,411^9$

❧ BEAUCENS (Hautes-Pyrénées) ❧

Village de la vallée du Lavedan, sur la rive droite du gave de Pau, près de Pierrefitte-Nestalas et de Saint-Savin.

Petit établissement thermal dont l'eau serait *sulfurée sodique* et analogue, d'après Jacquot et Willm, aux eaux de Labassère, Gazost, Germs.

❧ AMÉLIE-LES BAINS (Pyrénées-Orientales) ❧

Voies d'accès. — Réseau des chemins de fer du Midi, ligne de Narbonne à Perpignan. — embranchement de Perpignan à Céret. — De la gare de Céret à Amélie : 7 k.

Situation, aspect général. — Désignée autrefois sous les noms d'*Arles-les-Bains, Bains d'Arles, Bains-sur-Tech*, qui lui venaient du nom de la petite ville d'Arles-sur-Tech dans le voisinage de laquelle elle se trouve (4 k.), la station porte aujourd'hui le nom de l'agglomération même à laquelle elle appartient. — Le village d'Amélie est situé dans une gorge étroite du Tech à la hauteur où celui-ci reçoit le Mondoni, un peu avant que la gorge s'ouvre sur la plaine de Céret.

Altitude. — 270 m.

Climat. — C'est le climat sec et très doux du Roussillon. Située sur le versant méridional du Canigou, la vallée dans laquelle se trouve Amélie est étroite, ouverte seulement à l'est et à l'ouest, en sorte qu'elle est protégée contre les vents froids du nord et les vents excitants du midi : conditions particulières qui permettent une saison d'hiver privilégiée, mais qui rendent la cure pénible en juillet et août.

Saison. — Du 1er mai au 31 octobre. Elle peut se poursuivre au cœur de l'hiver; le climat s'y prête, et les établissements sont organisés dans ce but : ils sont chauffés par la distribution des eaux minérales chaudes.

Ressources. — Les installations sont suffisamment confortables. Hôtels, villas, maisons meublées, et logements dans les établissements thermaux. — Vie calme. — Belles promenades.

Établissements thermaux. — Il y a 2 établissements civils et 1 établissement militaire. Les 2 établissements civils (*établissement Pujade* et *établissement Péreire* ou des *Thermes Romains*) présentent les aménagements les plus complets au point de vue du traitement et sont très confortablement installés comme logement. L'*Hôpital militaire*, qui est très vaste, présente des aménagements tout à fait remarquables; il reçoit des malades militaires pendant toute la durée de l'année.

Ancienneté. — Ces sources étaient connues dès l'époque romaine.

Les Eaux. — Chaudes, sulfurées sodiques.

Émergence. — Terrain granitique.

Nombre de sources. — Elles sont nombreuses; 22 sont employées.

L'Hôpital militaire est alimenté par le *Grand Escaladou* seul.

L'établissement Pujade est alimenté par diverses sources dont les principales sont : *Chomel, Pascalone* (buvettes), *Amélie, Anglada* (baignoires), *Arago* (grande Piscine).

Aux Thermes Romains : *Petit Escaladou*, source *Fanny*, source dite *Alcaline.*

Débit. — Le Grand Escaladou seul débite 5 080 hectolitres par heure (Jacquot et Willm). Le volume total des diverses sources dépasse 20 000 hectolitres.

Température. — Nous donnons les chiffres de Willm pour les principales sources; pour le *Grand Escaladou* nous fournissons deux chiffres, le premier indiquant la température au griffon, le second la température dans l'établissement militaire, situé 80 mètres plus bas, et auquel arrive l'eau par un aqueduc à tuyau plein, d'une longueur de 500 mètres.

Grand Escaladou	Au Griffon	62°
	après le parcours	57,8
Etablissement Pujade	Arago	60,5
	Anglada	60,2
	Pascalone	51,2
	Amélie	51
	Chomel	47
Thermes Romains	Petit-Escaladou	63,5
	Source Fanny	62,8
	Source dite Alcaline	60

Minéralisation dominante. — Ces diverses sources présentent des températures différentes; mais leur composition chimique ne varie guère de l'une à l'autre : toutes sont sulfurées sodiques.

Particularités physiques. — Ces eaux sont limpides, incolores, d'une odeur et d'une saveur hépatiques. Au contact de l'air, elles perdent leur caractère hépatique (Rotureau). Elles renferment de la barégine et des conferves, ces dernières verdâtres, la première de colorations diverses.

Modes d'emploi. — Boissons, bains, bains de piscine, douches diverses, bains russes, étuves, inhalations, gargarismes. — Hydrothérapie.

Applications thérapeutiques. — Leur température élevée et leur composition chimique pouvaient faire prévoir ce que la clinique a confirmé · leur efficacité surtout dans le rhumatisme, dans les dermatoses scrofuleuses, humides, torpides, dans les plaies atoniques, les vieilles blessures, dans les affections catarrhales des muqueuses. Pour les affections des voies respiratoires, quand surtout il s'agit de tuberculose, la médication doit être dirigée avec circonspection, particulièrement si le malade est doué d'impressionnabilité nerveuse ou présente des tendances aux hémoptysies. Dans tous ses divers états, le climat d'Amélie constitue un adjuvant précieux.

Analyse. — Toutes les eaux d'Amélie offrant une composition chimique presque identique, il nous suffira de donner l'analyse du *Grand Esca-*

ladou effectuée en 1878 par Willm pour la revision de l'Annuaire :

Acide carbonique des bicarbonates.........	0^{gr},0794
libre..................	»
Sulfure de sodium......................	0 ,0151
Hyposulfite de sodium..................	0 ,0087
Carbonate de sodium..........	0 ,0796
de calcium....................	0 ,0100
de magnésium............	0 ,0006
Silicate de sodium.....................	0 ,0375
Silice en excès........................	0 ,0510
Sulfate de sodium.....................	0 ,0461
Sulfate de potassium.......	0 ,0113
Chlorure de sodium....................	0 ,0367
Oxyde de fer..........................	0 ,0006
Matières organiques (par différence).......	0 ,0232
Iode, lithium, acide borique..............	traces tr. net.
Arsenic...............................	faible.
Résidu à 150°.........................	0 ,3204
Résidu converti (observé...............	0 ,3718
en sulfates { d'après le groupement...	0 ,3708
Alcalinité { observée....................	0 ,1333
{ d'après le groupement........	0 ,1330

Bicarbonates anhydres primitivement dissous :

Bicarbonate de sodium..................	0^{gr},1146
— de calcium..................	0 ,0144
de magnésium..............	0 ,0009

✳ LA PRESTE (Pyrénées-Orientales) ✳

Voies d'accès. — Réseau des chemins de fer du Midi. Embranchement de Perpignan à Céret.   De Céret à la Preste, par Amélie et Prats-de-Mollo. Route de voitures · 33 k.

Situation.   Les bains de la Preste sont situés un peu au delà du hameau de même nom, tout en haut de la vallée du Tech, au pied du Pic de Costabona, sur un étroit plateau. dans une situation pittoresque.

Altitude. — 1 100 m.

Climat, saison. — L'air est très doux, les bains sont ouverts toute l'année.

Ressources. — Elles sont très limitées, il y a un Hôtel-Casino dans l'établissement thermal. Existence calme.

Les Eaux. — Elles *émergent* du terrain granitique. Elles sont connues depuis le siècle dernier. On les emploie en boisson, bains et douches.

La *source* importante et la seule employée est la source d'*Apollon*, ou *Grande Source*, dont le débit est d'environ 3.000 hectolitres par 24 heures et la *température* de 44 degrés

Cette eau est limpide, onctueuse; l'odeur et la saveur sont très peu sulfureuses, ce qui tient, comme d'ailleurs peut-être leurs propriétés atténuées, à ce que, conduites dans des rigoles à ciel ouvert, elles restent longtemps exposées à l'air et se modifient : le sulfure se transformant en hyposulfite et en sulfate.

Applications thérapeutiques. — Les eaux de la Preste sont particulièrement employées dans le catarrhe des voies urinaires, la gravelle urinaire et les coliques néphrétiques, dans les dermatoses sèches et les rhumatismes

Analyse :

Acide carbonique des bicarbonates....... .	$0^{gr},0507$
Acide carbonique libre	0 ,0033
Sulfure de sodium......................	0 ,0099
Hyposulfite de sodium.................. .	0 ,0008
Carbonate de sodium................... ..	0 ,0541
— de calcium...............	0 ,0059
— de magnésium........	0 ,0006

```
Silice.................................. 0ᵍʳ,0399
Oxyde de fer.........................  0 ,0006
Sulfate de sodium....................  0 ,0275
       de potossium..................  0 ,0049
Chlorure de sodium...................  0 ,0031
   —   de lithium....................  traces.
Borates, phosphates..................  traces.
Arsenic..............................  faib. trac.
Matières organiques (par différence)..  0 ,0271
                                       ─────────
       Total.........................  0 ,1744
```

BICARBONATES ANHYDRES PRIMITIVEMENT DISSOUS :

```
Bicarbonate de sodium................  0 ,0765
       de calcium....................  0 ,0085
       de magnésium..................  0 ,0009
Résidu converti en sulfates ⎰ observé..  0 ,1780
                            ⎱ calculé...  0 ,1768
Alcalinité ⎰ observée................  0 ,1715
           ⎱ calculée................  0 ,0690
```

(WILLM, 1887.)

❀ LE VERNET (Pyrénées-Orientales) ❀

Voies d'accès. — Réseau du Midi. — Ligne de Narbonne à Perpignan. — Embranchement de Perpignan à Ville-franche-de-Conflent.   De Villefranche-de-Conflent au Vernet : — route de voitures, 6 k.

Situation.   Village sur les bords du Majou, affluent de la Têt, au pied du Canigou, à l'abri des vents froids.

Altitude. — 620 m.

Climat.   Très doux; on y peut faire sa cure en toute saison.

Ressources. — Les promenades et les excursions constituent les seules attractions. C'est une station calme et de repos. Mais les installations y sont très confortables.

Deux établissements thermaux : le premier, *E. des*

Commandants, est installé sur un très grand pied.
Il comprend une piscine, 24 cabinets de bains
des douches, un vaporarium ; il est entouré d'un
grand parc et de plusieurs hôtels. Le deuxième
établissement, l'*E. Mercader*, est conçu dans des
proportions moins ambitieuses, mais très bien
aménagé.

Ces eaux paraissent avoir été connues dès le
moyen âge.

On compte 12 *sources* principales, 9 pour l'éta
blissement des Commandants, 3 pour l'établissement Mercader.

Le *débit* total a été évalué à 2 758 hectolitres.

Les *températures* des principales sources sont
les suivantes :

Parc	61°
Mère-Source	57 ,8
Anciens thermes	54 ,8
Eaux-Bonnes	48
Vaporarium	45
Saint-Sauveur	34
Elisa	32
Ursule	39 ,5
Providence	37 ,3
Route de Casteil	36 ,6

Sulfuration et alcalinité pour les thermes des Commandants

	Sulfuration.	Alcalinité.
Source du Parc	0gr,0190	0gr,0984
des Eaux-Bonnes	0 ,0190	0 ,0984
— du Vaporarium	0 ,0185	0 ,0877
Saint-Sauveur	0 ,0140	0 ,0764
Elisa	0 ,0081	0 ,0706

(WILLM, 1877.)

Minéralisation dominante des sources de l'Etablissement Mercader :

	Source Ursule.	Source de la Providence.
Sulfure de sodium	$0^{gr},0190$	$0^{gr}.0192$
Hyposulfite de sodium	0 .0047	0 .0076

Particularités physiques. — Ces eaux sont limpides; elles ont une odeur et une saveur plus ou moins sulfureuses suivant la source. Elles sont onctueuses au toucher et contiennent de la barégine.

Applications thérapeutiques. — On emploie ces eaux en boisson, bains, douches, inhalations, pulvérisations. Les états morbides qui y ressortissent plus particulièrement sont les affections catarrhales des voies respiratoires, les dermatoses humides et scrofuleuses, le rhumatisme. Ce qui caractérise surtout le Vernet, c'est d'être une *station thermale hivernale*, d'abord par son climat, ensuite par les aménagements disposés de manière à mettre les malades à l'abri de l'air extérieur et à leur assurer une température constante.

Dans ces dernières années, on a construit près du Vernet, à 700 mètres d'altitude, pour les tuberculeux, un *Sanatorium* très bien conçu et favorisé par le climat.

MOLITG (Pyrénées-Orientales)

Voies d'accès. — Réseau des chemins de fer du Midi. Ligne de Narbonne à Perpignan. — Embranchement de

Perpignan à Prades. — Route de Prades au Col de Jau, de Prades à Molitg : 7 k.

Situation, altitude, climat, saison. — Les bains sont situés dans la gorge de Castellane, à une altitude de 450 m. Grâce à cette altitude et à la pureté de l'air, les chaleurs sont bien supportées; l'hiver, le climat est très doux. La saison dure du 1er mai au 31 octobre.

Ressources. Établissements thermaux. — Les ressources sont peu étendues. Mais on y trouve 3 établissements bien organisés : *Lloupia, Barrère, Mamet* (ou *Massia*), du nom chacun de son ancien propriétaire; ils sont réunis aujourd'hui dans une même main. Sa situation plus élevée a fait consacrer aux douches l'établissement Mamet ou Massia; les deux autres, réunis par une galerie, sont consacrés aux bains.

Les **Eaux** sont sulfurées sodiques chaudes.

On compte à Molitg plusieurs *sources*; celles qui alimentent les établissements thermaux sont les sources : *Lloupia n° 1, Lloupia n° 2, Barrère, Mamet n° 1, Mamet n° 2.* — Le *débit* de la première est de 1 150 hectolitres par 24 heures (Jacquot et Willm). Toutes ces eaux contiennent beaucoup de matière organique, ce qui les rend très onctueuses et leur a valu le nom de « Bains des délices ».

Températures. — Lloupia n° 1 : 37°,5 ·- Lloupia n° 2 : 36°,5; — Barrère : 33 degrés; — Mamet n° 1 et n° 2 : 36°,8.

Composition chimique. — Quatre de ces sources ont été analysées par Willm en 1877. Nous ne

retiendrons de son travail que les chiffres relatifs
à la sulfuration ·

	Sulfure de sodium.	Hyposulfite de soude.
Lloupia n° 1.........	0^{gr},0156	0^{gr},0095
Lloupia n° 2...................	0 ,0166	»
Barrère	0 ,0137	0 ,0032
Mamet..................... .	0 ,0141	0 ,0057

Applications thérapeutiques. — Les eaux de
Molitg sont employées en boisson, bains, douches,
inhalations, applications topiques de conferves.
Leurs indications capitales sont tirées de leur
faible sulfuration et de leur température modérément chaude. On les emploie dans le traitement
des Dermatoses, notamment de certains Eczémas à
forme suintante et irritative qui ne supporteraient
aucune autre eau sulfureuse.

L'herpétisme des muqueuses, certaines manifestations irritables de la Scrofule, de l'Arthritisme et
même de la Goutte rentrent dans leur sphère
d'action.

⚜ GRAUS DE CANAVEILLES ⚜

(Pyrénées-Orientales)

De la route de Prades à Puycerda, 1 k. avant d'arriver
aux Graüs d'Olette, on aperçoit en contre-bas les Graüs de
Canaveilles, auxquels on accède par un sentier.

La source qui alimente l'établissement a
60 degrés, mais elle est mal captée (Jacquot et
Willm).

Le 3 autres sources sont *sulfurées sodiques* comme la précédente. Le tableau suivant donne leur minéralisation dominante et leur température (Willm, 1877) :

	Source Lucie.	Source St-Jacques.	Source des douches.
Sulfure de sodium......	0,0186	0,0177	0,0052
Hyposulfite de sodium...	0,0025	0,0021	»
T°..................	41°,8	36°,8	38°

La source *Saint-Jacques* est utilisée comme buvette, la source des douches est employée en bains et en boisson.

GRAUS D'OLETTE ou THUÉS

(Pyrénées-Orientales)

Voies d'accès. — Réseau des chemins de fer du Midi. Ligne de Bordeaux à Cette. — Embranchement de Narbonne à Villefranche-de-Conflent, par Prades. — De la gare de Villefranche-de-Conflent à Olette : 9 k. Du village d'Olette à la station thermale : 5 k.

Situation. — La station thermale de Graüs d'Olette ou de Thués n'est pas à Olette, mais à 5 k. plus loin, sur le territoire de Nyer. Elle est située sur la route de Prades à Puycerda : on la trouve après avoir dépassé successivement le village d'Olette et l'établissement des Graüs de Canaveilles, à l'entrée de la gorge du Fayet, dans un site pittoresque et sauvage d'une grande beauté; on la reconnaît de loin à la vapeur qui s'élève de ses sources chaudes.

Altitude. — 690 m.

Climat. — Doux et agréable.

Saison. — Du 1er mai au 15 octobre.

Ressources et établissements thermaux. — Éloi
gnée de tout centre de population, la station ther
male présente peu de ressources. A l'Établisse
ment est annexé l'Hôtel; l'ensemble est aménagé
de manière à ce que les baigneurs puissent de leur
appartement gagner les cabinets de bains sans
s'exposer à l'air du dehors. L'installation balnéaire
comprend : les baignoires, une installation complète de douches, une salle d'inhalation.

Les Eaux. — Sont les unes Sulfurées Sodiques,
les autres Sulfurées dégénérées. Elles sont Très
Chaudes, et l'une des sources présente la température la plus élevée parmi les eaux sulfureuses,
et même, on peut dire, parmi les eaux régulière-
ment employées en usages médicinaux ($79°,4$). La
richesse et la variété de leur minéralisation, l'élévation et la diversité de leur température, leur
puissant volume ont fait dire à Anglada que « leur
ensemble forme sans contredit le plus beau monu-
ment d'eaux thermales qu'on rencontre dans nos
Pyrénées ». Par ses sources sulfurées sodiques la
physionomie thermale d'Olette rappelle celle de
Luchon, et Willm considère ses eaux sulfureuses
dégénérées comme analogues aux eaux de Plombières.

Le *nombre de sources* s'élève à 42, qu'on divise en
3 groupes : Saint-André, de l'Exalada et de la Cascade.

Le *débit* de ces diverses sources est très puissant, et leur ensemble constitue un véritable

fleuve d'eau sulfureuse chaude dont le volume n'est pas inférieur à 22 000 hectolitres par 24 heures.

Ces eaux sont remarquables par l'abondance des *glairines*, dont la coloration varie : blanc grisâtre, rousse, vert foncé.

La *température* des diverses sources est échelonnée entre 79°,4 et 27°. Les températures des principales sont :

Cascade	79°,4
Saint-André	74 ,9
Cérola	52 ,5
Eaux-Bonnes	42 ,2
Buvette n° 4	41 ,5

Composition chimique. — De ces eaux, les unes sont *Sulfurées Sodiques* (Cascade, Saint-André, Buvette n° 4, Eaux-Bonnes, etc.), d'autres, improprement appelées « alcalines », sont des *Sulfureuses dégénérées*.

La teneur des premières en Sulfure de Sodium est représentée par les chiffres suivants (Willm, 1886) ·

	Sulfure de sodium.
Saint-André	0^{gr},0234
Cascade	0 ,0191
Eaux-Bonnes	0 ,0156
Buvette n° 4	0 ,0137

Le tableau suivant donne l'alcalinité comparée des unes et des autres, exprimée en acide sulfurique (Willm).

	ALCALINITÉ	
	totale.	sans le sulfure.
Cascade	0^{gr},1009	0^{gr},0770
Saint-André	0 ,1000	0 ,0706
Buvette n° 4	0 ,0873	0 ,0699
Eaux-Bonnes	0 .0909	0 ,0706
Cérola		0 ,0675
Buvette n° 23		0 .0804

La différence entre les sources sulfurées sodiques et les sulfurées dégénérées d'Olette résulte de la transformation du principe sulfuré en sulfate et de la présence d'azotates. Ces eaux dégénérées sont en outre un peu plus carbonatées (carbonates calcique et de magnésium) que les eaux sulfureuses dont elles dérivent (Willm).

Applications thérapeutiques. — Ces eaux sont employées en Boisson, Bains à Eau Courante, Douches. Les divers degrés de minéralisation et de thermalité entraînent des indications variées. Les maladies qui en sont plus spécialement justiciables sont les suivantes : Rhumatisme Nerveux, Gastralgies, Névroses générales, Ophtalmies Scrofuleuses, Affections Catarrhales.

Analyse :

	Saint-André.	Cérola.
Sulfure de sodium	0^{gr},0234	»
Hyposulfite de sodium	0 ,0164	»
Carbonate de sodium	0 ,0481	0^{gr},0509
de calcium	0 ,0050	0 ,0103
de magnésium	0 ,0004	0 ,0007
Silicate de sodium	0 ,0235	0 ,0121
Silice en excès	0 ,0750	0 ,0821

Sulfate de sodium.................	$0^{gr},0156$	$0^{gr},0546$
de potassium	$0,0139$	$0,0085$
Chlorure de sodium................	$0,0181$	$0,0168$
Azotate de sodium................	»	$0,0357$
Acide borique, arsenic, iode, acide phosphorique...................	traces.	traces.
Matière organique (par différence)..	$0,0446$	$0,0075$
Résidu à 120°, par litre.............	$0,2840$	$0,2792$

LES CARBONATES CI-DESSUS SONT DISSOUS A L'ÉTAT
DE BICARBONATES :

Bicarbonate de sodium CO^3NaH.....	$0^{gr},0762$	$0^{gr},0807$
— de calcium C^2O^5Ca.....	$0,0072$	$0,0148$
— de magnésium C^2O^3Mg.	$0,0006$	$0,0010$
Résidu : converti en sulfates........	$0,2960$	$0,2976$
D'après le calcul...................	$0,2949$	$0,2983$

(WILLM, 1886.)

Au point de vue de la minéralisation totale, nous donnons l'analyse complète d'une source sulfurée sodique et d'une soucre sulfurée dégénérée, importantes l'une et l'autre; les données fournies plus haut permettent de comparer entre elles les principales sources tant au point de vue de la minéralisation dominante que de la thermalité.

✵ LES ESCALDAS (Pyrénées-Orientales) ✵

Voies d'accès. — Réseau des chemins de fer du Midi. Embranchement de Narbonne à Prades. — De Prades aux Escaldas, route de voitures : De Prades à Bourg-Madame par Montlouis, 59 k., — de Bourg-Madame aux Escaldas : 6 k.

Situation, altitude, climat. — C'est un hameau dépendant de la commune de Villeneuve, canton de Saillagouse, à 1350 m. au-dessus de la mer. Malgré cette altitude, qui en fait la station thermale la plus élevée de France, les

Escaldas jouissent d'un climat très doux, grâce à leur exposition privilégiée, sur une terrasse adossée aux premières pentes du plateau de Carlitte, abritée contre les vents du nord. De cette terrasse, entourée de prairies et de jardins, on jouit d'une vue admirable sur tout le bassin de la Cerdagne.

A l'établissement thermal est annexé un *Hôtel* comprenant le logement pour près de 200 baigneurs, café, salle de lecture, théâtre. — Les *Thermes* eux-mêmes sont pourvus d'une installation complète : 6 buvettes, 32 baignoires, douches, bains de siège, étuves, inhalations, pulvérisations.

Les **Eaux**, Sulfurées Sodiques Chaudes, émergent du terrain granitique.

On compte 6 sources : 2 sont utilisées comme buvette : *Saint-Joseph* et *Pastourale*; — 3 alimentent les bains : *Colomer* ou *Grande Source*, *Merlat* la *Cazette*; celle de *Dorres* n'est pas utilisée.

Le *débit* de la Source Dorres est de 7 300 hectolitres par 24 heures; — celui de la Grande Source est de 4 400. — Le débit total depasse 13 000 hecto litres quotidiens.

Le tableau suivant donne la *minéralisation domi nante* et la *température* de chacune des sources. Les chiffres sont ceux déterminés par Willm :

	Sulfure de sodium.	Hyposulfite de sodium.	T°
Colomer...............	0gr,0251	0gr,0126	42°,3
Merlat...............	0 ,0120	0 ,0154	33
La Cazette...........	0 ,0154	0 ,0135	33
Pastourale...........	0 ,0122	0 ,0125	26 ,1
Saint-Joseph........ ...	0 ,0114	0 ,0132	18 ,3
Dorres..... ....-.....	0 ,0182	0 ,0160	40 ,4

Applications thérapeutiques. — L'action de ces eaux varie suivant la minéralisation, et surtout suivant la température; elle est en général sédative, mais elle devient excitante pour les sources chaudes. — Elles sont particulièrement employées contre les rhumatismes, les névralgies, les névroses le catarrhe des voies respiratoires.

⚹ SAINT-THOMAS (Pyrénées-Orientales) ⚹

Sur la rive droite de la Têt, à quelques k. de Montlouis. Trois sources, très peu fréquentées.

	Sulfure de sodium.	T°
Grande Source..................	0^{gr},0275	58° à 60°
Source du Bain...	0 ,0248	45
Source de la Prairie (Buvette).	0 ,0211	48

Pour la source du Bain, d'autres auteurs indiquent 58° (45° est le chiffre donné par Anglada)

Ces eaux doivent être hyposulfitées, mais le chiffre de l'hyposulfite n'a pas été noté.

Pour la Grande Source et la source du Bain, les chiffres de sulfuration sont de Roux.

Le débit de la Grande Source est de 860 hecto litres par jour; le débit total est d'environ 1000 hectolitres.

⚹ NOSSA (Pyrénées-Orientales) ⚹

Les bains de Nossa sont sur le territoire de la commune de Vinça, sur la ligne du chemin de fer de Perpignan à Prades.

Il y a un petit établissement alimenté par une source unique, dont l'eau est à 22°,4. La minéralisation dominante est représentée par les chiffres suivants, d'après Willm, qui a fait l'analyse de cette eau en 1887.

Sulfure de sodium.....................	0^{gr},0110
Hyposulfite de sodium.....	0 ,0036
Bicarbonate de sodium...............	0 ,1230
de calcium...............	0 ,0072
Sulfate de sodium....................	0 ,0648
Chlorure de sodium..................	0 ,0260

L'eau est donc une eau Sulfurée Sodique faible, et à température à peine tiède.

Tout près de là jaillit une autre source fournissant une eau dont la température est de 20°. C'est, d'après Willm, une eau sulfurée dégénérée.

❈ SAINT-ANTOINE DE GUAGNO (Corse) ❈

Voies d'accès. — D'Ajaccio à Vico : 63 k.   de Vico à Saint-Antoine de Guagno : 10 k.

Situation. — Au milieu de hautes montagnes boisées.

Altitude. — 600 m.

Climat. — Très constant et très sec.

Saison. — Du 1er juin au 1er octobre.

Ressources   Hôtel dans l'établissement civil, promenades très belles dans les montagnes des environs.

Établissement thermal. — L'aile gauche est réservée aux militaires, l'aile droite aux civils. Les étages supérieurs sont installés en hôtel pour les civils; les militaires sont hospitalisés dans un hôpital militaire situé non loin de l'établissement.

et pouvant recevoir 200 malades, officiers et soldats.

Connues très anciennement, ces eaux sont fréquentées surtout depuis le commencement du siècle.

Les **Eaux** sont sulfurées sodiques chaudes, elles émergent du terrain granitique.

Il y a *2 sources* : la Grande Source et la Petite Source ou source des Yeux.

Le *débit* de la Grande Source est de 864 hectolitres par 24 heures, et celui de la Petite Source n'est que de 93 hectolitres.

Les *températures* sont de 51° (Grande Source), et 34° (Petite Source).

Composition chimique. — *Analyse* de la grande Source par Poggiale (1852), le groupement modifié par Willm pour substituer le carbonate de calcium au chlorure ·

Sulfure de sodium..........	0^{gr},024
Carbonate de sodium...	0 ,115
de calcium................. .	0 ,015
de magnésium..............	traces.
Chlorure de sodium..................	0 ,062
Silice, fer, alumine................	0 ,046
Iodures et azotates alcalins.......... .	traces.
	0 ,262

✵ VICO (Corse) ✵

Eau sulfurée sodique chaude (35°,5). Près de Guagno

✵ CALDANICCIA (Corse) ✵

Hameau à 10 k. d'Ajaccio.   Eau sulfurée sodique (0 gr. 071 de sulfure de sodium). — Température : 38°,75.

⚹ PIETRAPOLA (Corse) ⚹

Petit établissement thermal. — Huit sources. — Eau
sulfurée sodique (0 gr. 021 de sulfure de sodium). Température : de 54° à 58°.

⚹ GUITERA (Corse) ⚹

Eau sulfurée sodique (37°), utilisée en boisson, en
bains de baignoire et en bains de piscine.

⚹ ZIGLIARA (Corse) ⚹

Eau sulfurée sodique 32°.

⚹ BERTHEMONT (Alpes-Maritimes) ⚹

Altitude : 868 m. — Commune de Roquebillière, loin
de tout centre, à 50 k. de Nice. — Il y a un petit établissement et quelques hôtels.

Les *eaux* sont *sulfurées sodiques chaudes.* —
3 sources : Saint-Julien, — Saint-Jean-Baptiste, —
Saint-Michel. Les deux premières ont une composition et une température identiques; la troisième
a une composition analogue aux deux premières et
une température inférieure. Elles ont été analysées
par Willm en 1892.

Température :

Source Saint-Julien..................... } 29°,5-30°,5
          Saint-Jean-Baptiste .... }
Saint-Michel.. 19

Débit .

Saint-Julien et Saint-Jean-Baptiste. chacune. 432 h.
Saint-Michel........................ .... 62 h.

Les deux premières renferment :

Sulfure de sodium.................. ....   0^{gr},0312
Hyposulfite de sodium....... ....   0 ,047

✳ CHALLES (Savoie) ✳

Voies d'accès. — La station thermale est reliée à Chambéry par un tramway à vapeur. Distance : 5 ou 6 k.

Situation. — Très pittoresque, dans une jolie vallée· elle est le centre de jolies promenades et de jolies excursions.

Altitude. — 290 m.

Le *climat* est doux et tonique, tempéré. La *saison* dure du 15 mai au 15 octobre.

Les *ressources* sont assez étendues au point de vue de l'installation : on y trouve de bons hôtels, des villas, des maisons meublées.

L'*Établissement thermal*, terminé en 1876, a été construit sur les sources mêmes. Il est parfaitement aménagé, et comprend notamment : une buvette, et 2 salles d'inhalations et de pulvérisations, 22 cabinets de bains et un service complet d'hydrothérapie.

Les **Eaux** sont Sulfurées Sodiques froides, elles sont en outre Bicarbonatées Sodiques, Bromurées et très fortement Iodurées.

Il y a 2 *sources* : la *Grande Source* et la *Petite Source* ; elles ne diffèrent que par le degré de minéralisation, plus faible dans la seconde.

Débit. — La Grande Source ne donne guère plus de 20 hectolitres par jour.

Willm a enregistré la *température* de 10°,5. Calloud

avait donné : 9°,5 pour la *Grande Source*, et 8° pour la *Petite Source*.

Particularités physiques. — Ces eaux ont une odeur sulfureuse faible, mais une saveur fortement sul fureuse et très amère. Elles sont onctueuses au toucher.

Particularités chimiques. — Ces eaux se distinguent et toutes les eaux sulfurées *françaises* par la présence du *Bicarbonate de soude* en proportion appréciable.

Modes d'emploi divers sur place. Cette eau est surtout exportée pour être utilisée en boisson, en considération de sa température froide, et de sa conservation exceptionnelle.

Applications thérapeutiques. — Douées d'une sulfuration « supérieure à celle de toutes les eaux connues » (Willm), et en outre Bicarbonatées Sodiques, Bromurées, et très fortement Iodurées, ce qui les distingue des autres eaux sulfureuses, les eaux de Challes présentent une physionomie particulière et jouissent de propriétés très énergiques. — Les grandes indications générales de ces eaux sont constituées par le Lymphatisme et la Scrofule dans leurs manifestations diverses : cutanées, muqueuses, glandulaires, osseuses, articulaires. Ajoutons la Syphilis, les Intoxications métalliques, le Goitre, certaines manifestations de l'Herpétisme, notamment les Angines et les Laryngites.

Analyse de la Grande Source ·

La sulfuration est due ici au sulfhydrate de sodium.

Acide carbonique libre...................	$0^{gr},0675$
Azote.....................................	$24^{cc},3$
Titre sulfurométrique : soufre............	$0^{gr}.2127$
Sulfhydrate de sodium (NaHS)...........	0 ,3594
Carbonate de sodium....................	0 ,5952
— de calcium......	0 ,0772
— de magnésium...........	0 ,0496
Silice....................................	0 ,0227
Alumine..........	0 ,0059
Sulfate de sodium......................	0 ,0638
Chlorure de sodium.....................	0 ,1554
Bromure de sodium..................,...	0 ,00376
Iodure de sodium.................,........	0 ,01235
Total	1 ,34531

Bicarbonates primitivement en dissolution ·

Bicarbonate de calcium..................	0 ,1112
de magnésium..............	0 ,0757
de sodium ($C^2O^5Na^2$)........	0 ,8423
— CO^3NaH..........	0 ,9433

(WILLM, 1877-78.)

✳ MARLIOZ (Savoie) ✳

Marlioz est un hameau situé à 2 k. d'Aix-les-Bains, à une altitude d'environ 250 m. — Le climat en est doux et salubre. Les eaux sont utilisées depuis 1850; leur usage constitue un complément de cure pour les malades d'Aix-les-Bains.   ,

L'*Établissement thermal* date de 1861. Il comprend 3 parties distinctes : la première partie consacrée au principal traitement de Marlioz renferme : la buvette, 3 salles d'inhalation et de pulvérisation, 7 douches pharyngiennes, nasales, etc.; le tout très bien installé. — Dans un deuxième bâtiment se trouvent les bains et les douches.

L'établissement est alimenté par 3 *sources* : *Esculape, Bonjean, Adélaide*.

Les **Eaux** de ces 3 sources sont *froides* (11°) *Sulfurées sodiques* et *Iodurées*. — Elles sont limpides, incolores, à odeur fortement sulfureuse ; onctueuses au toucher ; elles contiennent une quantité notable de glairine. — Elles sont employées surtout en boisson, inhalation, pulvérisation.

Applications thérapeutiques. — On a comparé les indications de ces eaux à celles des eaux de Labassère et de Bonnes : Affections des voies respiratoires et particulièrement des premières voies, surtout quand elles sont de nature herpétique (Laryngite, Pharyngo-Laryngite granuleuse).

Composition chimique. — D'après Willm, la sulfuration correspond à 0 gr. 0295 de sulfhydrate Na OS qu'il pense exister dans l'eau.

Analyse :

Sulfhydrate de sodium.....................	0gr,0295
(correspondant à 0,0411 de sulfure).	
Carbonate de calcium.....................	0 ,1912
de magnésium.................	0 ,0011
Oxyde de fer et alumine...................,	0 ,0024
Silice.....	0 ,0260
Sulfate de sodium.....................	0 ,0231
— de calcium.................	0 ,0605
Chlorure de magnésium.....	0 ,0640
Iodure de sodium.	0 .0015

(WILLM, 1877.)

CRUET (Savoie)

Eaux froides et dont la minéralisation rappelle celle de Challes (Willm) : Sulfure de sodium accompagné de : Hyposulfite, Bicarbonate, Sulfate. Iodure, Bromure de sodium.

SAINT-MÉLANY (Ardèche)

A 15 k. à l'ouest de Largentière, dans la montagne, dans le ravin de Pourcharesse, accessible seulement par un sentier de mulets.

Les eaux émergent par 2 griffons du micaschiste. Elles diffèrent nettement des sources volcaniques du Vivarais. Les 2 griffons portent les noms de *la Justice* et *la Barégine*; on les englobe sous la dénomination commune de *Fontaine de l'Œuf*. Le premier griffon a 15°, le deuxième a 16°. Leur débit total est d'environ 215 hectolitres par 24 heures.

L'eau s'exporte.

Elle renferme 0 gr. 050 de *sulfure de sodium* (analyse faite au laboratoire de l'École de médecine, 1876).

2° *EAUX HYDROSULFURÉES*

AIX-LES-BAINS (Savoie)

Voies d'accès. — Réseau de Paris à Lyon et à la Méditerranée. Ligne de Paris, Modane, Turin (de Paris à Aix-les-Bains par Mâcon, Bourg, Ambérieu, Culoz).

Situation. — Ville de 4 000 habitants, dans une position

très pittoresque : dans une large vallée entourée de hautes montagnes, entre le lac du Bourget et un escarpement abrupt très élevé, à une demi-heure ou trois quarts d'heure du lac.

Altitude. — 260 m., — 32 m. au-dessus du lac du Bourget.

Le *climat* est très sain ; il est doux, mais parfois très chaud en été.

Saison. — du 1er avril au 1er novembre. L'établissement est ouvert toute l'année.

Ressources. — Aix-les-Bains est une des principales stations thermales de l'Europe ; on y trouve toutes les ressources désirables. Très grand nombre de pensions, depuis les installations les plus luxueuses jusqu'aux plus modestes. Au point de vue des agréments, Aix-les-Bains n'est pas moins bien partagé : casinos magnifiques, concerts, fêtes, promenades, excursions très belles.

L'*Établissement thermal* est sans contredit un des plus beaux et des mieux aménagés qui existent. Il a été commencé en 1855, achevé après l'annexion, et en 1881 une annexe importante a été ajoutée. Il comprend environ 60 baignoires, 2 grandes piscines, 4 piscines de famille, 51 grandes douches dans l'ancienne installation, auxquelles il faut joindre dans l'annexe 13 grandes douches dont 6 avec baignoire et 2 avec bouillon, 16 étuves 2 salles d'inhalation anciennes et une grande salle dans l'annexe ; 3 salles de pulvérisation, 4 bains de pieds, 4 douches pour les pieds, 2 douches en cercle. — L'établissement appartient à l'État, il est administré en régie directe. — Il y a en outre un établissement pour les indigents, et un hospice de 108 lits, gratuits et payants.

Ancienneté. — Au temps des Romains, Aix était une station thermale célèbre et jouissait d'une grande prospérité. Après s'être éclipsée au moyen âge, comme celle des autres, la vogue d'Aix-les-Bains a repris au xviiie siècle.

Les **Eaux** sont Sulfurées Calciques (Sulfhydriquées ou Hydrosulfurées) chaudes. Elles sourdent du terrain néocomien supérieur.

2 *sources* : l'Eau de Soufre et l'Eau d'Alun.

Débit. — Ces sources fournissent un volume d'eau énorme, dont les deux tiers viennent de la Source d'Alun. Estimé par quelques observateurs à 68 000 hectolitres, le débit total quotidien est, d'après Jacquot et Willm, de 30 000 hectolitres.

Les *Températures* sont de 45° pour l'Eau de Soufre et de 47° pour l'Eau d'Alun (43°,5 et 44°,6 d'après Willm).

Particularités physiques. — Les eaux sont limpides ; elles ont une odeur hépatique plus prononcée dans l'Eau de Soufre ; la saveur en est douceâtre ; elles déposent des conferves sur les parois des conduits.

Modes d'emploi. — Boisson, Bains, Douches, Bains de vapeur, Inhalation, Pulvérisation, Bains de piscine, Douche-Massage.

Le traitement externe est à peu près exclusivement employé ; on s'est attaché surtout à tirer parti de la température et du volume des eaux, et la perfection de l'aménagement et du mode d'administration est telle que, dans les effets thérapeutiques obtenus, la part à faire à la composition chimique de l'eau peut être considérée comme négligeable. Le personnel est en rapport avec l'installation, notamment les masseurs et les masseuses.

La *Douche-Massage* constitue la spécialité d'Aix : les hôtels ont des employés de confiance dont la mission consiste à accompagner à la douche le baigneur, pour lui donner tous les soins utiles ; c'est « le sécheur », ou « la sécheuse ». A l'établissement, quand vient le tour de son client, le sécheur le déshabille et garde ses vêtements, le confiant à deux doucheurs. Ceux-ci pratiquent le massage et dirigent le jet : ces deux opérations se font en même temps.

Ces manipulations durent environ vingt minutes; après quoi le malade est essuyé et « emmaillotté », c'est-à-dire enveloppé d'un peignoir et d'une couverture de laine, la tête et les pieds entourés de serviettes. On le place alors dans une chaise bien close et les porteurs le remettent dans son lit. Le « sécheur », reprenant alors son rôle, lui essuie le visage et lui donne à boire, et cela pendant tout le temps que dure la sudation, une heure ou deux.

— Exclusive autrefois, cette pratique de la sudation est plus restreinte aujourd'hui : au procédé de l'emmaillottement on préfère la combinaison du massage et de l'eau tiède, suivis d'exercice.

Applications thérapeutiques. — L'indication capitale des eaux d'Aix est caractérisée par le Rhumatisme : Rhumatisme articulaire. ou musculaire.

ou viscéral, soit local, soit plus ou moins généra
lisé; Raideurs articulaires; Empâtements périarti
culaires; on peut y joindre aussi quelques manifestations extérieures du Lymphatisme. — Les contre-
indications principales sont : la Goutte aiguë, la
Tuberculose, la tendance aux Congestions.

Composition chimique. — Nous donnons ci-dessous les analyses des deux sources faites en 1877
par Willm pour la revision de l'Annuaire, qui confirment en somme, d'ailleurs, les résultats obtenus
par Bonjean en 1838.

	Eau de Soufre.	Eau d'Alun.
Hydrogène sulfuré { de 0gr,00337 à 0 ,0042		0gr,00374
Soufre des Hyposulfites	0 ,0038	0 ,0038
Acide carbonique dégagé par l'ébul-lition	0 ,0988	0 ,0882
Azote	13cc	12 ,5
Carbonate de calcium	0gr,1894	0gr,1623
de magnésium	0 ,0105	0 ,0176
ferreux	0 ,0010	0 ,0008
Silice	0 ,0479	0 ,0540
Alumine	0 ,0024	0 ,0001
Phosphate de calcium	0 ,0066	traces.
Sulfate de calcium	0 ,0864	0 ,0781
— de magnésium	0 ,0835	0 ,0493
— de sodium	0 ,0337	0 ,0545
Chlorure de sodium	0 ,0300	0 ,0274
Sels de lithium et de potassium	traces.	traces.
— de strontium	douteux.	douteux.
Iodures	traces.	traces.
	0 ,4914	0 ,4441
Poids du résidu sec	0 ,4925	0 ,4537
Bicarbonates primitivement dissous:		
Bicarbonates de calcium	0 ,2727	0 ,2337
de magnésium	0 ,0160	0 ,0255
ferreux	0 ,0014	0 ,0012

❋ SAINT-SIMON (Savoie) ❋

A 1 500 mètres d'Aix-les-Bains, sur la route d'Annecy.
Eau froide (19°,8), Calcique et Magnésienne, très faiblement minéralisée. Employée en boisson, surtout dans la
station d'Aix-les-Bains.

❋ LA CAILLE (Haute-Savoie) ❋

A 15 k. d'Annecy, — sur les deux rives du torrent des
Usses, au fond du ravin, 150 mètres au-dessous de la
route d'Annecy à Genève.

Altitude. — 600 m.

Les baigneurs sont logés dans l'*établissement* thermal.
Une *source* unique.

Température. — 30°.

Minéralisation dominante. — Eau hydrosulfurée (Hydrogène sulfuré libre : 0 gr. 0095, hyposulfite de sodium
en petite quantité : 0 gr. 0040).

Applications médicales. Affections de nature Lymphatique ou Scrofuleuse, et de nature Herpétique, surtout
quand domine un état d'éréthisme. Particulièrement
maladies de la Peau.

Analyse :

		Bicarbonates.
Hydrogène sulfuré libre..............	0^{gr},0095	
Acide carbonique des bicarbonates.	0 ,1959	
— — libre.............	0 ,0167	
Carbonate de calcium..............	0 ,1447	0^{gr},2085
de magnésium	0 ,0454	0 ,0692
ferreux................	0 ,0032	0 ,0044
de sodium	0 ,0224	0 ,0317
Hyposulfite de sodium..............	0 ,0040	
Sulfate de sodium...	0 ,0197	
— de potassium	0 ,0070	
Chlorure de sodium..............	0 ,0077	0 ,0576
Silice..............	0 , 192	
Iodure, borates..................	traces.	
Matière organique..................	traces.	
	0 ,2733	0 ,3714

8

Poids du résidu à 110°............. 0 ,2736
Alcalinité (acide sulfurique nécessaire).. .... 0 ,2166

(WILLM, 1889.)

⚜ ALLEVARD (Isère) ⚜

Voies d'accès. Réseau des chemins de fer de P.-L. M., embranchement de Grenoble à Chambéry, — gare de Goncelin. — De Goncelin à Allevard, route de voitures · 10 k.

Situation. — Jolie ville (chef-lieu de canton), dans une des plus belles vallées de l'Isère, entourée de hautes montagnes, et bâtie sur les bords du torrent du Bréda affluent de l'Isère.

Altitude. — 475 m.

Climat. — De montagnes; matinées et soirées très frai· ches, journées très chaudes en été.

Saison. — Du 15 mai au 15 septembre.

Ressources. — Hôtels et maisons meublées, — Casino, — Promenades et excursions, Voitures, chevaux, ânes de louage. Guides.

L'*Établissement thermal* comprend 35 cabinets de bains, dont quelques-uns pourvus de 2 baignoires et de douches locales; 7 cabinets de douches; salles d'inhalation tiède et chaude, avec cabinets de repos; divers bâtiments enfin pour les bains de, petit-lait, les bains aromatiques, l'hydrothérapie. L'eau « sourd au fond d'un puits de 6 mètres de profondeur creusé dans les assises du lias, à 350 m. de l'établissement, à la sortie de la gorge du Bréda, dite *Bout-du-Monde*; elle est élevée par des pompes, et envoyée sans aucune altération par des conduites dans l'établissement thermal ». L'élé vation se fait à l'aide d'un système de pompes aspirantes et foulantes et d'une roue hydraulique que meut la force de la chute du Bréda. Un hôtel est annexé à l'établissement.

C'est en 1838 qu'un établissement a été construit pour la première fois, et la notoriété des eaux est de date assez récente.

Les **Eaux** *émergent* d'un terrain formé par les assises du lias à bélemnites, et « c'est au bitume qui accompagne constamment ce terrain que l'eau doit d'appartenir à la catégorie des sulfureuses accidentelles » (Jacquot et Willm).

Une *Source*, dite l'*Eau noire*.

Débit : environ 1 300 hectolitres par 24 heures.

Température : 16°,7 (Rotureau).

Particularités physiques. — A la source même l'eau est limpide et transparente ; son odeur est sulfureuse, mais sa saveur peu prononcée. Puis elle se trouble, devient laiteuse, le goût sulfureux et amer s'accentue.

Modes d'emploi. — Boisson, Bains, Douches. Bains de vapeur. L'Inhalation constitue la spécialité d'Allevard. Hydrothérapie, cure de petit-lait.

Applications thérapeutiques. — L'action excitante sur les muqueuses et sur la peau est l'action qu'il convient surtout de retenir. Elle est précisée par la combinaison, habituelle à Allevard, du traitement externe et du traitement interne ; et elle rend compte des applications thérapeutiques :

Affections des voies respiratoires, Catarrhe bronchique et Asthme bronchique, Laryngite et Pharyngite granuleuses, Coryza chronique; Dermatoses ne redoutant pas un certain degré d'excitation (pour les dermatoses enflammées, on emploie les bains de petit-lait coupé avec l'eau minérale); en général les manifestations de la Scrofule et du Lymphatisme; on y traite aussi la Phtisie.

Composition chimique. — L'eau d'Allevard est Hydrosulfurée, elle est en même temps Sulfatée et Chlorurée.

Analyse :

		Bicarbonates.
Acide carbonique des bicarbonates.....	$0^{gr},2806$	
— · — libre.................	$0,0605$	
Hydrogène sulfuré.................	$0,0376$	
Carbonate de calcium.................	$0,2944$	$0^{gr},4239$
de magnésium.....,.........	$0,0189$	$0,0288$
de strontium..............'.	$0,0019$	$0,0025$
ferreux....................	$0,0016$	$0,0022$
Hyposulfite de sodium.................	$0,0015$	
Chlorure de sodium.................	$0,5434$	
Bromure de sodium.................	$0,0011$	
Iodure...'.................	traces.	
Sulfate de sodium.................	$0,4133$	
de potassium.................	$0,0218$	
de lithium	$0,0008$	
— de calcium.................	$0,2264$	
— de magnésium.	$0,2445$	
Arséniate de sodium.................	$0,0001$	
Phosphate. Borate.................	traces.	
Silice.................	$0,0228$	
	$1,7925$	
Poids du résidu................. ..	$1,7904$	

L'alcalinité de l'eau exige $0^{gr},3136$ d'acide sulfurique.

Résidu converti en sulfates $\begin{cases} \text{observé.} & 2^{gr},0236 \\ \text{calculé..} & 2,0208 \end{cases}$

(WILLM, 1888.)

❊ BAGNOLS (Lozère) ❊

Voies d'accès.   Réseau des chemins de fer de P.-L.-
M., — Ligne de Paris à Nîmes par Nevers, Moulins,
Saint-Germain-des-Fossés, Clermont-Ferrand, Arvant,
Saint-Georges-d'Auriac.   De la station de Villefort à
Bagnols, route de voitures : 38 k.

Situation. — Village de l'arrondissement de Mende, à
12 k. de Mende, disposé en amphithéâtre sur la rive droite
du Lot.

Altitude. — 941 m.

Climat. — De montagne, très variable.

Saison. — Du 1er juin au 15 septembre.

Ressources. — Restreintes, installations modestes.

Aménagements thermaux — Très primitifs.

Les **Eaux** sont Hydrosulfurées Chaudes. 6 *Sources*; la plus ancienne et la plus importante est la
Source *Grande*, ou *Ancienne*.

Débit total des sources : 2 300 hectolitres par 24 h.

La *température* de la Source *Grande* ou *Ancienne*
est de 42°

Particularités physiques. — Cette eau est limpide,
elle a un goût fade et une odeur sulfureuse; elle est
onctueuse.

Modes d'emploi : Boisson, Bains, Bains de piscine, Douches.

Applications thérapeutiques. — Affections
Scrofuleuses, Herpétiques et Rhumatismales.

Analyse de la Source Grande :

Bicarbonate de chaux........ ....• $0^{gr},0684$
              de magnésie................ traces.
              de soude anhydre............ .... 0 ,2265

Sulfate de chaux......................... $0^{gr},0148$
     de soude anhydre............ ..... $0 ,0890$
Chlorure de sodium....................... $0 ,1428$
   — de potassium........ .... $0 ,0030$
Silice, alumine, oxyde de fer............. $0 ,0329$
Arsenic.................................... traces.
Matière organique........................ $0 ,0358$

$0 ,6132$

Acide sulfhydrique............. ....:. $1^{cc},7$

(O. HENRY, 1837.)

⚜ SAINT-HONORÉ (Nièvre) ⚜

Voies d'accès. — Réseau des chemins de fer P.-L.-M.
— 1° Ligne de Paris à Dijon jusqu'à Laroche ; — 2° De
Laroche à Clamecy par Auxerre, Cravant ; — 3° Ligne de
Clamecy à Cercy-Latour, jusqu'à la station de Vandenesse. — De Vandenesse à Saint-Honoré : route de voitures, 7 k.

Situation. — Bourg agréablement situé sur les premiers
contreforts des montagnes du Morvan.

Altitude. — 270 m.

Climat. — Doux, tempéré, variations de température
très peu sensibles en été. Saint-Honoré est abrité contre
les vents du nord.

Saison. — Du 15 mai au 1er octobre.

Ressources. — Existence abondante et facile ; plusieurs
Hôtels, dont deux appartenant à l'Établissement thermal
Maisons meublées, Casino, Promenades agréables.

L'*Établissement thermal* est très bien aménagé et
présente toutes les ressources désirables comme
matériel balnéothérapique : 25 cabinets de bains,
avec douches, salles pour douches diverses, vaste
piscine à eau courante, préau pour gargarismes,
buvettes. — Hydrothérapie. — Ces eaux étaient
connues des Romains.

Les **Eaux** sont Hydrosulfurées Chaudes.

Elles *émergent* d'une petite région de roches cristallines.

Cinq *Sources* : Marquise, des Romains, de la Crevasse, des Acacias, de la Grotte.

Débit : 9 600 hectolitres par 24 heures

La *Température* est à peu près la même pour les diverses sources; elle est, aux griffons, de 31°, — et, aux buvettes, de 27° (Willm).

Particularités physiques. — Ces eaux sont limpides, onctueuses au toucher, elles ont une odeur et une saveur sulfureuses.

Modes d'emploi. — Boisson, Bains, Douches, Inhalations, Pulvérisations. Ces deux derniers procédés sont très employés à Saint-Honoré.

Applications thérapeutiques. — Dans des états dépendant de l'Arthritisme, de l'Herpétisme, de la Scrofule, quand les manifestations morbides sont de nature à ne pas supporter les eaux sulfurées sodiques, et quand ces manifestations portent sur la peau et les muqueuses; Affections des Voies Respiratoires : Pharyngites, Pharyngo-Laryngites, Bronchites, Asthme, — dans quelques cas, Bronchites Tuberculeuses. — Parmi les Dermatoses, celles qui ne supporteraient pas une vive excitation.

Composition chimique. — O. Henry avait en 1851 signalé la présence du Sulfure de sodium dans les eaux de Saint-Honoré; mais il paraît résulter des analyses plus récentes, que cette indication était erronée, et qu'il convient de considérer, ainsi qu'on le faisait avant, ces eaux comme *Hydro-sulfurées.*

Hydrogène sulfuré.........	0gr,00026	0gr,00037	0gr,00045
Acide carbonique combiné.	0 ,0898	0 ,0781	0 ,0862
libre. .	»	0 ,0188	0 ,0174
Carbonate de calcium......	0 ,0817	0 ,0812	0 ,0730
de magnésium...	0 ,0074	0 ,0063	0 ,0064
de sodium.......	0 ,0144	traces.	0 ,0185
Chlorure de sodium........	0 ,3692	0 ,2337	0 ,1708
Bromure de sodium........	0 ,0020	0 ,0013	traces.
Sulfate de sodium..........	0 ,0046	0 ,0470	0 ,0093
de potassium.......	0 ,0371	0 ,0261	0 ,0209
de lithium.	0 ,0038	0 ,0027	0 ,0022
Arséniate de sodium.......	0 ,00047	0 ,0004	0 ,00027
Silice....................	0 ,0636	0 ,0539	0 ,0482
Oxyde de fer..............	traces	traces	0 ,0014
Acide borique. Iode........ ⎫ Acide azotique.. .... ⎭	traces.	· traces.	traces.
	0 ,5843	0 ,4526	0 ,3510
Matière organique..........	0 ,0093	0 ,0118	0 ,0090

BICARBONATES PRIMITIVEMENT DISSOUS :

Bicarbonate de calcium.......	0 ,1176	0 ,1169	0 ,1051
de magnésium	0 ,0147	0 ,0096	0 ,0105
de sodium(CO^3NaH).	0 ,0327	traces.	0 ,0294

(WILLM, 1891.

❉ ENGHIEN (Seine-et-Oise) ❉

Voies d'accès. — Chemin de fer du Nord, à 20 minutes de Paris.

Situation.   Dans un site charmant, au pied des collines de Montmorency, sur les bords du lac d'Enghien.

Altitude. — 44 m.

Climat de Paris, doux et salubre.'

Saison. — Du 1er mai au 1er octobre.

Ressources.   Nombreuses comme Hôtels et Maisons meublées. Le voisinage immédiat de Paris, avec les grandes facilités de transport, ajoute aux commodités, mais entraîne aussi, d'autre part, ses inconvénients.

Il y a deux *établissements thermaux*, appartenant tous deux à la même Société : le *Grand Établissement* et le *Petit Établissement*. Ils renferment l'un et l'autre toutes les ressources balnéothérapiques les plus modernes et les plus complètes ; mais le premier est plus luxueusement installé.

La source fut découverte en 1766 par le P. Cotte, curé de Montmorency.

Les **Eaux** sont Hydrosulfurées Froides (de 15° à 11°).

Les *sources* sont divisées en deux groupes :

1er groupe : *Source du Roi* (ancienne *Source Cotte*) · 13°, — *Source Deyeux* : 10°,5, — *Source Péligot* : 12°, — *Source Bouland* : 14°, — *La Pêcherie* : 13° ; — 2e groupe : *Le Lac* : 15°, — *Les Roses* (ou *Puisaye*) : 14°, — *Le Nord* (ou *Lévi*), — *Coquil.*

Particularités physiques. — L'eau est limpide, incolore, à odeur et à saveur sulfureuses ; elle se conserve bien en bouteilles, et s'exporte sur une grande échelle.

Modes d'emploi. — Boisson, Bains, Douches de tous genres, Gargarismes, et surtout Inhalations et Pulvérisations.

Applications thérapeutiques. — Les eaux d'Enghien ont une action stimulante sur la peau et sur les muqueuses, surtout sur la muqueuse des voies respiratoires ; elles sont Diurétiques et légèrement Laxatives; considérées au point de vue de leur action sur l'état général, elles sont excitantes et toniques.

Leurs effets thérapeutiques se déduisent à la fois de leur composition chimique et des modes variés de leur application. On les emploie surtout dans les affections des Voies Respiratoires, particulièrement des premières voies : nez, pharynx, amygdales, larynx, et aussi les bronches; dans les affections Catarrhales de ces organes chez les Herpétiques. — L'Eczéma, et en général les Dermatoses à forme humide se trouvent également très bien des eaux d'Enghien. — Dans tous ces cas, il s'agit d'états pour lesquels les eaux sulfureuses fortes des Pyrénées dépasseraient le but, mais d'états qui nécessitent cependant un certain degré d'excitation.

Composition chimique. — Puisaye et Lecomte ont analysé ces eaux en 1853; plus tard, en 1865, ont été publiées des analyses de Réveil portant sur trois sources, les plus importantes de la station; il nous suffira de reproduire ces dernières.

	Source du Lac.	Source des Roses.	Source du Nord.
Acide carbonique des bicarbonates..................	$0^{gr},2658$	$0^{gr},2400$	$0^{gr},2028$
Acide carbonique libre......	0 ,0134	0 ,0187	»
Hydrogène sulfuré libre.....	0 ,0462	0 ,0364	0 ,0359
Azote.................	traces.	traces.	traces.
Sulfure de calcium....	0 ,0290	0 ,0259	0 ,0234
Carbonate de calcium.	0 ,2890	0 ,2665	0 ,3280
de magnésium....	0 ,0110	0 ,0095	0 ,0192

	Source du Lac.	Source des Roses.	Source du Nord.
Sulfate de calcium	0gr,2380	0gr,3053	0gr,1564
de magnésium	0 ,0900	0 ,0957	0 ,0840
de potassium	0 ,0224	0 ,0133	0 ,0117
de sodium	0 ,0121	0 ,0048	0 ,0043
— de baryum	0 ,0003	0 ,0002	0 ,0001
Silice	0 ,0520	0 ,0483	0 ,0613
Alumine	0 ,0060	0 ,0043	0 ,0071
Lithine. Fer	traces	traces	traces.
Acide borique	traces.	traces.	traces.
Matière organique azotée	0 ,1530	0 ,1052	0 ,1588
	0 ,9028	0 ,8790	0 ,8543

❋ PIERREFONDS (Oise) ❋

Voies d'accès. — Réseau des chemins de fer du Nord · de Paris à Compiègne. — De Compiègne à Pierrefonds · route de voitures, 14 k.

Situation. — Le bourg est situé au bord d'un petit lac, sur la lisière de la forêt de Compiègne, au pied de la colline que surmonte l'antique château restauré récemment.

Altitude. —87 m.

Le *climat* est rendu un peu humide par le voisinage de la forêt; il y a des écarts entre la temperature de la journée et celles du matin et du soir.

Saison. Du 1er juin au 1er octobre. On conseille préférablement juillet et août, en considération du climat et des maladies traitées.

Ressources. Trois ou quatre Hôtels, dont un dans l'établissement. Belles promenades et excursions.

L'*Établissement thermal* est dans un beau parc ; il présente une installation complète comme Bains, Douches diverses, Pulvérisations. — Ces eaux ne sont connues que depuis 1845.

Les **Eaux** sont Hydrosulfurées Froides pour une source ; — l'autre source est Ferrugineuse Froide.

La source *émerge* d'un terrain d'alluvion. « Elles prennent naissance à l'extrémité d'un petit étang vaseux qui rend parfaitement compte de leur nature. Elles appartiennent d'ailleurs à la nappe de l'argile plastique, et elles paraissent provenir de la décomposition des pyrites que cette assise renferme » (Jacquot et Willm).

Deux *sources*, l'une sulfureuse, l'autre ferrugineuse ; — la *température* de la première est de 12°, celle de la seconde de 9°,9

Particularités physiques. — L'eau de la source sulfureuse est limpide ; son odeur et sa saveur sont légèrement hépatiques.

Modes d'emploi. — Boisson, Bains, Douches. Pierrefonds doit une bonne part de sa notoriété à ce que pour la première fois, en 1856, s'est réalisée dans cette station l'application de la pulvérisation des eaux minérales : le premier, Salles-Girons y employa, dans la « chambre de respiration », l'appareil inventé par M. de Flubé, propriétaire des eaux.

Applications thérapeutiques. — Affections des voies respiratoires catarrhales ou herpétiques, surtout des premières voies : Pharyngite et Laryngite granuleuses, — Asthme bronchique.

Analyse de la source sulfureuse ·

Azote......................................	traces.
Hydrogène sulfuré libre...................	0^{gr},0022
Acide carbonique libre...................	indéterm.

Bicarbonates de calcium, de magnésium... $0^{gr},2400$
Sulfure de calcium..................... $0 ,0156$
Sulfates de calcium, de sodium........ ... $0 ,0200$
Chlorures de sodium, de magnésium....... $0 ,0220$
Sels de potassium, acide silicique, alumine
fer. matière organique................. $0 ,0300$
$$\overline{}$$
$0 ,3276$

(O. HENRY, 1845.)

La *source ferrugineuse* renferme 0 gr. 139 de Bicarbonate de fer avec Crénate.

✳ SCHINZNACH (Suisse, canton d'Argovie) ✳

Station du chemin de fer sur la ligne de Bâle à Zurich.
Altitude. — 340 m.
Situation. — Schinznach est un bourg d'environ 1 200 habitants sur la rive gauche de l'Aar. La *gare* est entre le bourg et les *bains*; ces derniers sont situés sur la rive droite, à environ 1 k. au pied de Wülpelsberg, dans la vallée de l'Aar, abritée à l'E. par des montagnes boisées.
Le *climat* est salubre, assez doux, assez égal.
Saison. — Du 15 mai au 1er octobre.
Ressources. — C'est une des stations les plus fréquentées de la Suisse. La vie y est calme, mais confortable. A l'établissement thermal est annexé un hôtel comprenant, outre les logements et les salles de restaurant, des salons de conversation et de lecture, des salles de concerts et de bals.

L'*Établissement thermal* dans ses diverses parties, ainsi que l'Hôtel qui y est annexé, constituent un ensemble relié par des galeries vitrées; le tout est disposé de façon à ce que les baigneurs puissent se rendre de leurs appartements dans les diverses

parties de l'établissement sans être exposés à subir
l'impression de l'air extérieur. En outre, non seulement dans les salles consacrées spécialement à
l'inhalation, mais encore dans les couloirs eux-
mêmes, on respire les vapeurs sulfureuses, grâce à
un aménagement combiné de manière à assurer
l'accès des vapeurs d'une part et d'autre part une
ventilation suffisante. — Très considérable, l'installation thermale comprend des salles d'inhalation
et de pulvérisation, 120 cabinets de bains et de
douches. La plupart des baignoires sont plutôt
de petites piscines pouvant contenir 3 ou 4 personnes. Les douches sont installées conformément
aux exigences de la thérapeutique moderne. — La
source est exploitée depuis le XVIIᵉ siècle.

Les **Eaux** sont *Hydrosulfurées Chaudes*. — Elles
émergent d'une faille qui sépare le terrain triasique
du lias. — La *source* est formée par plusieurs jets
recueillis ensemble dans un grand réservoir en
bois, d'où l'eau est conduite, pour y être utilisée,
dans l'établissement.

Débit. — La source fournit 2 300 hectolitres par
24 heures.

Température. — Elle varie suivant les saisons;
de 28 à 36°; elle est plus chaude en hiver qu'en
été.

Particularités physiques. — Cette eau est limpide,
mais se trouble au contact de l'air; elle répand une
forte odeur sulfureuse; le goût en est sulfureux et
amer.

Modes d'emploi. — Boisson, Bains, Douches, Pulvérisation, — Hydrothérapie. — Souvent à l'usage de l'eau sulfureuse de Schinznach on associe l'usage de l'eau de Willdegg.

Applications thérapeutiques. — D'une manière générale, les manifestations de la Scrofule et du Lymphatisme, et en tête les manifestations Cutanées (les Dermatoses humides plus particulièrement), ainsi que les manifestations superficielles telles que Ophtalmies, Rhinites, Pharyngo-Laryngites. Il convient d'y joindre les affections de la peau et des muqueuses de nature Herpétique. On y traite également les déterminations osseuses et articulaires de la Scrofule. — les Plaies et Fractures par armes à feu, avec esquilles et débris divers à éliminer. — Dans ces derniers temps, on a étendu les indications aux Voies Respiratoires : l'association de la boisson et de l'inhalation paraît donner de bons résultats dans les Bronchites chroniques Catarrhales.

Les *contre-indications* sont l'état d'éréthisme et la tendance aux Congestions, la Goutte, les maladies du Foie et des Voies Urinaires. Quant à la Tuberculose, qui avait été jusqu'à ces derniers temps considérée comme une contre-indication, on a voulu la faire rentrer dans la sphère d'action des eaux de Schinznach. Malgré ce qu'on a prétendu, nous pensons qu'il est bon de faire là-dessus les plus expresses réserves.

Analyse :

Acide sulfhydrique.....................	37^{cc},8
Acide carbonique.....................	90 ,8
Carbonate de chaux...................	0^{gr},250
— de magnésie.........	0 ,120
Sesquioxyde de fer....................	,005
Silice	0 ,011
Sulfate de chaux.....................	1 ,091
Alumine	0 ,010
Chlorure de sodium...................	0 ,585
de potassium.................	0 ,086
Sulfure de calcium...................	0 ,008
	2,166

(GRANDEAU, 1865.)

✳ CAMBO (Basses-Pyrénées) ✳

Voies d'accès. — Chemin de fer de Bayonne à Cambo 19 k.

Situation.   Bourg de 2 000 habitants, partagé par la Nive en deux parties : le *Haut-Cambo*, ou se trouvent les Hôtels, les Maisons meublées et les Promenades, sur une manière de terrasse, d'où la vue est' très riante, et le *Bas-Cambo*, éloigné d'environ 1 k.   L'*Établissement thermal* lui-même ne se trouve ni dans le Bas-Cambo, ni dans le Haut-Cambo : il est à 1 k. environ de ce dernier, sur les bords de la Nive, au bout d'une promenade plantée de beaux arbres.

Altitude. — 30 m.

Climat. — La chaleur est fatigante en été; mais l'air est d'une fraîcheur et d'une douceur très agréables au printemps et en automne.

Deux *saisons* : 1° en avril et mai, 2° en septembre et octobre.

Ressources. — Hôtels et Maisons meublées.   Vie calme. — Promenades.

L'*Établissement thermal* comprend des Buvettes,

12 cabinets de Bains et une installation de Douches.

La station était très fréquentée au xviie siècle.

Les **Eaux** naissent vers la limite du *terrain* calcaire et du massif gneissique, mais paraissent venir du terrain triasique sous-jacent (Jacquot et Willm).

Nombre des sources : 2 sources; l'une Hydrosulfurée, et, en outre, Sulfatée Calcique et Magnésienne, l'autre Ferrugineuse.

Le *débit* de la Source Sulfureuse serait de 432 hectolitres par 24 heures, d'après Jacquot et Willm.

La *température* de la Source Sulfureuse est de 21°,8, celle de la Source Ferrugineuse de 15°,2.

Particularités physiques. — La Source Sulfureuse est limpide, onctueuse au toucher, d'une odeur et d'une saveur sulfureuses; — la Source Ferrugineuse est limpide, et d'une saveur astringente; elle perd sa transparence au contact de l'air.

Modes d'emploi. — Boisson, Bains, Douches. (La Source Ferrugineuse n'est employée qu'en boisson.)

Applications thérapeutiques. — L'existence concomitante des deux sources, Sulfureuse et Ferrugineuse, offre des avantages appréciables : leur emploi, isolé ou combiné suivant le cas, permet de remplir des indications diverses : Bronchites catarrhales, affections Gastro-intestinales, suites de Fièvres paludéennes, affections de la Peau, Lymphatisme, Rhumatismes, Anémies.

Source sulfureuse.

		Bicarbonates.
Acide carbonique des Bicarbonates.	0^{gr},1039	
libre............	0 ,0787	
Hydrogène sulfuré libre..........	0 ,0023	
Carbonate de calcium...........	0 ,1172	0^{gr},1688
de magnésium........	traces	traces.
ferreux et manganèse..	0 ,0010	0 ,0014
Silicate de calcium...............	0 ,0338	
de sodium...............	0 ,0022	
Hyposulfite de calcium...........	0 ,0019	
Sulfate de calcium...............	1 ,5791	
de magnesium...........	0 ,5447	
— de lithium et de strontium.	traces.	
Chlorure de sodium..............	0 ,0610	
de potassium..........	0 ,0095	
— de magnésium..........	0 ,0071	
Iodures.......................	traces.	
Arséniates, phosphates...........	indices.	
Cuivre..	ind. douteux.	
Matières organiques et pertes.....	0 ,0113	
Poids du résidu sec..............	2 ,3688	
Résidu converti en sulfates.......	2 ,4364	
— calculé	2 ,4396	

Source ferrugineuse.

		Bicarbonates.
Acide carbonique des Bicarbonates.	0^{gr},0099	
libre...........	0 ,0669	
Carbonates de fer et manganèse..	0 ,0061	0^{gr},0084
de calcium...........	0 ,0019	0 ,0027
— de magnésium........	0 ,0034	0 ,0052
Silicate de calcium..............	0 ,0255	
— de magnésium...........	0 ,0039	
Sulfate de sodium..............	0 ,0053	
de magnésium...........	0 ,0018	
Chlorure de sodium,........	0 ,0161	
Matière organique..............	0 ,0177	
Total par litre.........	0 ,0847	0 ,1866

(WILLM, 1882.)

⚹ CASTÉRA-VERDUZAN (Gers) ⚹

Voies d'accès.   D'Auch au Castéra-Verduzan : °3 k. (sur la route d'Auch à Condom).

Situation. Altitude.   Petit bourg dans la jolie vallée de l'Auloue, à l'altitude de 105 m.

Climat. — Doux, air pur.

Saison. — Du 15 mai au 15 octobre.

Ressources.   Restreintes comme installation, nulles comme agréments.

L'*Établissement thermal* contient une trentaine de baignoires, 3 cabinets de douches et une piscine. — Ces eaux ont été employées par les Romains.

Deux sources : 1º Grande Fontaine (*hydrosulfurée*), 2º Petite Fontaine (*Ferrugineuse*).

Débit : 1 339 hectolitres par jour (Source Sulfu reuse), — 1 306 hectolitres (Source Ferrugineuse).

Température. — Les deux sources ont 23º,5.

Particularités physiques. — L'eau de la Source Sulfureuse offre une odeur et une saveur hépatiques ; — l'eau de la Source Ferrugineuse est inco lore, inodore, et dépose dans les conduits un sédiment rougeâtre de sesquioxyde de fer hydraté.

Modes d'emploi. — Boisson, Bains, Douches.

Applications thérapeutiques. — On trouve ici, comme à Cambo, l'association de la médication sulfureuse et de la médication ferrugineuse. — Rhumatismes, Névralgies, Dyspepsies, Affections utérines, quand ces états sont liés à l'anémie.

Analyse ·

	Grande Fontaine.	Petite Fontaine.
Hydrogène sulfuré...........	0^{gr},00026	
Sulfure de calcium..........	0 ,00056	»
Carbonate de calcium........	0 ,23000	0^{gr},1440
de magnésium....	0 ,20000	0 ,1420
de fer.....	»	0 ,0270
de manganèse....		traces.
Sulfate de sodium.......... .	0 ,10700	0 ,1050
— de potassium........	traces	traces.
de calcium..	0 ,51650	0 ,7260
de magnésium.......	0 ,24100	0 ,1260
Chlorure de sodium.........	0 ,03900	0 ,0300
Borates, iodures.............	traces	traces.
Oxyde de fer...	0 ,00150	»
Silice...................-....	0 ,01300	0 ,0170
Ammoniaque...............	0 ,00180	0 ,0020
Arsenic...................·	»	traces.
Matière organique..........	0 ,01800	0 ,0120
	1 ,36052	1 ,3310

LES GAZ DÉGAGÉS PAR 1 LITRE D'EAU RENFERMENT :

Hydrogène sulfuré...........	»	0^{cc},77
Acide carbonique............		34 ·
Oxygène	»	3 ,60
Azote ....·.........		4 ,40

(FILHOL.)

※ BARBOTAN (Gers) ※

Voies d'accès. — Réseau des chemins de fer du Midi. Embranchement de Port-Sainte-Marie à Riscle — De la gare d'Eauze à Barbotan, route de voitures, 20 k. — (De Mont-de-Marsan : 32 k.)

Situation. — Petit hameau dépendant de la commune de Casaubon.

Altitude. — 120 m

Climat. — Doux.

Saison. — Du 1er mai au 1er octobre.

Ressources très limitées comme agréments; plusieurs Hôtels.

Établissement thermal confortable et bien aménagé.

Ancienneté. — Ces eaux paraissent avoir été con nues des Romains; en tout cas, elles étaient fré quentées au xviie siècle; Montaigne en parle.

Nombre des sources. — Une douzaine qui sont Hydro-sulfurées, et une Ferrugineuse.

Débit total : 2 500 hectolitres par 24 heures (Jacquot et Willm).

Température. — Source des douches : 38° 7, — Bains chauds : 35°, — Source de la Piscine : 33°,7 — Source de la Buvette : 32°,5, — Bain tempéré : 31°,2. — La Source Ferrugineuse a 21°. — Les boues ont 36° au fond, 26° à la surface.

Particularités physiques. — Ces eaux sont lim pides; elles ont une saveur douceâtre, une odeur sulfureuse légère (sauf la Source Ferrugineuse).

Modes d'emploi. — Boisson, Bains, Douches. — Les *Bains de Boue* constituent la spécialité de Barbotan, qui mériterait à cause d'eux une vogue plus grande.

Applications thérapeutiques. — Affections de nature rhumatismale : Articulaires, Musculaires, Névralgiques; puis certaines affections Scrofu lenses, Rachitiques, Syphilitiques.

Composition chimique. — A part une source qui est Ferrugineuse, toutes les eaux de Barbotan sont *Sulfurées Calciques* (*Hydro-Sulfurées*).

Il a été publié des analyses de ces eaux (Mermet, Alexandre...); mais il serait à souhaiter que cette étude fût reprise.

La première colonne indique les chiffres de Mermet, la seconde les chiffres d'Alexandre.

Acide carbonique libre...........	152^{cc}	122^{cc}
Hydrogène sulfuré....,...........	indéterminé.	indéterminé.
Carbonate de calcium...........	0^{gr},0203	0^{gr},0210
de magnésium.........	0 ,0015	0 ,0020
ferreux.....	0 ,0303	0 ,0312
Sulfate de sodium......'.........	0 ,0318	0 ,0312
de calcium..............	»	0 ,0020
Chlorure de sodium, de magnésium.	0 ,0212	0 ,0190
Silice et barégine..............	0 ,0266	0 ,0290
	0 ,1317	0 ,1354

L'hydrogène sulfuré n'a pas été dosé.

⚜ EUGÉNIE-LES-BAINS (Landes) ⚜

Voies d'accès. — Réseau des chemins de fer du Midi. Ligne de Bordeaux à Tarbes — De la gare de Grenade à Eugénie : route de voitures, 12 k.

Situation.   Commune du canton d'Aire, au fond de la vallée du Bahus, un des affluents de gauche de l'Adour.

Altitude. — 80 m.

Climat. — Très doux

Saison. — De mai à octobre.

Les *Établissements thermaux* sont au nombre de 4. Le plus ancien et le plus important est celui de *Saint-Loubouer*. Il est bien installé et comprend : 1 buvette, 32 baignoires, 2 salles de douches, sans parler d'un appareil de pulvérisation et d'une boîte

de sudation. — Les autres établissements : du
Bois, *Nicolas*, *Mounon*, sont récents.

L'établissement de Saint-Loubouer est alimenté
par les sources *Saint-Loubouer*, *Amélie*, *du Pre*,
Léon-Dufour. — Les trois autres utilisent cinq
sources obtenues par des forages artésiens.

Les **Eaux** sont hydrosulfurées.

Toutes ces sources naissent d'un *terrain* argilo-
marneux calcaire.

Le *débit* total des sources peut être évalué à
1 300 hectol. par 24 h. (Jacquot et Willm). La source
Saint-Loubouer fournit à elle seule 800 hectolitres.

La *température* est comprise entre 19°,5 et 16°

Particularités physiques. — Ces eaux sont limpides,
à odeur et à saveur sulfureuses.

Modes d'emploi. — Boisson, Bains, Douches.

Applications thérapeutiques. — Rhumatismes,
dermatoses, affections des voies respiratoires
affections utérines, dyspepsies.

Composition chimique. — Elle est identique
pour toutes les sources : il nous suffira donc de
donner l'analyse de la Source *Saint-Loubouer*, qui
a été effectuée par Réveil.

Sulfure de calcium	$0^{gr},0034$
Hyposulfite de calcium	0 .0034
Chlorures de sodium, potassium, calcium..	0 ,0249
Sulfate de calcium	0 ,0117
Silicates de calcium et de sodium	0 ,0352
Carbonates de sodium, lithium, ammonium.	0 ,0854
Bicarbonates de calcium et de magnésium..	0 ,1205
Matières organiques.. ..	0 ,0370
	0 ,3215

Ajoutons qu'on y a constaté la présence d'Arsenic, de Phosphore, d'Iode et de Brome.

❊ GAMARDE (Landes) ❊

Petite station thermale située à 15 k. de Dax, dans la vallée du Louts, près de la petite rivière de ce nom, qui va se jeter dans l'Adour près de Préchacq.

Climat.   Très doux

Installations. — Modestes, ressources très restreintes. — Deux petits *établissements* : du *Bûcheron* et de *Sainte-Marie.*

Les **Eaux** sont Hydrosulfurées et légèrement Chlorurées, Froides. — Elles *émergent* d'une faille accompagnant les pointements triasiques de la région (Jacquot et Willm). — Deux sources portant respectivement les noms des deux établissements ; une troisième source, celle de Cassen. n'est pas utilisée.

Débit de la Source Marie : environ 2 000 hecto litres par 24 heures. — *Température* : de 14 à 15°, les unes et les autres.

Modes d'emploi. — Boisson, bains. La source n'est guère fréquentée que par les gens des environs. On boit l'eau de Gamarde dans le grand établissement de Dax.

Applications thérapeutiques. — Affections des Voies Digestives, Affections de la muqueuse des Voies Respiratoires, Affections de la Peau.

Analyse de la source Sainte-Marie :

Acide carbonique des bicarbonates.	0^{gr},1848	
libre.............	0 ,0882	
Hydrogène sulfuré.................	0 ,0187	
		Bicarbonates.
Carbonate de calcium..............	0 ,2000	0^{gr},2880
de magnésium	0 ,0084	0 ,0128
Sulfate de calcium.................	0 ,0633	
de magnésium..............	0 ,0345	
Chlorure de sodium...............	0 ,2377	
— de potassium............	traces.	
— de magnésium	0 ,0068	
Silice.........................	0 ,0236	
Matière organique (par différence)...	0 ,0385	
	0 ,6128	
Alcalinité observée (acide sulfurique		
nécessaire)......................	0 ,2058	

(WILLM, 1890.)

LABESTZ-BISCAYE (Basses-Pyrénées)

Arrondissement de Mauléon, canton de Saint-Palais, à 7 k. de Saint-Palais. — Petit établissement fréquenté par les gens de la région. — Deux *sources* : l'une *hydrosulfurée* froide, 10°; l'autre *ferrugineuse* froide.

Leur *débit* est faible : 72 hectolitres quotidiens pour la première, 4 hectolitres seulement pour la seconde. — La première sert pour les *bains*, l'autre pour la *boisson*. — *Applications thérapeutiques* : Rhumatismes, Anémies.

Analyse de la source Sulfureuse ·

Acide carbonique libre.....................	0^{gr},270
Hydrogène sulfuré.........................	0 ,008

Bicarbonates de calcium et de magnésium   0^{gr},301
Sulfates de calcium, de magnésium, de sodium.   0 ,256
Sulfures de calcium et de sodium.............   0 ,054
Chlorure de sodium..........................   0 ,210
Silice, alumine, fer........................   0 ,050
                                                ———
                                                0 ,871

(O. HENRY, 1860.)

La *source ferrugineuse* contient 0,047 de Crénate et Bicarbonate de fer. La présence de l'Arsenic y a été signalée.

❋ GARRIS (Basses-Pyrénées) ❋

A 2 k. de Saint-Palais. — Petit établissement thermal. — Eau *hydrosulfurée froide* : sulfure de calcium 0 gr. 0298. — Hydrogène sulfurée 1 cc. 8. — Température : 12°.

❋ LACARRY (Basses-Pyrénées) ❋

Sur la route de Tardets à Ahusquy. — Petit établissement thermal de six baignoires. — Eau *hydrosulfurée froide*.

❋ SÉVIGNAC (Basses-Pyrénées) ❋

Hydrosulfurée.

❋ VIZOS (Hautes-Pyrénées) ❋

Dans la vallée du Lavedan, à 2 k. au nord de Luz. Eau *Hydrosulfurée Froide*.

❋ VISCOS (Hautes-Pyrénées) ❋

Au nord de Luz. — Hydrosulfurée.

❋ ESCOT (Basses-Pyrénées) ❋

Village de la vallée d'Aspe à 16 k. d'Oloron, sur la rive droite du Gave d'Aspe. A 1 k. 1/2 en amont se trouve l'établissement thermal rudimentaire, qui est assez fréquenté par les gens du pays. Les eaux n'ont pas été analysées ; mais elles étaient connues de Bordeu, qui les considérait comme sédatives. Elles ont 25°.

Altitude des bains : 363 m. (E. Wallon.)

⚹ SUBERLACHÉ (Basses-Pyrénées) ⚹

Vallée d'Aspe, commune de Bédoux, à 1 k. 1/2 en amont de Bédoux, sur la route d'Oloron à Camfranc par Somport, à 25 k. d'Oloron. Petit établissement avec douze baignoires, alimenté par une source *Hydrosulfurée* et *Ferrugineuse Tiède*, que Bordeu recommandait dans les affections de l'Estomac et les Rhumatismes.

A 1 k. au sud-est jaillit la source ferrugineuse de *Bulasquet*, qui jouit d'un grand crédit parmi les habitants des vallées voisines.

⚹ LESCUN (Basses-Pyrénées) ⚹

Lescun, village de la vallée d'Aspe, en amont d'Escot. D'Oloron à Escot, 16 k. — D'Escot à Bédous, 10 k.   De Bédous au Pont de Lescun, 4 k. (30 k. de voiture d'Oloron au Pont de Lescun). — Du Pont de Lescun aux *bains de l'Abérou ou de l'Abéourat* (qu'on écrit improprement Labérou et Labéourat), en passant par le village de Lescun : sentier muletier allant jusqu'au Pic d'Anie et longeant pendant une bonne partie de son parcours le torrent Lahourque du Lauga, qui sort du lac d'Anie, au pied du pic de ce nom : environ deux heures de trajet.

Le village de Lescun est à 902 m. d'altitude ; mais les bains sont beaucoup plus haut, à une altitude de 2 000 m. en nombre rond. (La source jaillit un peu au-dessous d'un point coté 1 993 m. sur les cartes de l'État-Major et du Ministère de l'Intérieur.)

Les bains ont été construits par un curé du pays et sont fréquentés par les habitants des vallées voisines.

L'eau a une température de 22°. Quant à sa composition chimique, elle reste encore à déterminer exactement : tandis qu'elle est, en effet, tenue généralement pour *Sulfureuse*, nous voyons que dans la statistique de 1883 elle est indiquée comme Gazeuse et Arsenicale et comme émergeant du terrain de transition.

❈ EUZET (Gard) ❈

Voies d'accès. — Réseau des chemins de fer de P.-L.-M. — Ligne de Tarascon au Martinet. — Station d'Euzet entre Uzès et Célas.

Altitude. — 150 m.

Deux *établissements*, dont l'un comprend des logements pour les baigneurs.

Trois *sources* : La Valette, de la Marquise, de la Comtesse, auxquelles il convient de joindre une quatrième source analogue aux précédentes : Saint-Jean de Ceyrargues à 1 k. — Toutes fournissent une eau *Hydrosulfurée* et *Bitumineuse*.

Le *débit* total est de 530 hectolitres par 24 heures.

La *température* est de 13° pour La Valette et la Comtesse, et de 10° pour Saint-Jean-de-Ceyrargues; — celle de la Marquise varie de 16° à 18° suivant qu'on l'observe en été ou en hiver.

Particularités physiques. — Cette eau est limpide, elle offre une odeur et une saveur sulfureuses et bitumineuses.

Modes d'emploi. — Boisson, Bains, Bains de Piscine, Douches, Etuves

Applications thérapeutiques. — Affections de

la muqueuse des Voies Aériennes, surtout des premières voies, — Dyspepsies et Engorgements bilieux du Foie, — Dermatoses à forme sèche — Arthritisme.

Analyse de la source La Valette ·

Hydrogène sulfuré....................... $0^{gr},0047$
Acide carbonique........................ indéterminé.

Carbonates de calcium et de magnésium..- 0 ,733
Sulfate de calcium...................... 1 ,660
Sulfates de sodium et de magnésium...... 0 ,491
Chlorures de sodium et de magnésium.... 0 ,080
Silice, fer, alumine, matière organique.... 0 ,166

3 ,130

(O. HENRY, 1854.)

⚒ LES FUMADES (Gard) ⚒

Hameau de la commune d'Allègre, canton de Sauve, arrondissement d'Alais, à 20 k. d'Euzet.
Altitude. 130 m.
Eaux *Hydrosulfurées* et *Bitumineuses* (analogues à celles d'Euzet).

Plusieurs *sources*, dont 3 sont exploitées · Source Etienne, Source Zoé, Source Thérèse.

Le *débit* est pour chacune d'environ 1 500 hectolitres par 24 heures.

Température : 14°.

Il y a un *établissement* thermal, dans lequel les eaux sont administrées en Boisson, Bains, Douches, Bains de Vapeur, Inhalations.

Applications thérapeutiques. —Affections des muqueuses, surtout de la muqueuse des Voies Respiratoires, — Dermatoses.

Analyse :

Groupement calculé par WILLM, d'après l'analyse de Béchamp.

		Bicarbonates.
Acide carbonique des Bicarbonates.	1^{gr},2954	
libre............	0 ,0378	
Carbonate de calcium............	1 ,1729	1^{gr},8330
de magnésium..	1 ,1645	0 ,2517
— ferreux...............	0 ,0009	0 ,0013
Sulfure de calcium...............	0 ,0781	
Hyposulfite de calcium...........	0 ,0152	
Sulfate de calcium...............	0 ,2612	
— de magnésium............	0 ,2306	
de sodium...............	0 ,0267	
— de potassium............	0 ,0018	
Chlorure de sodium..............	0 ,0074	
Silice........................	0 ,0337	
Alumine et traces de glucine......	0 ,0052	
Cuivre.......................	traces.	
Matière organique...............	indéter.	
Total par litre......... .	2 ,0982	

✳ CAUVALAT-LÈS-LE-VIGAN (Gard) ✳

Petit hameau à 1 k. du Vigan, dans une gorge charmante, au centre d'une région très pittoresque des Cévennes, à une altitude de 260 m.

Le climat de Cauvalat est doux et sa fraîcheur est recherchée en été par les habitants des régions méditerraneennes voisines.

Hôtel très confortable et établissement très bien installé. Promenades et excursions. La station est connue depuis 1841.

Il y a 4 *sources* de composition et de température

identiques (*Hydrosulfurées Froides* : 15°) et fournissant environ 600 hectolitres par 24 heures.

Ces eaux sont employées en Boisson, Bains, Douches. — Hydrothérapie.

Applications thérapeutiques. — Affections des muqueuses des Voies Respiratoires, de l'Estomac, de l'Intestin, des Voies Urinaires; Affections de la Peau; Rhumatismes; Fièvres anciennes; et, d'une manière générale, états divers dans lesquels il faut obtenir un remontement de l'économie.

Analyse :

Acide carbonique libre....................	1/6 du vol.
Acide sulfhydrique libre.................	0gr,014
Azote...................................	non dosé.
Bicarbonate de sodium...................	0 ,080
de calcium..................	} 0 ,400
de magnésium...............	
Sulfate de calcium......................	0 ,760
— de magnésium..................	} ,120
— de sodium......................	
Sulfure de calcium......................	0 ,019
Chlorure de sodium.....................	0 ,060
Silicate alcalin........................	0 ,260
Matière organique......................	0 ,100
	1 ,799

(O. Henry, 1861.)

✷ SAINT-BOÈS (Basses-Pyrénées) ✷

A *Mounic* arrondissement d'Orthez, une source émerge au fond d'un puits très intéressant pour le géologue. Elle est *Sulfurée Calcique* et *Bitumineuse* (Sulfure de Calcium : 0 gr. 063). Elle est froide (12°) et son débit est de 15 hectolitres par vingt-quatre heures.

La source de *Saint-Boès* est *Sulfurée Sodique*, d'après une analyse qu'en a faite Garrigou, et elle est remarquable par la présence de l'*Huile de Napthte* (Monosulfure de Sodium : 0 gr. 130, Huile de Naphte,. très variable : 0 gr. 0099).

Les eaux de Saint-Boès s'exportent.

❋ MONTMIRAIL (Vaucluse) ❋

Situation. — Commune de Gigondas, canton de Beaumes, à 15 k. d'Orange, à 12 k. de Carpentras, à 3 k. de Vacqueyras, au pied des contreforts du Mont-Ventoux.

Altitude. — 180 m.

Climat. — Doux, intermédiaire à la campagne et à la plaine.

Ressources. — Hôtel dans l'établissement.

L'*Établissement thermal* comprend une buvette, 30 cabinets de bains et une installation de douches.

Les Eaux. — 3 sources : 1° une source *Sulfurée Calcique* qui alimente l'établissement, — 2° une source *Ferrugineuse* qui sourd à une petite distance, — 3° à une distance de 2 kilomètres, une source *Sulfatée Sodique et Magnésienne* appelée souvent *Eau verte de Montmirail* (cette dernière est une Eau purgative).

La *température* des deux sources (Hydrosulfurée et Ferrugineuse) est de 14 à 15°. Le débit est faible.

Particularités physiques. — 1° L'eau de la Source Sulfureuse est limpide, incolore, d'une saveur sulfureuse et amère; — 2° l'eau de la Source Ferrugineuse est limpide, inodore et douée d'une saveur atramenteuse.

Modes d'emploi. — La Source Sulfureuse est utilisée en Boisson, Bains, Douches, Inhalations, Pulvérisations; — la Source Ferrugineuse est employée en Boisson.

Applications thérapeutiques. — Affections des muqueuses Respiratoires et de la Peau (Source Sulfureuse), — Anémies (Source Ferrugineuse).

Analyse de la source sulfureuse

Acide carbonique des bicarbonates......	0^{gr},2652
libre...............	0 ,0259
Sulfure de calcium	0 ,0389
Hyposulfite de calcium...............	0 ,0018
Carbonate de calcium	0 ,2900
de magnésium..............	0 ,0097
Silice................................	0 ,0170
Sulfate de calcium...................	1 ,1070
de magnésium.................	0 ,4662
de sodium..............	0 ,1331
de potassium.................	0 ,0239
Chlorure de sodium...........	0 ,1487
Ammoniaque, fer.....................	traces.
Brome, iode........................	faibles traces.
Matière organique................... .	0 ,0861
Poids du résidu vers 200°.............	2 ,3224

BICARBONATES :

Bicarbonate de calcium...............	0 ,4176
de magnésium............	0 ,0147

(WILLM.)

La Source *Ferrugineuse* renferme 0 gr. 0174 de Bicarbonate Ferreux.

-❊ MONTBRUN (Drôme) ❊-

Arrondissement de Nyons.   Altitude : 620 m. — Établissement thermal bien aménagé. — Eaux Sulfurées Calciques froides (11°,5).

Deux sources : Source des Roches et Source des Plâtrières, renfermant la première 0 gr. 0194 et la seconde 0 gr. 0090 de Sulfure de Calcium. — Débit total : 2 400 hectolitres par 24 heures.

-❊ GUILLON (Doubs) ❊-

Arrondissement de Baumes-les-Dames.
Altitude. — 350 m.
Petit *établissement* dans lequel les eaux sont administrées en Boisson, en Bains et en Bains de piscine ; on y emploie aussi les eaux mères de Misserey.

Les *eaux* sont Hydrosulfurées et légèrement Chlorurées Sodiques (Acide sulfurique : 0 gr. 00283, — Chlorure de sodium : 0 gr. 31900) ; elles sont en même temps Calciques ; elles dérivent du terrain triasique.

Débit : 350 hectolitres par 24 heures.
Température : 12°.

Applications thérapeutiques. — Affections des Muqueuses Respiratoire et Digestive ; affections de nature Scrofuleuse ; suites de Traumatismes et Affections Chirurgicales ; affections de la Peau, surtout Eczéma chez les lymphatiques.

-❊ SAINT-BONNET (Hautes-Alpes) ❊-

Sulfure de calcium : 0 gr. 327, température 33°.

✳ FONSANGES (Gard) ✳

Petit établissement avec Hôtel. — Eau *Hydrosulfurée*. — Température : 23°,5.

✳ LES CAMOINS (Bouches-du-Rhône) ✳

Banlieue de Marseille. — Terrain miocène. Débit 700 h. Eau *Hydrosulfurée Froide* (16°).

✳ CHAMONIX (Savoie) ✳

Hydrogène Sulfuré : 0,0034. — Sulfure de Calcium 0,0191. T° : 9°.

✳ SALA (Isère) ✳

Hydrosulfurée Froide.

✳ LA FERRIÈRE (Isère) ✳

Hydrosulfurée Froide.

✳ L'ÉCHAILLON (Isère) ✳

Hydrosulfurée. T° : 19°

✳ PUZZICHELLO (Corse) ✳

Établissement thermal bien installé : Buvette, Cabinets de Bains, Cabinet de Douches, deux Piscines, installation pour Bains de Boues. — Eaux Hydrosulfurées (hydrogène sulfuré : 1 gr. 0470, soit 30 cc. 93). — Température : 16°,8.

✳ PANTICOSA (Espagne. Aragon) ✳

De Huesca à Panticosa, route de voitures : 83 k. De France, on n'y peut aller directement que par un chemin muletier, en partant des Eaux-Chaudes.

Situation. — Les bains sont au delà du village près d'un petit lac entouré de montagnes ; on y accède par une gorge appelée « l'Escalier » (el Escalar). Le site est d'une très grande beauté, d'un caractère sauvage.

Altitude. — 1 675 m.

Climat. — De haute montagne.

Saison. — Très courte : juillet et août.

On loge dans l'*Établissement thermal*, qui est très bien installé.

Les Eaux. — Il y a 4 sources : 1° Fuente del Higado (source du foie)· — 2° Fuente de los Herpés (source des dartres); — 3° Fuente del Estomago (source de l'estomac); — 4° Fuente de la Laguna (source du lac). — Leurs *températures* sont · Estomago, 31°,2; — Higado, 27°,5; — Herpés, 27°; — Laguna, 26°. — Ces eaux sont limpides, elles n'ont pas d'odeur et leur goût est agréable; — mais la source del Estomago a une odeur et un goût d'œufs couvés, parce qu'elle est *Hydro-sulfurée* (0 gr. 004); les autres sont *Azotées* et *Sulfatées Sodiques*, faiblement minéralisées.

Modes d'emploi. — Boisson (F. del Higado, F. de la Laguna), Bains (F. de los Herpés), Douches, Inhalations d'azote, Pulvérisations.

Applications therapeutiques. — Les noms que portent ces sources n'indiquent pas du tout leurs spécialisations respectives : la principale est la Source del Higado dont on boit l'eau à titre de sédatif et de modificateur des muqueuses respiratoires, dans les Catarrhes Bronchiques et Pulmonaires, dans les tendances aux Congestions vers la poitrine, et dans les Phtisies commençantes, ainsi que dans les Dyspepsies irritatives ; — la Source de los Herpés est employée en bains comme sédative dans les Affections irritatives de la Peau, dans divers états nerveux et dans les Maladies des Femmes; — la Laguna est laxative, et stimulante de l'appareil digestif; — la source sulfureuse del Estomago est stimulante et s'applique dans les manifestations de la Scrofule et du Lymphatisme, dans le Rhumatisme, les Affections Gynécologiques avec élément d'Atonie.

II

MÉDICATION SALÉE

La *Médication salée* comprend : 1° les *Eaux Chlorurées Sodiques Pures*, 2° les *Eaux Chlorurées Sodiques Sulfurées* (Chlorurées Sodiques et Hydro-sulfurées).

1° *EAUX CHLORURÉES SODIQUES*

Nous étudierons successivement : *a*. les Eaux Chlorurées Sodiques *Chaudes*, — *b*. les Eaux Chlorurées Sodiques *Froides* —- *c*. les Eaux Chlorurées *Gazeuses*.

a. **Eaux chlorurées sodiques chaudes.**

BALARUC (Hérault)

Voies d'accès. — De Cette à Balaruc trajet par la route nationale : 12 k., ou trajet par bateau à vapeur sur l'Étang de Thau : 4 k. (15 minutes.)

Situation.   Village sur une presqu'île, entouré

presque complètement par la magnifique nappe d'eau que forme l'étang de Thau.

Altitude — Au niveau de la mer.

Le *climat* est méditerranéen et très salubre. En mai et juin, septembre et octobre, la température, douce et égale, est très agréable : mais les chaleurs sont fatigantes en juillet et août. Aussi la *saison* a-t-elle lieu en mai et juin, puis en septembre et octobre.

A l'établissement est annexé un *Hôtel* bien tenu.

L'*Établissement thermal* est bien aménagé. Il comprend, outre la Buvette et les Bains, 4 salles pour Douches diverses, des salles pour l'application des Boues, 2 Piscines, et l'outillage nécessaire pour les Bains locaux de Vapeurs. — Il est alimenté, comme d'ailleurs l'*Hôpital civil et militaire*, par la Source Ancienne. — Ces eaux étaient connues dès l'époque romaine.

Les **Eaux** sont Chlorurées Sodiques Chaudes (Chlorure de Sodium, 7 gr. 04 ; — T., 48°).

C'est la *Source Ancienne* qui a fait la réputation de Balaruc, et qui constitue toujours la physionomie vraie de la station. Deux autres griffons, plus récents, ont une valeur très inférieure (Source Bidon, Source Communale). — Cette « Source Ancienne » débite 3 000 hectolitres par jour. — L'eau a une *température* de 48° ; elle est limpide, sans odeur, sa saveur est modérément salée et elle laisse un arrière-goût un peu amer. Cette source *émerge* des marnes irisées du terrain triasique.

Modes d'emploi. — Boissons, Bains, Bains de Piscine, Douches, Applications locales de Boues. —

La combinaison de la boisson avec les emplois externes amène une dérivation utile.

Applications thérapeutiques. — Rhumatismes, Névralgies rebelles, manifestations Osseuses et Articulaires de la Scrofule, suites d'Entorses, d'anciennes Blessures, Paralysies Rhumatismales. — Pour les paralysies, quand il s'agit d'une origine centrale, le traitement devra être appliqué avec circonspection. — Quant à l'Ataxie Locomotrice, l'Atrophie Musculaire Progressive, la Paralysie Générale Progressive surtout, c'est parmi les contre-indications qu'il sera plus sage de les ranger avec les prédispositions aux congestions et aux hémorragies, sans parler, bien entendu, des maladies du cœur.

Analyse de la source Ancienne ·

Azote et oxygène..........................	55^{cc}
Acide carbonique libre....................	0^{gr},0984
Bicarbonate de calcium...................	0 ,8350
de magnésium...............	0 ,2167
Chlorure de sodium.......................	7 ,0451
de lithium...................	0 ,0072
de cuivre....................	0 ,0007
— de magnésium...................	0 ,8890
Bromure de sodium.......................	traces.
Sulfate de potassium.....................	0 ,1459
— de calcium	0 ,9960
Azotates	traces.
Silice....................................	0 ,0228
Acide borique............................	0 ,0080
Acide phosphorique ....}	0 ,0011
Alumine, manganèse ....}	
Oxyde de fer.............................	0 ,0012
Total	10 ,1687

(BÉCHAMP et ARM. GAUTHIER, 1861.)

⚹ BOURBONNE (Haute-Marne) ⚹

Voies d'accès   Réseau des chemins de fer de l'Est.
— Ligne de Paris, Chaumont, Vesoul (jusqu'à Vitrey). —
Embranchement de Vitrey à Bourbonne.

Situation. — Ville de 4 000 habitants dans un site
agréable, à proximité de belles forêts, entre deux
rivières, le Pance et le Borne.

Altitude. — 280 m.

Climat tempéré, mais sujet à de brusques changements
de température.

Saison du 15 avril au 15 octobre.

Ressources. — Hôtels et appartements meublés, tables
d'hôte; vie confortable, mais existence très calme et
n'offrant d'autre agrément que la promenade.

Les *Établissements thermaux* appartiennent à
l'État. Ils comprennent les *Thermes civils* et l'*Hôpital
militaire.* — Les *Thermes civils* se composent d'un
établissement de 1re classe et d'un établissement
de 2e classe. Le premier contient 52 cabinets de
Bains et 45 cabinets de Douches; dans le second,
entre les Bains et les Douches, on trouve 2 grandes
Piscines, une pour chaque sexe. — Fondé en 1735,
l'*Hospice militaire* est construit sur l'ancienne
Source Patrice. Il renferme 46 baignoires, des
salles de douches générales ou locales, chaudes
et froides. — Ces sources étaient connues dès
l'époque romaine.

Les **Eaux** sont Chlorurées Sodiques Chaudes. —
Par des failles à travers les glaises, elles *émergent*
des couches perméables des grès bigarrés sous-
jacents.

Nombre des sources. — Primitivement, il y avait 3 sources : 1° la *Fontaine de la Place* et 2° le *Bain Romain*, alimentant l'établissement civil, 3° la source *Patrice* alimentant l'hôpital militaire et les bains militaires. Depuis 1857 on a pratiqué à une profondeur de 45 mètres 12 forages et désigné chacun par un numéro d'ordre. 5 ont été abandonnés après avoir servi à l'étude des terrains; 7 ont été aménagés et constituent *les 7 sources actuelles*. Des puisards souterrains et des réservoirs ont en outre été construits pour emmagasiner l'eau et la distribuer.

Débit total : environ 5 000 hectolitres.

La *température* varie entre 42° et 65°. Nous en donnons plus loin, dans un tableau d'ensemble, les chiffres respectifs en regard de ceux du Chlorure.

Minéralisation dominante. — Ces diverses sources, qui viennent en somme d'une nappe unique, présentent toutes une composition sensiblement analogue, et dans laquelle domine le *Chlorure de Sodium* : de 4 gr. 20 à 5 gr. 20. — Elles sont riches en Chlorure de Lithium. Elles contiennent du Césium et du Rubidium (voir plus loin le tableau des chiffres en Chlorure et des températures).

Particularités physiques. — Eau limpide, inodore, onctueuse au toucher, d'une saveur salée et amère, sans être nauséeuse.

Modes d'emploi. — On fait usage de l'eau en Boisson; mais le principal traitement est le traitement externe. Il est constitué par les Bains, les

Étuves, les Fomentations, les applications locales de Boues minérales. — La Douche est une spécialité de Bourbonne, surtout dans la manière dont elle est appliquée : le malade couché, ses muscles ainsi dans le relâchement, tandis que le doucheur, assis sur un plan plus élevé, promène sur les divers points du corps du malade le jet vertical.

Applications thérapeutiques. — Excitantes, toniques et résolutives, ces eaux s'adressent spécialement aux déterminations diverses de la Scrofule : Osseuses, Articulaires, Ganglionnaires, et aux manifestations du Rhumatisme articulaire, Fibreuses, Musculaires, Névralgiques. Elles rendent encore de grands services dans les Plaies de guerre, les états consécutifs aux Fractures, aux Luxations, aux Entorses, et aussi dans les affections Scrofuleuses de la Peau. — Les Paralysies consécutives à l'Apoplexie demandent une grande circonspection dans la direction du traitement.

Contre-indications : Maladies du Cœur et des gros vaisseaux, Tuberculisation, tendance aux Congestions et aux Hémorragies, états Aigus.

Composition chimique. — Analyse du puits n° 10.

Acide carbonique des bicarbonates.........	$0^{gr},0703$
Acide carbonique libre....................	$0,0263$
Carbonate de calcium....................	$0,0743$
de magnésium................	$0,0032$
ferreux et manganeux..........	$0,0023$
Silice....................................	$0,0748$
Chlorure de sodium.......·...............	$5,2020$

Chlorure de potassium (avec rubidium et
     césium)........................ 0^{gr},1992
  —   de lithium.................... 0 ,0887
  —   de calcium....,.............. 0 ,0785
      de magnésium................ 0 ,0538
Sulfate de calcium...................... 1 ,3980
  —   de sodium.................... »
Bromure de sodium..................... 0 ,0644
Iodure................................ traces.
Fluorure de calcium..:............... traces.
Oxyde de cuivre....................... traces.
Ammoniaque, arsénic..................⎰
Matière organique....................⎱ traces.
                                      —————
                                      7 ,2392
       Poids du résidu............... 7 ,2368

(WILLM, 1879.)

Tous ces divers puits offrant une *minéralisation
totale* presque identique, il nous suffit de donner
comme type, l'analyse complète ci-dessus du n° 10.
Le tableau suivant présente les chiffres comparés
de la *minéralisation dominante* et de la *température*
pour les 6 puits analysés par Willm pour la revision de l'Annuaire.

	N° 1.	N° 10.	N° 12.	N° 13.	N° 8.	N° 9.
Chlorure de sodium ...	5^{gr},1214	5^{gr},2020	5^{gr},1868	5^{gr},2034	4^{gr},4840	4^{gr},2066
Chlorure de lithium...	0 ,0795	0 ,0887	0 ,0832	0 ,0826	0 ,0795	0 ,0838
Sulfate de calcium...	1 ,3849	1 ,3980	1 ,3859	1 ,3550	1 ,5048	1 ,5249
Sulfate de sodium ...	»	»	»	»	0 ,3387	0 ,5735
T°	55°,4	65°	64°	65°	42°,8	43°,7

⚹ BOURBON-L'ARCHAMBAULT (Allier) ⚹

Station du chemin de fer sur la ligne de Moulins à Cosne.

Situation. — Ville de 4 000 habitants à 26 k. de Moulins, [sur la Bruge, dans un joli vallon entouré de collines.

Altitude. — 260 m.

Le *climat* est assez constant, mais comme il n'est pas très chaud, la *saison* ne commence qu'en juin, et finit dans le commencement de septembre.

Ressources. — Hôtels et Maisons meublées; station calme; promenades.

L'*Établissement thermal* appartient à l'État, qui a fait construire récemment de nouveaux Thermes répondant à toutes les exigences de la balnéothérapie moderne, ce qui n'empêche pas d'ailleurs l'ancien établissement d'être utilisé comme par le passé. — Il y a en outre un Hôpital thermal civil et un Hôpital thermal militaire. — La station date de l'époque romaine.

Les Eaux. — Elles *émergent* par une fracture du gneiss sous-jacent, dont elles charrient des éléments variés (Launay).

Deux sources : 1º la *Source Chaude* qui est la principale et 2º la *Source Jonas*. — En outre, dans le voisinage de Bourbon-l'Archambault sont deux autres sources : *Saint-Pardoux* et *la Trollière* (voir ces deux sources, plus loin, parmi les Bicarbonatées Sodiques).

Débit de la Source Chaude : 5 000 hectolitres par vingt-quatre heures.

Température : Source Chaude : 51°,4 à 53° (Willm), — Source Jonas : 22°,8 (Rotureau), 11 (Willm).

Minéralisation dominante. — La *Source Chaude* est chlorurée sodique (Chlorure de sodium : 1 gr. 77), — l'eau de la *Source Jonas* est Ferrugineuse et en outre Bicarbonatée Calcique, Sulfatée calcique et Magnésienne

Particularités physiques. — L'eau de la *Source Chaude* est limpide à son émergence, mais elle louchit assez vite, et recueillie dans un verre elle ne tarde pas à l'incruster. Tant qu'elle est chaude, elle n'a pas d'odeur, et sa saveur est salée; en se refroidissant, elle prend une odeur sulfureuse et un goût nauséeux. Dans les conduits elle laisse déposer des conferves.

Modes d'emploi. — La *Boisson* n'est jamais employée seule, c'est un adjuvant du traitement : on utilise alors soit la Source Chaude, soit la Source Jonas; cette dernière procure un effet laxatif. — Le principal traitement consiste dans les *Bains*, surtout les Bains de *piscine*, et les *Douches*, auxquelles on associe le *Massage* et les « Dou ches en cornet ». C'est la Source Chaude qui est utilisée généralement pour ces diverses applica tions externes. Cependant on emploie l'eau de la Source Jonas pour les maladies Scrofuleuses des yeux, en la faisant tomber goutte à goutte sur le

globe oculaire (instillations). — On a aussi recours
aux Étuves.

Applications thérapeutiques. — Le Rhumatisme, surtout quand il se développe chez un sujet
dont le fonds du tempérament est lymphatique :
Rhumatisme Musculaire et Articulaire, et quelques
Névralgies. Les Paralysies Rhumatismales et Hys
tériques. — Les Paralysies suites d'apoplexie
ont été revendiquées par Bourbon-l'Archambault
(Regnault et Caillat, Périer) : le traitement, dans
ces cas, doit être très attentivement surveillé, et
même nous pensons qu'il convient de garder sur
cette indication une réserve d'autant plus justifiée
que chez les apoplectiques il y a presque toujours
quelque lésion du cœur ou des gros vaisseaux
contre-indication formelle des eaux de Bourbon-
l'Archambault. — La Scrofule en est justiciable ;
cependant c'est dans les eaux plus fortement chlorurées qu'elle trouve sa véritable indication. —
Signalons encore les affections Utérines où prédomine le Lymphatisme, la Chloro-Anémie, ou l'Atonie.

Analyse de la source Chaude ·

Acide carbonique des bicarbonates........	0^{gr},6745
Acide carbonique libre.................. .	0 ,3667
Carbonate de calcium......	0 ,2791
de magnésium.................	0 ,0324
ferreux et manganeux..........	0 ,0016
de sodium...................	0 ,4759
Chlorure de sodium.....................	1 ,7702
de lithium.....................	0 ,0145
Bromure de sodium	0 ,0043
Iodure de sodium....................	traces.

Sulfate de sodium....... .... $0^{gr},3522$
        de potassium..................... 0 ,1557
Silice.................................... 0 ,0925
Arséniates.......................... .... traces
Pertes et matières organiques............. 0 ,0080
Poids du résidu par litre......... .... 3 ,1864

POIDS DES BICARBONATES PRIMITIVEMENT DISSOUS :

Bicarbonate de calcium................... $0^{gr},4019$
        de magnésium... ...., 0 ,0494
        ferreux...... ....
—   manganeux.................... } 0 ,0022
—   de sodium (CO^3NaH).......... 0 ,7542
Minéralisation totale, moins CO^2 libre..... 3, 5237

(WILLM, 1881.)

La Source Ferrugineuse *Jonas* contient, d'après
l'analyse de Willm, 0 gr. 0087 de Carbonate de fer
et 0 gr. 0018 d'Oxyde de fer (crénaté?), et en outre
0 gr. 544 de sulfate de calcium et 0 gr. 465 de Sulfate de magnésium.

⚜ BOURBON-LANCY (Saône-et-Loire) ⚜

Voies d'accès. — Réseau des chemins de fer de P.-L.-M.
Ligne Paris, Moulins, Gilly. — Station sur l'embran-
chement de Gilly à Cercy-la-Tour.
Situation. — Ville de 4 000 habitants, sur le revers d'une
colline, au versant occidental du Morvan ; les sources
jaillissent un peu plus bas au faubourg de Saint-Léger,
dans la vallée de ce nom, ouverte au Midi.
Altitude. — 240 m.
Climat — Doux et égal.
Saison. — Du 15 mai au 15 septembre.
Ressources. — Quelques Hôtels ; station calme.

L'*Établissement thermal* appartient à l'hospice.
Il contient : une Buvette, vingt salles de Bains

avec Douches, quatre salles pour la Douche avec Massage, une très belle Piscine romaine, quatre salles d'Étuves où l'on peut obtenir jusqu'à 48°, appareils pour étuves partielles.

Ces sources étaient *connues* dès l'époque romaine. Elles étaient fréquentées au XVIe siècle. Bourbon Lancy est célèbre pour la cure qu'y fit Catherine de Médicis sur la prescription de son médecin Fernel et à laquelle aurait dû sa naissance le roi Charles IX.

Les **Eaux** sont Chaudes, faiblement minéralisées, Chlorurées Sodiques (1 gr. 28) et secondairement Carbonatées Calciques et Sulfatées Sodiques. — Elles émergent du terrain granitique.

Il y a *cinq sources*, qui ont toutes une origine commune et qui sont captées dans cinq puits distants les uns des autres de 6 à 8 mètres : *Lymbe, Saint-Léger, Valois* ou *Marguerite, Reine, Descures.*

Débit, en hectolitres, par 24 heures : Lymbe, 3 134, — Descures, 432, — Reine, 320, — Saint-Léger, 82, — Valois, 53 : — débit total, 4 021.

Température : Lymbe, 56°,5, — Descures, 54°,7, — — Reine, 52°,5, — Saint-Léger, 44°, — Valois, 43°,5 (Willm, 1891)

Particularités physiques. — Des conferves vertes tapissent les parois des puits et des bassins de conservation et de réfrigération. L'eau est limpide, inodore, à saveur fade.

Modes d'emploi. — Boisson, Bains, Bains de Piscine, Douches, Inhalation, Pulvérisation, conferves en Fomentations.

Applications thérapeutiques. — Les manifestations diverses du Rhumatisme font la spécialité de Bourbon-Lancy, même quand il reste un certain état d'acuité : Névralgies diverses, Rhumatismes articulaires, musculaires, visceraux; affections de l'Utérus, affections de la Peau prurigineuses. — Lymphatisme, surtout s'il s'agit de sujets éréthiques.

Composition chimique. — Elle est analogue pour les cinq sources.

Analyse de la source Lymbe ·

Acide carbonique des bicarbonates........	$0^{gr},1976$
libre	0 ,0430
Carbonate de calcium.....................	0 ,2018
— de magnésium................	0 ,0069
— ferreux.....................	0 ,0026
— manganeux	traces.
— de sodium...................	0 ,0112
Chlorure de sodium.....................	1 ,2841
Bromure de sodium.....................	0 ,0077
Iodure de sodium.....................	traces.
Arséniate de sodium....................	0 ,0005
Sulfate de sodium.....................	0 ,0506
— de potassium....................	0 ,0901
— de lithium....................	0 ,0035
Silice	0 ,0700
Borates, azotates......................	traces.
Matière organique et pertes..............	0 ,0104
Poids du résidu à 150°..................	1 ,7394
Minéralisation totale, moins CO^2 libre......	1 ,8384

BICARBONATES PRIMITIVEMENT DISSOUS :

Bicarbonate de calcium....................	0 ,2916
de magnésium................	0 ,0105
ferreux......................	0 ,0036
de sodium ($C^2O^5Na^2$)..........	0 ,0158
— (CO^3NaH)..........	0 ,0177

(WILLM, 1891.)

⚛ SALINS-MOUTIERS (Savoie) ⚛

Situation. — A 1 600 mètres de Moutiers, à 4 kilomètres de Brides, au fond d'une vallée étroite, « encaissée dans des escarpements de plus de 700 mètres » (Jacquot et Willm).

Le *climat* est sujet à des variations; mais l'air pur et vif des montagnes qu'on y respire, agit très favorablement sur les malades.

Saison. — Du 15 mai au 30 septembre.

Ressources. — Station calme.

L'*Établissement thermal* comprend une Buvette, vingt-trois Cabinets de Bains, deux Cabinets de Douches, trois Piscines de famille, et une grande Piscine de Natation.

Les Eaux. — Chlorurées Sodiques Chaudes. — Émergent d'affleurements triasiques. — Employées médicalement depuis seulement une cinquantaine d'années.

Deux sources : la *Grande Source* et la *Petite Source*, dont les eaux sont recueillies dans deux grands bassins souterrains.

Le *débit* est énorme : 35 000 hectolitres par 24 heures pour l'ensemble des deux sources.

Température : de 34° à 34°,5.

Minéralisation dominante : Chlorure de sodium · 12 gr. 48.

Densité : 1 gr. 0113 à 19°.

Particularités physiques. — Ces eaux sont limpides, inodores, d'une saveur salée et un peu amère.

Modes d'emploi. — Boisson, mais surtout Bains,

Douches, Bains de Piscine, — applications de Boues ferrugineuses et arsenicales qu'on recueille le long de la canalisation et des galeries.

Applications thérapeutiques. — Les manifesta tions diverses du Lymphatisme et de la Scrofule :

1° Analyse de l'eau minérale :

		Bicarbonates.
Chlorure de sodium............	12^{gr},4886	
— de potassium..........	0 ,1695	
Bromures et iodures............	traces.	
Sulfate de potassium...........	0 ,3950	
de lithium..............	0 ,0046	
de calcium...............	2 ,0638	
de magnésium...........	0 ,8460	
Phosphates....................	traces.	
Carbonate de calcium...........	0 ,6488	0^{gr},9343
de magnésium........	0 ,0089	0 ,0135
ferreux..............	0 ,0136	0 ,0188
Arséniate de fer..............	0 ,0009	
Silice........................	0 ,0332	
Matières organiques et pertes.....	0 .0190	
	16 ,6919	
Acide carbonique des bicarbonates.	0 ,5906	
Acide carbonique libre..........	0 ,3854	195^{cc}

2° Analyse du dépôt ferreux et arsenical :

Eau............................	12^{gr},40
Silice.........................	9 ,38
Alumine.......................	1 ,72
Carbonate de calcium...........	12 ,36
de magnésium...........	6 ,82
Oxyde ferrique................	47 ,26
Arséniate ferrique.............	9 ,46
Phosphate.....................	traces.
Matières non dosées et pertes........	0 ,60
	100 ,00

(WILLM, 1888.)

❈ L'ÉCHAILLON (Savoie) ❈

A 1 k. de Saint-Jean-de-Maurienne, sur la rive droite de l'Arc. Les sources émergent du terrain triasique; elles sont connues depuis le XVIIᵉ siècle. Il n'y a qu'une buvette sommairement installée. Le *débit* serait d'environ 1 000 hectolitres. La *température* est de 32° pour une source et de 35° pour l'autre. L'eau est *Chlorurée Sodique* et en même temps *Calcique* et *Magnésienne*.

Acide carbonique des Bicarbonates........	0ᵍʳ,4272
libre.................	0 ,0881
Bicarbonate de calcium..................	0 ,6379
de magnésium...............	0 ,0460
ferreux....................	0 ,0106
Chlorure de sodium....................	3 ,6071
de potassium..................	0 ,0275
Sulfate de calcium....................	0 ,8447
de magnésium.................	0 ,3351
Silice............................	0 ,0425
Matière organique	traces.
	5 ,7720
Poids du résidu fixe...........	5 ,5600

(École des Mines, 1881.)

❈ LA MOTTE (Isère) ❈

Voies d'accès. — Réseau de P.-L.-M. — Ligne de Grenoble à Marseille par Veynes. — Embranchement (Cⁱᵉ de Fives-Lille) de Saint-Georges-du-Commier à La Mure. — Gare de La Motte-les-Bains.

Situation. — Sur le territoire de La Motte-Saint-Martin, dans la gorge du Drac, encaissée de hautes montagnes et au fond de laquelle, à 300 m. plus bas, coule le torrent. La ligne ferrée court le long du flanc des escarpements à une *altitude* de 620 m.. et la station elle-même est à 705 m.

Le *climat* est sain, doux et tempéré, mais sujet à des variations brusques de température.

Saison. — Du 1er juin au 15 septembre.

Ressources.   Hôtel très confortable, belles Promenades et Excursions dans les environs.

L'*Établissement* est aménagé dans l'ancien château restauré et adapté à sa nouvelle destination. — Ces eaux sont exploitées depuis 1830, mais paraissent avoir été connues des Romains

Les **Eaux** sont Chlorurées Sodiques Chaudes. — Elles ont leurs réservoirs dans le système triasique (Jacquot et Willm).

2 sources. — la Source du *Puits* et la Source de la *Dame.* La première est seule utilisée, bien qu'elle soit la moins abondante, la moins chaude et la moins minéralisée. Elles prennent naissance sur les bords du torrent, et c'est là qu'elles ont été captées (par l'ingénieur Gueymard, en 1839). « Du puits situé sur les bords du Drac l'eau est aspirée par une pompe hydraulique et refoulée par des tuyaux de fonte à la hauteur de 283 mètres, différence de niveau entre les sources et le reservoir de l'établissement; le développement de ces tuyaux est de 1 900 mètres environ. Dans ce trajet l'eau perd de son calorique et arrive dans le réservoir à une température de 37° à 39°, suffisante pour les bains, mais non pour les douches; pour cet usage, on la réchauffe par un serpentin de vapeur » (Jacquot et Willm).

Débit : Source du Puits, 1 360 hectolitres ; — Source de la Dame, 2 400 hectolitres.

Les *Températures* au griffon sont respectivement de 51° et 58°,6 (Willm).

Particularités physiques. — L'eau est limpide, elle a un goût salé et un peu amer.

Modes d'emploi. — Boisson, Bains, Douches. — Hydrothérapie.

Applications thérapeutiques. — Les propriétés toniques et stimulantes de ces eaux sont appliquées à peu près exclusivement au traitement des affections Scrofuleuses et Rhumatismales ; on y traite aussi quelques affections Gynécologiques.

Analyses :

	Source du Puits	Source de la Dame
Acide carbonique des Bicarbonates..	0gr,2078	0gr,2083
Acide carbonique libre.	0 ,0731	0 ,0973
Carbonate de calcium.............	0 ,2169	0 ,2190
— de magnésium...........	0 ,0147	0 ,0126
ferreux et manganeux....	0 ,0020	0 ,0032
Silice............................	0 ,0484	0 ,0476
Chlorure de sodium...............	2 ,6520	3 ,0947
de magnésium...........	0 ,3222	0 ,3567
Bromure de sodium..............	0 ,0215	0 ,0237
Sulfate de calcium...............	1 ,2267	1 ,4861
de sodium................	0 ,7688	0 ,7675
de potassium.............	0 ,0652	0 ,0870
de lithium...............	0 ,0025	0 ,0021
Phosphates	traces	traces.
Iodures......................	tr. tr. f.	tr. tr. f.
Arséniates....................	tr. faib.	tr. not.
	5gr,3409	6gr,1002
Poids du résidu à 180° (évaporation avec un poids connu de carbonate de sodium)....................	5 ,3324	6 ,0845

Bicarbonates primitivement dissous :

Bicarbonates de calcium	....	0 ,3123	0 ,3154
—	de magnésium	....	0 ,0224	0 ,0194
—	ferreux	....	0 ,0028	0 ,0044

(WILLM, 1888.)

⪥ PLAN-DE-PHAZY (Hautes-Alpes) ⪥

Arrondissement d'Embrun, à 900 m. d'altitude. — Un établissement consistant en une rotonde qui renferme quatre Piscines. — Un hôtel. — Deux sources : *Source de la Rotonde, Source des Suisses.* — Les eaux sont *Chlorurées Sodiques* (Chlorure de Sodium : 4 gr. 60); leur *température* varie entre 28° et 36°. — *Débit* : environ 2 400 hectolitres par 24 heures.

⪥ ROUZAT (Puy-de-Dôme) ⪥

Situation. — Commune de Beauregard, arrondissement de Riom, à 7 k. de Riom.

Altitude. — 400 m.

Petit *établissement* thermal renfermant dix cabinets de Bains, une installation de Douches et deux *Piscines,* — alimenté par deux *sources* : Grand-Puits et Source des Vignes.

Température. — Grand-Puits, 31°   Source des Vignes, 16°.

Minéralisation dominante. — Eau Chlorurée Sodique, —Ferrugineuse, — Bicarbonatée Calcique et Magnésienne, legerement Bicarbonatée Sodique.

Modes d'emploi. — Boisson, Bains, Bains de *Piscine* (prédominance des usages externes)

Applications thérapeutiques.   Manifestations de la Scrofule et du Rhumatisme.

Analyse :

	Grand-Puits	Source des Vignes.
Acide carbonique libre.............	$0^{gr},6480$	$0^{gr},7000$
Bicarbonate de sodium	0 ,1401	0 ,1576
de calcium............	1 ,1220	1 ,2658
de magnésium..........	0 ,8961	0 ,8416
Chlorure de sodium................	0 ,9938	0 ,9763
de potassium.............	0 ,0329	0 ,0425
Iodures alcalins...................	traces.	traces.
Sulfate de sodium.................	0 ,0984	0 ,1934
de potassium..............	0 ,2392	0 ,0492
Sels de lithium...................	traces.	traces.
Carbonate en crénate de fer........		
Phosphates et arséniates de fer et de calcium..........................	0 ,0145	0 ,0070
Carbonate de strontium............		
Silice............................	0 ,0114	0 ,1524
Matière organique.................	traces.	traces.
	3 ,6484	3 ,6555

(TERREIL, 1862.)

D'après une analyse de Lefort, en 1859, la teneur du Grand-Puits en *Bicarbonate de Protoxyde de fer* serait de 0 gr. 036.

⟶※ CHATEL-GUYON (Puy-de-Dôme) ※⟵

Voies d'accès. — Réseau des Chemins de fer de P.-L.-M.
Gare de Riom.   De Riom à Châtel-Guyon : route de voitures, 5 k.

Situation.   Sur une éminence au pied de laquelle coule le Sardon.

Altitude.   380 m.

Climat. — Tempéré, mais variable.

Saison. — Du 1er juin au 15 octobre.

Ressources. — Augmentées dans ces derniers temps : Hôtels, Maisons meublées. Station calme.

L'*Établissement thermal* est bien installé ; il comprend, sans parler des Buvettes : 22 Cabinets de Bains, 2 Piscines à eau courante, des Douches diverses.

La station était connue au xviie siècle ; mais elle n a pris de l'extension que dans ces dernières années.

Les **Eaux** sont Chlorurées (sodiques et magnésiennes), Chaudes.

Elles *émergent* du granit.

Les *sources* sont nombreuses ; les principales sont les sources Deval, du Gargouilloux, de la Vernière du Sardon, du Sopinet, du Réservoir.

Le *débit* total serait de plus de 7 000 hectolitres par 24 heures ; le débit des sources utilisées est d'environ 4 000 hectolitres.

Température :

Source du Sardon..............................	33°
— du Sopinet....	33
Deval	32 ,5
de la Vernière.........	32
du Réservoir	31
du Gargouilloux	27

Minéralisation dominante. — La minéralisation varie peu d'une source à l'autre ; toutes sont : Magnésiennes et Calciques (Carbonatées et Chlorurées), — Chlorurées (Sodiques et Magnésiennes) et, en outre, Sulfatées Sodiques et Ferrugineuses Bicarbonatées. « Dans toutes, dit Willm, l'acide carbonique est insuffisant pour saturer toute la chaux et toute la magnésie ; il n'est donc pas ration-

nel de les envisager comme renfermant du Bicar
bonate de Sodium, ainsi que l'ont fait quelques
auteurs. » Ce qui paraît dominer, au point de vue
thérapeutique, ce sont les *Chlorures*.

Modes d'emploi. — Boisson, Bains à eau courante,
Piscines à eau courante, Douches.

Applications thérapeutiques. — Pléthore Abdominale, Congestion du foie, état torpide de l'appareil digestif, état hémoroïdaire (avec état d'anémie); — Lymphatisme avec anémie, — Tendance
aux Congestions vers la tête, — Obésité. — L'action
de ces eaux a été donnée comme analogue aux eaux
de Bohême : il peut sans doute y avoir des points
de contact, mais la différence de composition ne
permet guère à priori d'admettre une réelle simili-
tude.

*Tableau comparatif de la minéralisation dominante
et de la température.*

	Deval	Gar-gouilloux.	Vernière.	Sardon.
Bicarbonate de calcium.	9^{gr},4552	2^{gr},3230	2^{gr},5070	2^{gr},5128
de magnésium.	0 ,4661	0 ,4087	0 ,4053	0 ,2676
Chlorure de magnésium.	1 ,2326	1 ,3130	1 ,2642	1 ,3063
de sodium	1 ,8661	1 ,8232	1 ,7901	1 ,7268
Bicarbonate ferreux.....	0 ,0420	0 ,0580	0 ,0707	0 ,0580
Sulfate de sodium......	0 ,5264	0 ,5250	0 ,5260	0 ,5309
Température..........	32°,5	27°	30°	33°

Analyse de la source de la Vernière ·

Acide carbonique des Bicarbonates........	1^{gr},8496
libre..................	1 ,0197
	$(515^{cc},5)$

Carbonate de calcium........................	1^{gr},7410
— de magnésium....................	0 ,2660
— ferreux...............................	0 ,0513
Chlorure de sodium........	1 ,7901
— de magnésium....................	1 ,2642
— de potassium.....................	0 ,1380
— de lithium	0 ,0113
Sulfate de sodium.........................	0 ,5260
Arséniate de fer............................	0 ,0014
Silice...	0 ,1290
Alumine	0 ,0012
Principes fixes par litre....................	5 ,9195
Poids du résidu sec....................	5 ,8675

Bicarbonates primitivement dissous :

Bicarbonate de calcium....................	2 ,5070
de magnésium................	0 ,4053
— ferreux.......................	0 ,0707
Minéralisation totale moins CO^2 libre......	6 ,8442

(WILLM, 1879.)

b. Eaux chlorurées sodiques froides.

⁂ SALINS (Jura) ⁂

Voies d'accès. — Réseau des chemins de fer de P.-L.-M.
— Ligne de Dijon à Pontarlier. — Embranchement de
Mouchard à Salins.

Situation. — Ville de 6 000 habitants, dans une gorge
profonde, où coule la Furieuse, entre les montagnes de
Saint-André et celles de Belin.

Altitude.   360 m

Climat. — Variable de montagnes.

Saison. — Du 1er juin au 15 septembre.

Ressources. — Hôtels, Maisons particulières. — Promenades. — Station calme.

L'*Établissement thermal* est disposé pour servir

d'hôtel. Il y a 63 Baignoires, 4 Cabinets de Douches, et une grande Piscine de natation, contenant 850 hectolitres d'eau ; c'est une des plus vastes qui existent. — Installation Hydrothérapique.

Les **Eaux** sont chlorurées sodiques, froides. — « Les sources s'élèvent, à l'aide d'une faille, du terrain des marnes irisées qui occupe le fond de la gorge. Le banc de sel qui leur donne naissance a été rencontré par la sonde à la profondeur de 236 mètres 24 et il a été traversé sur une épaisseur de près de 9 mètres. » (Jacquot et Willm.) Il y a identité complète entre ce gisement et ceux exploités dans la vallée de la Seille, Levallois l'a établi.

La *source* la plus importante est le *Puits-à-Muire.*

Le *débit* total est de 18 000 hectolitres par 24 heures.

La *température* est de 10° à 11°.

Particularités physiques. — Ces eaux sont limpides et inodores, la saveur est salée.

Modes d'emploi. — Les moyens externes sont à peu près exclusivement employés : Bains, bains de Piscines, Douches, Eaux Mères.

Applications thérapeutiques. — Scrofule sous toutes ses formes, surtout ses formes profondes : osseuses, articulaires, ganglionnaires ; engorgements viscéraux (utérins, etc.). — Abcès, Coryzas Chroniques, Ophtalmies, Dermatoses Scrofuleuses.

Analyse du Puits-à-Muire :

Chlorure de sodium...................... 22^{gr},7451
       de potassium............ .... 0 ,2566
       de magnésium........ .... 0 ,8701
Bromure de potassium.................. 0 ,0306
Iodure .... traces.
Sulfate de calcium...................... 1 ,4166
       de potassium. .... 0 ,6808
Carbonate de calcium et de magnésium... traces.
       Total par kilogramme........ 26^{gr},0000

(RÉVEIL, 1865.)

Analyse des Eaux Mères des Salins :

Chlorure de sodium .... 168^{gr},0400
       de magnésium................. 60 ,9084
Bromure de potassium................. 2 ,8420
Iodure................................ traces.
Sulfate de potassium................... 65 ,5856
  — de sodium.................... 22 ,0600
Oxyde de fer.......................... traces.
       Total par kilogramme........... 319,4360

(RÉVEIL.)

✳ LONS-LE-SAULNIER (Jura) ✳

Il y a dans la ville un établissement alimenté par la source dite du *Puits salé*. Cette eau est *Chlorurée Sodique Froide.*

Cholrure de sodium................ 10^{gr},31
Température .... 15°
Débit par 24 h................... 2400 hectol.

✳ SALIES-DE-BÉARN (Basses-Pyrénées) ✳

Voies d'accès.   Réseau des Chemins de fer du Midi. Ligne de Toulouse à Bayonne. — Embranchement de Puyoo à Saint-Palais, Gare de Salies-de-Béarn.

Situation. — Chef-lieu de canton, au pied d'un coteau, dans un vallon abrité de tous côtés.

Altitude. Environ 40 m.

Climat. — Doux et constant, chaud en été. La *saison* débute au commencement de mars et finit fin novembre; l'établissement reste ouvert toute l'année.

Ressources. — Hôtels et Maisons meublées en assez grand nombre, station calme, peu de distractions.

Il y a 2 *Établissements thermaux* : l'ancien sert pour les bains de deuxième classe, le nouveau pour les bains de première classe. Ils sont convenablement installés et aménagés.

Les **Eaux** sont Chlorurées Sodiques. Froides. Elles résultent de la dissolution par les eaux météoriques des gîtes salifères situés dans la profondeur. — Elles étaient connues et employées dès le XIe siècle, elles ont été autorisées en 1857.

Il y a *3 sources* : la *Fontaine salée de Salies* ou *Bayaa*, — le *Griffon*. — *Oraas*. — La première était seule employée primitivement; on y a ensuite adjoint le Griffon, puis, récemment, Oraas, qu'on a amenée de 5 kilomètres.

Débit : Bayaa et le Griffon réunies fournissent 460 hectolitres par 24 heures (Willm)

Densité : 21° Baumé, soit 1,161 (Willm).

Température : 14° à 15°.

Minéralisation dominante : Chlorure de Sodium · 245 grammes 45 (Bayaa); — 293 grammes (Oraas).

Particularités physiques. — Eau limpide, inodore. à saveur fortement salée et amère.

Modes d'emploi. — Boisson, Bains, Douches

variées. Quand il y a lieu, on ajoute aux bains, *pour les rendre plus calmants*, les Eaux Mères.

Applications thérapeutiques — Les manifes tations diverses de la Scrofule et du Lymphatisme Affections Gynécologiques, Dermatoses; — chez les enfants : non seulement les déterminations osseuses. articulaires et cutanées de la Scrofule, mais aussi la croissance exagérée ou retardée et la tendance aux vices de structure.

Analyse de la source Bayaa

Chlorure de sodium........	245^{gr},4492
— de potassium.................	2 ,3040
— de magnésium.................	»
— de lithium....................	0 ,0174
de rubidium..................	traces.
Bromure de sodium....................	0 ,1617
Iodure de sodium.....................	traces.
Sulfate de calcium........ ......,.....	2 ,7404
· de magnésium	3 ,5768
— de sodium.....................	0 ,6674
Carbonate de calcium.................	0 ,2699
de magnésium...............	0 ,0302
ferreux, avec manganèse......	0 ,0420
Silice et alumine.....................	0 ,1840
Matières organiques non dosées et pertes.	0 ,7614
Poids du résidu par litre....	256 ,2044
Acide carbonique des Bicarbonates......	0 ,3011
libre.................	0 ,0254

(WILLM.)

Analyse de l'Eau Mère de la source Bayaa
Densité : 1,255 (34°,5 Baumé).

Chlorure de magnésium.................	231^{gr},8143
— de sodium....................	44 ,1722
— de potassium.................	35 ,8271
— de lithium.................	1 ,0504

Chlorure de rubidium................... traces.
Bromure de magnésium................ 10^{gr},3132
Iodure de sodium...................... 0 ,0180
Sulfate de potassium.................. 21 ,8303
— de sodium...................... 17 ,8152
— de magnésium................. 15 ,0552

Total par litre............. 377 ,8959

(WILLM.)

✳ BIARRITZ-BRISCOUS (Basses-Pyrénées) ✳

On a récemment amené à Biarritz l'eau salée de Briscous et elle y alimente aujourd'hui un établissement luxueusement installé et comprenant les aménagements les plus perfectionnés.

Nous croyons devoir reproduire ici les renseignements intéressants que donne M. Jacquot sur le gisement et la nature de cette eau et sur son adduction : « A l'occasion, dit-il, de l'adduction à Salies de l'eau provenant de la saline d'Oraas, on a jugé à propos de passer en revue les gîtes salifères de la région du Sud-Ouest et notamment ceux des environs de Bayonne, c'est l'objet d'une note insérée dans le tome XIX du *Recueil des travaux du Comité d'hygiène* pour l'année 1889. En la réduisant à ce qu'elle a d'essentiel, elle montre que d'Urcuit sur les bords de l'Adour ces gîtes s'étendent par Briscous vers Sainte-Marie de Villefranque dans la vallée de la Nive où ils sont exploités et que, dans ces derniers temps, leur existence a été reconnue entre cette rivière et Biarritz. On en a conclu que cette plage, déjà si favorisée sous le rapport du sité et du climat, réunissait tous les éléments nécessaires à l'installation d'un établissement analogue à celui de Salies.

« Ce qui n'était qu'une prévision à l'époque de la rédaction de la *Notice géologique*, relative aux collines du Béarn, est devenu une réalité. Il existe actuellement sur l'incomparable plage de Biarritz un établissement de bains salés. L'eau qui l'alimente provient du puits du Centre dans la concession de Briscous, située à 18 kilomètres vers l'Est sur la route de Bayonne à Bidache. Ce puits peut fournir 626 mètres cubes d'eau par jour. »

Applications. — Dans les affections Scrofuleuses et Lymphatiques, surtout chez les Enfants, l'action *stimulante* du climat marin complète ici l'action des eaux elles-mêmes. Si l'on redoute un effet excitant (Maladies des Femmes), c'est la station de Salies qui est plutôt indiquée.

Analyse de l'eau de Biarritz-Briscous ·

Chlorure de sodium......................	295^{gr},659
— de potassium	2 ,608
de lithium.....................	traces.
Bromure de sodium.....................	0 ,167
Iodure de sodium.......................	traces.
Sulfate de calcium......................	3 ,375
de magnésium..................,.........	4 ,707
de sodium..................... ..	0 ,990
Silice en alumine......................	0 ,090
Matière organique en perte..........	0 ,194
	307 ,790

(Laborat. de l'Acad. de médecine, 1893.)

✵ POUILLON (Landes) ✵

Situation. Pouillon est un bourg de 3 000 habitants, à 10 k. de Dax; la station thermale est dans la même commune, à 3 k. du bourg.

Le *climat* est très doux. Les *installations* sont modestes et les *ressources* restreintes. Très anciennement connues, ces eaux ont même été analysées au siècle dernier (par Venel, Mitouard, Costel). Elles *émergent* d'un terrain gypso-salifère; Jacquot a signalé « des affleurements très nets de marnes irisées dans le vallon de Bidas », où se trouve la source.

Les Eaux. — Chlorurées Sodiques (et Sulfatées Sodiques).

Il n'y a qu'une *source*, qui porte le nom de Bidaous, ou Bidas. Son *débit* est d'environ 1 800 hectolitres par 24 heures, et sa température est de 20°. L'eau est limpide, la saveur en est salée et amère, elle abandonne un dépôt ocreux sur les parois du bassin.

Modes d'emploi. — Elle est reçue dans un bassin où les malades du pays viennent se baigner. On l'emploie en boisson au Grand Établissement Thermal de Dax.

Applications thérapeutiques. — Cette eau purge légèrement. — Elle est employée contre les affections Scrofuleuses, les Ulcères invétérés, — les Fièvres intermittentes rebelles et certaines affections du tube digestif.

Composition chimique. — L'analyse approximative de Meyrac, pharmacien à Dax, assignait à la Source Bidas 1 gr. 359 de *Chlorure de Sodium* et ne faisait pas mention du *Sulfate de Soude*.

D'après Dannecy, cette eau aurait la composition suivante :

Acide carbonique libre....................	$4^{cc},87$
Azote	93 ,70
Oxygène.................................	1 ,43
Chlorure de sodium......................	$8^{gr},60$
Sulfate de soude........................	2 ,43
Carbonate de chaux......................	0 ,20
Iodure, Bromure, Alumine, Fer............	0 ,09
Total.................	11 ,33

⚜ SALIES-DU-SALAT (Haute-Garonne) ⚜

Voies d'accès. — Réseau des Chemins de fer du Midi. — Ligne de Toulouse à Bayonne. — Embranchement de Boussens à Saint-Girons, Gare de Salies-du-Salat.

Situation. — Petite ville de 800 habitants formée par une rue disposée sur la rive gauche du Salat, et située non loin des Pyrénées, à l'entrée des vallées de l'Ariège.

Altitude. — 292 m.

Climat. — Doux et égal.

Saison. — Du 1er mai au 15 octobre.

Ressources. — Hôtels, Maisons particulières. — Promenades, excursions.

Outre l'*établissement thermal*, il y a un *sanatorium* où sont envoyés les enfants de l'hôpital de Toulouse

Les **Eaux** sont Chlorurées Sodiques Froides. — Elles proviennent d'un gîte de sel gemme situé à 200 mètres de profondeur; Salies-du-Salat occupe le centre d'un pointement triasique.

Deux *sources* : l'une est Sulfurée Calcique (Hydrosulfurée), l'autre est Chlorurée Sodique. Cette dernière est la plus importante. Son emploi est de date récente, avant il n'existait qu'une exploitation de salines.

La *température* de l'une et de l'autre source est *froide*.

Modes d'emploi. — Bains, Douches, Eaux Mères.

Applications thérapeutiques de la source *salée* : manifestations diverses de la Scrofule et du Lymphatisme, Rachitisme, troubles de la Croissance chez les Enfants, — Anémies, — Affections Utérines, — Affections Chirurgicales.

Analyse de la source salée ·

Chlorure de sodium	30^{gr},073
— de potassium	0 ,060
de magnésium	0 ,438
Sulfate de calcium	3 ,37⁹
Carbonate de calcium	0 ,035
Silicate de calcium .	0 ,06⁹
Alumine	0 ,025
	34 ,065

(FILHOL, 1849.)

Quant à la *source sulfureuse* (Sulfurée Calcique), elle contient, d'après l'analyse de Filhol : 0 gr. 1135 de Sulfure de Calcium.

✣ SALSES (Pyrénées-Orientales) ✣

Anciennement « Aquæ Salsulæ ». A 9 k. de Rivesaltes.

Deux *sources* (Font-Estramé et Font-Dame), situées à environ 2 k. l'une de l'autre. — Toutes deux sont *froides* et *salées*. La première renferme, d'après Anglada, 1 gr. 72 de Chlorure de Sodium.

⚘ ROUCAS-BLANC (Bouches-du-Rhône) ⚘

Près de Marseille, sur le bord de la Méditerranée.
Eaux — Chlorurées Sodiques (20 gr.) et Bromo-Iodu-
rées.
Température, 22°.
Modes d'emploi. — Usage interne (laxatives) et usage
externe

Les *applications thérapeutiques* sont celles de la médication salée en général. On y traite surtout la Scrofule et
le Lymphatisme, particulièrement leurs manifestations
osseuses et articulaires, — ainsi que les affections Utérines chez des lymphatiques.

Analyse.

Chlorure de sodium.......... .	20^{gr},530
— de potassium...................	0, 600
— de magnésium.................	2 ,000
Bromure................................	0 ,025
Iodure.................................	0 ,005
Sulfates de soude, de magnésie, de potasse, de chaux...............................	2 ,100
Bicarbonates de chaux, de magnésie....	0 ,470
Acide silicique, alumine, phosphate alumineux ou calcaire, lithine, oxyde de fer ou de manganèse, matière organique....	0 ,200
	25 ,930

(O. HENRY, 1852.)

⚘ MIGLIACCIARO (Corse) ⚘

Eau salée. Chlorure de Sodium, 6 gr. 40.

⚘ MIRAL ou POYOLS (Drôme) ⚘

Commune de Poyols, arrondissement de Die. — Débit,
40 hectolitres par 24 h.   Température : 14°,5. — *Eau
Chlorurée Sodique* avec traces de Brome et d'iode.

Source du Cerisier.

Chlorure de sodium......................	5^{gr},730
de potassium....................	0 ,930
de calcium.....................	1 ,400
de magnésium..................	1 ,380
Bicarbonates de calcium et de magnésium.	0 ,460
Sulfates de sodium et de calcium.........	0 ,330
Iode et Bromure........................	0 ,0007
Sesquioxyde de fer.....................	0 ,030
Silice et silicates......................⎱	0 ,045
Matière organique......................⎰	
	10 ,3057

(O. HENRY, 1863.)

Une autre source, dite *de la galerie*, contient 15 gr. 952 de chlorure de sodium et 3 gr. 164 de Chlorure de Calcium (Villot), avec des traces de Brome et d'Iode.

FORGES-LES-BAINS, ou FORGES-SUR BRIIS

(Seine-et-Oise)

L'Assistance publique possède à Forges un hôpital où elle envoie les enfants scrofuleux. Si l'on considère la faible minéralisation des eaux d'une part, et d'autre part cette circonstance que les enfants y vivent au grand air dans de bonnes conditions hygiéniques, et que la cure s'y prolonge plusieurs mois, on est entraîné à faire une part au moins prépondérante aux grands modificateurs généraux en dehors de la nature même des eaux. — Nous les classons parmi les eaux salées moins en considération de leur teneur en chlorures que de leurs applications thérapeutiques.

	Source Froment.	Source Vuitel.	Source Vittoz.
Carb. de calcium et de magnésium.	$0^{gr},120$	$0^{gr},185$	$0^{gr},105$
Sulf. de calcium et de magnésium.	0 ,065	0 ,075	0 ,080
Chlor. de sodium et de magnésium.	0 ,130	0 ,140	0 ,115
Matière organique................	indét.	indét.	indét.
	0 ,315	0 ,400	0 ,300

(O. HENRY, 1842.)

Ces eaux sont froides : 13°.

✠ REDON (Ille-et-Vilaine) ✠

Trouvée fortuitement en creusant un puits, à 15 m. 50 de profondeur. — *Eau Chlorurée Sodique* (4 gr. 1833), *froide* — Elle est puisée dans le puits à l'aide d'une pompe.

✠ SANTENAY (Côte-d'Or) ✠

Arrondissement de Beaune. — Eau *froide* (10°,5), *Chlorurée Sodique.* — 2 sources.

	Fontaine salée.	Source Lithium.
Chlorure de sodium.......	$5^{gr},2313$	$5^{gr},6383$
Sulfate de sodium	2 ,1962	2 ,0120
Chlorure de lithium.......	0 ,0926	0 ,1110

✠ MAGNIEN (Côte-d'Or) ✠

Eau Chlorurée Sodique : 2 gr. 771.

✠ ABZAC (Charente) ✠

Ces eaux émergent dans le territoire d'Abzac (arrondissement de Confolens, Charente), non loin d'Availles (Vienne). De là les noms d'Abzac qu'elles portent généralement, ou d'Availles qu'on leur donne quelquefois.

3 sources *Chlorurées Sodiques Froides* (Chlorure de Sodium : 2,250, — Température : 15°). — On y voit en

outre deux mares remplies de *Boues*, entretenues par deux de ces sources qu'on dit ferrugineuses?

On emploie les eaux d'Abzac : en Boisson, à titre de laxatives et de dépuratives, — et en Bains dans diverses affections de nature Strumeuse. Elles ont joui d'une certaine vogue ; mais elles sont aujourd'hui bien déchues.

❊ KREUZNACH (Prusse Rhénane) ❊

Station de *Chemin de fer* sur la ligne de la Nahe.
Situation. — Ville de 15 000 habitants, sur la Nahe, dans une assez jolie vallée.
Altitude. — 110 m.
Climat — Très doux.
Saison — Du 1er mai au 1er octobre.
Ressources. — Très étendues : Hôtels de tous genres, Kurhaus, promenades. C'est une des principales stations thermales d'Allemagne. — Sa vogue date de 1840, mais ses eaux étaient déjà employées avant cette époque.

Il y a plusieurs *établissements balnéaires* très bien installés. Le *Kurhaus*, outre les cabinets de bains, contient des chambres garnies, des salles de restaurant, des salons de lecture et de conversation, des salles de bals et de concerts. Il est situé près de la source *Elisa*.

Les **Eaux** sont Chlorurées Sodiques (9 gr. 52) non gazeuses. Elles émergent de roches feldspathiques et porphyriques.

Il y a trois *sources* principales, dont chacune alimente un établissement particulier : 1o *Elisenquelle* (source Elisabeth ou source Elisa), située dans la ville même; c'est la plus importante et celle qui sert pour la boisson. C'est auprès d'elle qu'est le

Kurhaus; — 2° *Théodorshalle* ou *Karlshalle* (source de Théodore ou de Charles), à 1 kilomètre de la ville; — 3° *Münster-am-Stein*, à 2 kilomètres au delà.

Température : Elisenquelle, 12° 5; — Theodor shalle, 23°,8; — Münster-am-Stein, 30°.

Particularités physiques. — Eau limpide, inodore, à saveur salée et amère.

Modes d'emploi. — L'eau de l'Elisenquelle est seule employée en boisson. Le traitement consiste surtout en Bains, additionnés ou non d'Eaux Mères, et en Douches chaudes ou froides.

Applications thérapeutiques. — L'indication capitale des eaux de Kreuznach est constituée par la Scrofule sous toutes ses formes. C'est une cure analogue à celle de Salins (Jura) (Durand-Fardel) : affections chroniques des Os et des Articulations Dermatoses, affections de la Matrice liées à un état de lymphatisme ou de débilité générale. — D'après Rotureau, le traitement externe tel qu'il se pratique à Kreuznach convient plutôt aux affections superficielles qu'aux affections profondes. — Les Contre-indications sont les lésions du cœur et des gros vaisseaux, la Tuberculose, les menaces de Congestion.

Analyse de la source Elisenquelle :

Chlorure de sodium......................	9^{gr},5201
— de calcium......................	1 ,7333
de magnésium..................	0 ,0328
de potassium..................	0 ,1268
de lithium..................	0 ,0097
Bromure de sodium......................	0 ,0401

Iodure de sodium.......................	0ᵍʳ,0004
Carbonate de strontiane.................	0 ,0892
— de Baryte......................	0 ,0383
de magnésie...................	0 .1763
de protoxyde de fer...........	0 ,0260
de manganèse.................	0 ,0012
Silice	0 ,0409
Alumine.	0 ,0028
	11 ,8386

(POLLTROFF, 1855.)

❄ NIEDERBRONN (Alsace) ❄

Station du Chemin de fer de Strasbourg à Metz.
Situation   Dans une belle vallée au pied des Vosges.
Altitude.   192 m.
Climat.   De montagnes, mais assez doux.
Saison.   Du 15 mai au 15 septembre.
Ressources.   Hôtels, maisons parculières, Vauxhall.
Station calme.

Il n'y a pas d'*Établissement thermal* : le traitement se fait dans les Hôtels, dont les principaux sont pourvus de baignoires.

Les sources étaient utilisées par les Romains.

Les Eaux. — Sont Chlorurées Sodiques (3 gr. 08), Froides. — Elles ont leur point d'émergence sur un fond de terre glaise recouverte de graviers.

Nombre des sources. — Une seule est utilisée en Boisson, c'est la *source Principale.* Il y en a plusieurs autres de moindre importance, qui forment deux groupes, et qui sont utilisées en Bains et en Douches.

Débits de la Source Principale, 2 880 hectolitres par 24 heures.

Température. — 17°,5.

Particularités physiques. — Ces eaux sont limpides, elles sont inodores et ont une saveur salée. Elles laissent déposer de l'oxyde de fer sur les parois du bassin.

Modes d'emploi. — Boisson, Bains, Douches. Du moyen âge au XVIII° siècle, l'immersion prolongée constituait l'essentiel du traitement; depuis, la boisson au contraire est devenue prépondérante et l'est restée. On emploie les eaux en boisson à faibles doses quand on recherche un effet tonique et résolutif, à dose plus élevée quand on veut obtenir un effet purgatif dans les cas notamment où il s'agit d'établir une dérivation : on fait boire alors au malade, dès le premier jour, 6 à 8 verres d'eau d'un quart de litre chacun et à intervalles de 4 à 5, 8 minutes. Les jours suivants, on augmente ou on diminue la dose, de manière à obtenir trois ou quatre selles quotidiennes. On va souvent jusqu'à 12 verres.

Le traitement, dans son ensemble, comporte trois modalités différentes, suivant l'indication (Kühn) : 1° la *méthode purgative* comporte l'usage exclusif de la boisson tel que nous venons de l'exposer ; 2° la *méthode résolutive* consiste dans l'emploi modéré de la boisson, combiné avec l'usage de bains d'une durée de 1/2 à 1 heure, d'une température au-dessus de l'indifférence et additionnés quelquefois de chlorure de sodium ; 3° dans la *méthode tonique*, la boisson est administrée à dose faible ou nulle, et les bains sont donnés à une température basse de 22° à 32°.

Applications thérapeutiques. — Pléthore abdominale, Obésité, Engorgements du foie, Constipation habituelle, Dyspepsies, tendances Congestives au cerveau.

Composition chimique. — Ces eaux sont minéralisées surtout par le chlorure de sodium (3 gr. 08 par litre), Nicklés y a constaté la présence du Fluor.

Analyse :

Chlorure de sodium.....................	3^{gr},0885
— de calcium.....................	0 ,7944
de magnésium..................	0 ,3117
de potassium...................	0 ,1319
— de lithium.....................	0 .0043
d'ammonium..................	traces.
Carbonate de chaux.....................	0 ,1791
— de magnésie..................	0 ,0065
— de protoxyde de fer.............	0 ,0103
Sulfate de chaux........................	0 ,0744
Bromure de sodium.....................	0 ,0107
Iodure de sodium.......................	traces.
Silicate de fer (avec traces d'oxyde de manganèse)................................	0 ,0150
Silice pure..............................	0 ,0010
Alumine................................	traces.
Acide arsénieux........................	tr. tr. lég.
	4 ,6279

(KOSMANN, 1850.)

❊ **WILDEGG** (Suisse. — Canton d'Argovie) ❊

A 4 kilomètres de Schinznach. — *Altitude* : 350 m. — 1 *source* unique, émergeant, par un puits artésien, du calcaire jurassique.   *Débit* faible : 1 hectolitre par 24 heures — L'*eau* est limpide; elle a une odeur marine, un goût amer et salé, désagréable; — sa *température* est de 12°; — elle est *Chlorurée Sodique* (10 gr. 44).

Analyse :

Acide carbonique.......................	63^{cc}
Chlorure de sodium.....................	10^{gr},4495
— de magnésium.................	1 ,6233
— de calcium.................. .	0 ,2565
— d'ammonium..................	0 ,0064
— de potassium..................	0 ,0052
— de strontium.................	0 ,0199
Bromure de sodium.......	0 ,0308
Iodure de sodium.......................	0 ,0283
Sulfate de chaux.......................	1 ,8454
Nitrate de soude.................	0 ,0420
Carbonate de chaux................,. ..	0 ,0760
— de fer..........	0 ,0080
— de manganèse.......	traces.
Silice...........	0 ,0040
	14 ,3933

(LANÉ.)

c. Eaux chlorurées sodiques gazeuses.

⚹ **WIESBADEN** (Allemagne. — Nassau) ⚹

Grande ville de près de 50 000 habitants, à 9 k. de Mayence, à une heure de Francfort, sur le versant méridional du Taunus, protégée par les contreforts de la chaîne.

Altitude. — 105 m.

Climat. — Doux et assez constant, très chaud en juillet et en août.

Saison. Du 1er mai à fin octobre. On y suit même le traitement pendant toute l'année.

Ressources. — Très étendues, en rapport avec son importance à la fois comme grande ville et comme station thermale une des plus importantes d'Allemagne. L'existence y est facile, le séjour animé, les distractions nombreuses et variées. — Grand nombre d'Hôtels, de Maisons particulières et de Restaurants. — Le *Kurhaus* est très bien installé : il renferme de vastes salles de concerts, de bals, de restaurant, des salons de conver sation et de lecture ; une terrasse donne sur le parc ; une longue galerie, le Trinkhalle, conduit du Kurhaus à la Kochbrunnen. — On y fait de la musique à trois reprises dans la journée.

Ces eaux étaient connues dès l'époque romaine.

Les Eaux. — Chlorurées Sodiques, Gazeuses, Chaudes.

Elles *émergent* des schistes du Taunus.

Les Sources. — Il y en a 23 d'exploitées. La principale est le *Kochbrunnen* (Source Bouillante), elle est publique. Les autres appartiennent à des Hôtels divers, dont elles portent les noms et dont elles alimentent les baignoires. Les deux principales, après le Kochbrunnen, sont l'*Adlerbrunnen* (Source de l'Aigle), et le *Schützenhofbrunnen* (Source de l'Hôtel de l'Arquebusier).

Débit. — Les 11 sources les plus importantes fournissent ensemble environ 2 000 hectolitres par jour.

Température. — Sauf le Faulbrunnen, qui est froid, toutes les autres sources ont leurs températures comprises entre 68 degrés et 32 degrés.

Kochbrunnen......................... .... 68°,7
Adlerbrunnen........................... 62 ,5
Schützenhofbrunnen....................... 50

Minéralisation dominante. — Les diverses sources de Wiesbaden présentent une composition chimique analogue et proviennent vraisemblablement toutes de la même nappe d'eau. Elles sont toutes caractérisées surtout par la présence, en quantité importante, du Chlorure de sodium et de l'Acide carbonique. Pour le Kochbrunnen, la proportion du sel est de 6 gr. 83, celle du gaz est de 346 centimètres cubes.

Particularités physiques. — Dans le verre, l'eau du Kochbrunnen est limpide et laisse dégager des bulles de gaz. La saveur en est salée. Au contact de l'air, elle dépose un sédiment ocreux.

Modes d'emploi. — L'eau du Kochbrunnen, de l'Adlerbrunnen et du Schützenhofbrunnen, la première surtout, sont seules employées en boisson, sans préjudice d'ailleurs de leurs emplois externes. Il n'y a pas, à Wiesbaden, d'établissement thermal proprement dit : les eaux sont administrées dans les divers Hôtels, dont les installations balnéaires sont généralement bien comprises.

Applications thérapeutiques. — Ces eaux diurétiques et laxatives sont aussi stimulantes et toniques. Elles conviennent dans divers états relevant du Lymphatisme, mais elles sont à ce point de vue moins énergiques que celles de Nauheim et de Kreuznach. Leur composition, leur température et leur mode d'administration rendent compte au contraire de leur action plus appropriée au Rhumatisme, aux Névralgies, aux Paralysies de la Sensibilité, aux Dyspepsies des Lymphatiques. La Goutte aiguë, la Tuberculose, les maladies du Cœur et les tendances aux Congestions, constituent des contre-indications.

Analyse de la source Kochbrunnen

Acide carbonique libre	346cc,264
Azote	5 ,560
Chlorure de sodium	6gr,8356
— de calcium	0 ,4709
de magnésium	0 ,2039
de potassium	0 ,1458
de lithium	0 ,0001
d'ammonium	0 ,0167
Bromure de magnésium	0 ,0035
Iodure de magnésium	f. traces.
Sulfate de chaux	0 ,0902
Silice	0 ,0599
Silicate d'alumine	0 ,0005
Carbonate de chaux	0 ,4180
— de magnésie	0 ,0103
de Baryte	traces.
de strontiane	traces.
de fer	0 ,0056
de manganèse	0 ,0005
— de cuivre	f. traces.
Bicarbonates non désignés	0 ,1916
Phosphate de chaux	0 ,0003
Arséniate de chaux	0 ,0001
Substances organiques	traces.
Total des matières fixes	8 ,4542

(Fresenius, 1849.)

NAUHEIM (Allemagne. — Hesse-Darmstadt)

Station sur la ligne du chemin de fer de Francfort à Cassel.

Situation. — Petite ville de 3 000 habitants sur le versant septentrional du Taunus; elle a plutôt l'aspect d'une ville d'usines que d'une station thermale.

Altitude. — 150 m.

Climat. — Assez doux.

Saison. — Du 15 juin à fin septembre.

Ressources. — Étendues. Nauheim est devenue une des stations importantes d'Allemagne. — Installations confortables comme Hôtels et Maisons particulières. — Kursaal. — Promenades.

C'est de date récente que ces eaux sont employées en médecine : encore dans le commencement de ce siècle elles n'étaient utilisées que comme salines.

Établissements thermaux. — Les installations balnéaires afférentes à la Kleiner-Sprudel et à la Wilhelm-Sprudel sont très perfectionnées. A la Kleiner-Sprudel est affecté un établissement spécial pour l'administration de l'acide carbonique. Le *Kursaal*, à proximité des bâtiments de graduation des salines, est magnifique; il est bâti sur le modèle des Maisons de Conversation d'Ems et de Wiesbaden.

Les Eaux. — Chlorurées Sodiques, Gazeuses, Chaudes et Froides. Elles résultent de forages artésiens pratiqués dans le grès bigarré.

Les sources. — Il y en a 5 principales, 2 sont employées exclusivement en boisson : *Kurbrunnen* et *Salzbrunnen*; 2 sont réservées pour l'usage des bains et des douches : *Grosser-Spruder* et *Friedrich-Wilhelm*; la 5e, *Kleiner-Spruder*, fournit pour bains, douches et pour l'emploi médical de l'acide carbonique. Signalons encore une 6e source, dite *Alkalischer-Saüerling*, qui se trouve à une petite distance de Nauheim, et dont la nature d'ailleurs est toute différente de celle des autres sources elle est *ferrugineuse bicarbonatée*, et sa température est de 19°,5. Enfin, à 2 kilomètres de Nauheim, se trouvent les eaux de *Schwalheim*.

Le *Kurbrunnen* et le *Salzbrunnen* se trouvent, très rapprochées l'une de l'autre, dans un parc appelé « Parc des Sources à boire »; les trois autres sources sont dans le grand parc de l'établissement, où le *Friedrich-Wilhelm* s'élance en une gerbe écumante de 20 mètres de haut.

Le *débit* de ces eaux est énorme : *Grosser-Sprudel* 8 910 hectol. par 24 heures, *Kleiner-Sprudel* 5 410 hectol., *Friedrich-Wilhelm* 19 160 hectol.

Tableau de la Minéralisation dominante et de la température.

	T°	Chlorure de sodium.	Acide carbonique.
Kurbrunnen............	21°	14^{gr},200	1 vol.
Salzbrunnen...........	24°	25 ,	
Grosser-Sprudel........	35°	28 ,400	1/2 vol.
Friedrich-Wilhelm......	39°	40 ,300	1/3 de vol.
Kleiner-Sprudel........	17°	26 ,700	

Comme Kreuznach, Nauheim est une saline.

Particularités physiques. — Toutes ces eaux sont limpides et contiennent une proportion considérable de gaz acide carbonique; elles sont inodores; la Kurbrunnen a un goût aigrelet et salé qui la rend assez agréable à boire; la Salzbrunnen est plus salée.

Modes d'emploi. — Boisson (*Kurbrunnen, Salzbrunnen. Alkalischer-Saüerling*), Bains. Douches, Bains d'eau courante (*Grosser-Sprudel, Friedrich Wilhelm*), douches d'acide carbonique (*Kleiner=*

Sprudel). Eaux Mères additionnant les bains quand-il y a lieu.

Applications thérapeutiques. — L'usage interne est laxatif et même purgatif; il est eupeptique et tonique. L'emploi externe agit vivement sur la peau et produit parfois une révulsion utile à la condition de ne pas dépasser le but. Les maladies spécialement traitées à Nauheim sont : la Scrofule, particulièrement ses formes superficielles, cutanées et muqueuses : ophtalmies, rhinites, otorrhées, certaines affections de la peau peu irritables, chez des sujets lymphatiques, Pléthore abdominale; Engorgements Utérins; états généraux d'Asthénie. Contre-indications : Affections du cœur et des gros vaisseaux, Goutte, Tuberculose, tendance aux Congestions.

Analyse, source Kurbrunnen :

Acide carbonique libre..................	977^{cc}
Chlorure de sodium....................	14^{gr},2000
— de calcium....................	1 ,3000
— de magnésium...................	0 ,3900
Bromure de magnésium.................	0 ,0050
Iode (libre?)	traces.
Bicarbonate de chaux..................	1 ,4000
de fer....................	0 ,0260
de manganèse..............	0 ,0050
Sulfate de chaux....................	1 ,0000
Silice et traces d'alumine.............	0 ,0180
Arséniate de fer?....................	0 ,0002
Nitrates alcalins ..«..................	⎫
Sels de potasse.....................	⎬ traces.
d'ammoniaque	⎭
Matières organiques..................	fortes traces.
	17 ,4442

(CHATIN, 1856.)

⚛ SCHWALHEIM (Allemagne. — Hesse Électorale) ⚛

A 2 k. de Nauheim ; très fréquentée par les baigneurs de Nauheim.

Il n'y a qu'une *source*, dont l'eau *émerge* du basalte et offre une *température* de 10°.

Minéralisation dominante. — Gazeuse, Bicarbonatée Sodique, Calcique et Magnésienne, Chlorurée Sodique.

Particularités physiques.   Limpide, pétillant dans le verre, inodore, d'une saveur fraîche et très agréable.

Modes d'emploi et applications thérapeutiques. — Boisson. — Employée dans certaines formes de Dyspepsie avec Atonie de l'estomac. — Elle est surtout exportée et employée comme Eau de Table.

Analyse :

Acide carbonique libre....................	4^{gr},9373
Bicarbonate de chaux....................	0 ,6540
— de magnésie.................	0 ,2140
— de sonde................,....	0 ,0560
de protoxyde de fer..........	0 ,0083
Sulfate de soude........................⎰	
— de chaux........................⎱	0 ,1880
Chlorure de sodium......................⎰	
— de potassium...................⎱	1 ,3280
— de magnésium...............	0 ,1100
Iodure..............................	traces.
Bromure.............................	traces.
Silice.............................⎱	
Alumine............................⎰	
Silice.............................⎰	0 ,0590
Lithine............................⎱	
Matière organique azotée...............	
	4 ,9373

(MIALHE et O. HENRY.)

❊ HOMBOURG (Prusse. — Hesse-Nassau) ❊

Voies d'accès. — Station terminus de la ligne de Francfort à Hombourg.

Situation. — Petite ville de 6 000 habitants sur l'Esch-
bach, au versant S.-E. du Taunus, à 15 k. de Francfort.

Altitude. — 200 m.

Climat. — Intermédiaire à celui de la montagne et de
la plaine, assez doux, stimulant.

Saison. — Du 15 mai au 15 octobre.

Ressources.   Très étendues. Déchue au point de vue
de la vie de plaisirs, Hombourg a vu décroître aussi sa
réputation comme station thermale depuis la suppression des jeux. C'est la seule des cinq villes d'eaux des
bords du Rhin visées par cette mesure qui en ait souf-
fert : elle a perdu 50 p. 100. Hôtels, Maisons meublées.
Kursaal. Promenades, etc.

Les *installations balnéaires* sont très bien aménagées et très confortables.

Connues depuis longtemps, ces eaux étaient
exploitées comme salines avant d'être utilisées
médicalement dans ce siècle-ci.

Les **Eaux** sont Chlorurées Sodiques, Gazeuses,
Froides.

Les *sources* sont au nombre de quatre : 1º *Élisa-
bethbrunnen* ou *Source Élisabeth*, c'est la principale
et celle qui a fait la réputation de Hombourg ; c'est
la moins minéralisée ; elle se boit facilement et est
légèrement laxative. — 2º La source *Louis* ou
source *Acidule (Sauerquelle)* est analogue à la précédente ; mais, plus gazeuse, elle est plus appropriée

aux cas d'Atonie de l'Estomac. — 3° *Kaiserbrunnen* ou source de l'*Empereur*. C'est la plus purgative : elle a un goût plus prononcé : amer et désagréable. — 4° *Stahlbrunnen*, source *Ferrugineuse* (ou *Neuquelle*, source *Nouvelle*). En même temps qu'elle est Chlorurée Sodique comme la source Élisabeth, celle-ci est Ferrugineuse. Il en résulte qu'elle joint à l'action habituelle des eaux ferrugineuses des effets laxatifs. Malheureusement elle est répugnante à boire.

Le *débit* de la source Élisabeth est de 116 hecto litres par 24 heures (Rotureau).

Température : Élisabeth, 10°,5, — Louis, 11°, — Ferrugineuse, 10°.

Modes d'emploi. — Boisson (Élisabeth et Ferrugineuse), Bains, Douches, Bains de Vapeur, Eaux Mères de Nauheim additionnant, quand il y a lieu, les bains de Hombourg.

Applications thérapeutiques. — Dyspepsie gastro-intestinale avec troubles fonctionnels variables, surtout la forme s'accompagnant d'hypocondrie, et liée à l'état hémorroïdaire, — Catarrhe gastro-intestinal, — Pléthore abdominale, — Constipation habituelle avec atonie intestinale. — Ces divers états, surtout quand ils se présentent chez des sujets lymphatiques ou anémiques.

Analyse de la source Élisabeth :

Chlorure de sodium....................	9^{gr},86090
de potassium.............	0 ,34627
de lithium...................	0 ,02163
d'ammonium..................	0 ,02189
de calcium........	0 ,68737
de magnésium................	0 ,72886
Iodure de magnésium.................	0 ,00003
Bromure de magnésium...............	0 ,00286
Sulfate de chaux.......................	0 ,01680
— de baryte...................	0 ,00100
de strontiane...................	0 ,01776
Bicarbonate de chaux..................	2 ,17672
de manganèse..............	0 ,04320
— de fer....................	0 ,03196
de magnésie................	0 ,00210
Phosphate de chaux....................	0 ,00094
Acide silicique	0 ,02635
Total des matières fixes.........	13 ,98664
Acide carbonique libre................	1 ,95059
	(984^{cc})

(FRESENIUS et WILL.)

⚜ KISSINGEN (Bavière. — Basse-Franconie) ⚜

Voies d'accès. — Chemin de fer de Francfort à Kissingen par Würtzbourg et Schweinfurth.

Situation. — Dans une vallée fertile arrosée par la Saal et entourée de coteaux boisés et pittoresques.

Altitude. — 200 m.

Climat. — Intermédiaire à celui de la montagne et à celui de la plaine; il est légèrement stimulant, bien qu'assez doux.

Saison. — Du 1er mai au 1er octobre.

Ressources. — Très étendues : Hôtels, Maisons particulières, Restaurants. — Kursaal — Promenades. — La vie y est calme et très réglée par les usages : à cinq heures du matin, on est réveillé par la musique, et tout le monde se lève; le soir à dix heures, tout le monde est couché;

dans la journée, la distribution du temps n'est pas moins régulière et précise, les heures sont consacrées, dans des proportions prévues et arrêtées : à la boisson, aux bains à la promenade, aux repas ; sans parler de la musique au cours de ces divers exercices. — Kurtaxe. C'est une station de premier ordre, et une des plus importantes d'Allemagne. ·

Il n'y a pas à proprement parler d'*Établissement thermal* à Kissingen : les aménagements balnéaires se trouvent dans le Kurhaus, dans les Hôtels, et dans les Maisons meublées.

Les Eaux — Chlorurées Sodiques, Gazeuses, Froides — *émergent* d'un terrain caractérisé surtout par la présence de grès bigarré, de basalte et de calcaire. — Elles sont employées en médecine depuis le XVIe siècle.

5 *Sources* : Rakoczy, Pandur, Maxbrunnen Soolensprudel, Schönbornsprudel. — Les trois premières sont dans l'intérieur de la ville, les deux dernières à peu de distance hors ville. — Les trois premières sont employées en Boisson, les autres en Bains. — Le *Rakoczy* est la plus importante, la Maxbrunnen sert comme eau de Table. — Soolensprudel et Schönbornsprudel alimentent des salines.

Débit du Rakoczy : 538 hectolitres par 24 heures.

Température : Rakoczy, 9°,3, — Pandur, 11°, — Maxbrunnen, 10°,9, — Soolensprudel, 18°,3, — Schönbornsprudel, 18°,3.

Minéralisation dominante : ces eaux sont minéra-

lisées surtout par le *Chlorure de sodium* : Rakoczy,
5 gr. 27, — Pandur, 5 gr. 01, — Maxbrunnen,
1 gr. 19. — Elles sont en outre caractérisées par la
grande quantité d'*Acide carbonique* qu'elles contiennent.

Particularités physiques. — L'eau de Rakoczy
dégage de nombreuses bulles de gaz ; elle a une
saveur acidule légèrement salée, sans rien de désa
gréable ; elle est inodore ; elle dépose un sédiment
ocracé. Les autres ne présentent pas de différences
bien sensibles.

Modes d'emploi. — La Boisson fait le principal et
même l'essentiel du traitement, dont elle constitue
le fond pour tous les malades. Les moyens externes,
au contraire, constituent plutôt un complément
de cure réservé pour certains cas. Les moyens
externes d'ailleurs varient beaucoup : Bains ordi-
naires, Bains de Piscine, bains avec jets à gros
bouillons s'échappant du fond de la baignoire
(c'est ce qu'on appelle bains avec Vagues,
ou Bains à la Lame : Wellem-Bad) ; Douches
variées, bains de Vapeur, bains d'Acide Carbonique, bains d'Eaux Mères, bains de Boues ; enfin,
respiration de l'atmosphère saline près des bâtiments de graduation. — Petit-lait, Hydrothérapie.

L'Hygiène tient une large place dans le traitement : non seulement la cure thermale proprement
dite, mais encore l'alimentation, la promenade, les
heures du lever et du coucher, tout est réglé méti-
culeusement.

Applications thérapeutiques. — Ces eaux ont
une action diurétique et purgative; toniques et
reconstituantes, elles impriment à la nutrition générale une direction nouvelle plus régulière, dans les
cas d'Atonie. — Scrofule, Rhumatisme chronique,
Pléthore abdominale, Obésité, Constipations et
Dyspepsie liées à l'Atonie; affections de la Matrice
chez les femmes Lymphatiques, Anémiques, Atoniques, — telles sont les indications capitales. —
Les contre-indications principales sont : la Goutte,
les dispositions aux Congestions, les affections du
Cœur et des Gros Vaisseaux, le Cancer, la Tuber
culose.

Analyse de la source Rakoczy ·

Acide carbonique libre.................... $2^l,282$

Chlorure de sodium.....................	$5^{gr},2713$
— de potassium	0 ,5024
— de lithium.....................	0 ,0207
de magnésium..................	0 ,5777
Bromure de sodium.....................	0 .0029
Azotate de soude.......................	0 ,0032
Sulfate de magnésie....................	0 ,8968
de chaux....................	0 .5765
Carbonate de magnésie..................	0 ,0340
de chaux	1 ,3926·
de fer	0 ,0589
Phosphate de chaux....................	0 .0862
Silice	0 ,0195

9, 4427

(Pour : eau, 1 litre.)

(LIEBIG, 1856.)

⚜ SELTERS ou SELTZ (Allemagne. — Nassau) ⚜

Village à 40 k. de Mayence. Ce n'est pas une station thermale, et l'eau sert exclusivement à l'exportation. — Elle est employée comme eau de table, malgré la proportion de chlorure de sodium qui en fait plutôt une eau médicinale, et malgré la formation souvent, dans les cruchons, d'une certaine quantité d'Hydrogène sulfuré qui donne à l'eau un goût mauvais. — A l'état frais, cette eau a une saveur piquante due à l'acide carbonique, saline, acidule, agréable. — Il n'y a qu'une source; la temperature est de 16°.8.

Analyse :

Bicarbonate de soude......................	0^{gr},979
— de chaux......................	0 ,551
de magnésie............	0 ,209
de strontiane	traces.
de fer........................	0 ,030
Chlorure de sodium........................	2 ,040
— de potassium	0 ,004
Sulfate de soude...............	0 ,150
Phosphate de soude.......................	0 ,040
Silice et alumine........................	0 ,050
Bromure alcalin, crénates de chaux et de soude, matières organiques..............	traces.
Acide carbonique libre........	1 ,035
	5 ,105

(O. HENRY.)

2o *EAUX CHLORURÉES SULFURÉES*

⤜ URIAGE (Isère) ⤛

Voies d'accès. — Station sur la ligne du chemin de fer de Grenoble à Uriage et Vizille, à 13 k. de Grenoble.

Situation, ressources. — Dans la vallée du Sonnant, une des plus belles du Dauphiné, entourée de coteaux boisés. De nombreux hôtels et de nombreuses villas se sont groupés autour de l'établissement thermal, auquel est annexé un grand parc. Un vieux château domine le coteau au pied duquel sont les thermes. Un casino et de belles promenades complètent les ressources dont dispose la station.

Altitude. — 414 m.

Climat. — Il est salubre, assez doux, mais il offre des contrastes marqués entre la température chaude du milieu du jour et la fraîcheur des matinées et des soirées.

Saison. — Du 15 mai au 15 octobre.

L'*Établissement thermal* est très bien aménagé. Il comprend 80 cabinets de bains, une installation complète de douches, des cabinets pour douches locales, pour bains de siège, pour bains d'enfants. A la Buvette sont annexées deux salles de Pulvérisation et une pièce pour les Gargarismes et les Irrigations naso-pharyngiennes. — Ajoutons un pavillon spécial pour l'hydrothérapie. — Pour les indigents, en outre : douze cabinets de bains, deux salles de douches et une buvette.

Ancienneté. — On a trouvé des vestiges nombreux d'anciens thermes romains. — Ces eaux étaient, depuis, tombées dans l'oubli, lorsqu'en 1820, grâce aux efforts de Mme de Gâuthereau, puis de son héritier, M. le comte Louis de Saint-Ferriol, les Thermes furent édifiés. Depuis, les comtes de Saint-Ferriol y ont apporté des améliorations successives qui ont fait d'Uriage une des principales stations françaises.

Les **Eaux** sont Chlorurées Sodiques et Hydrosulfurées.

Émergence. « La source est captée dans un terrain d'alluvion massif, d'où elle sort par un seul jet de bas en haut. Elle est recueillie dans une citerne de 15 mètres de profondeur. Un siphon de 0 m. 1 de diamètre plongeant au fond de ce réservoir conduit l'eau à plein tuyau dans un bassin clos de distribution jaugeant environ 375 mètres cubes. La distance du griffon au lieu d'emploi est de 450 mètres » (Jacquot et Willm). Ces travaux ont été exécutés en 1820 par l'ingénieur Gueymard.

Il n'y a à Uriage qu'une *source* unique.

Le *débit* est de 4 200 hectolitres par 24 heures (Jacquot et Willm).

La *température* de l'eau est de 27° au griffon, et de 23°,5 à la Buvette (Willm, août 1888)

Particularités physiques. — Cette eau est limpide, incolore ; elle dégage de nombreuses bulles de gaz ; son odeur est sulfureuse, sa saveur est hépatique, salée et un peu amère. — Au contact de l'air elle blanchit et laisse précipiter une partie du soufre qu'elle contenait.

Minéralisation dominante. — Chlorure de sodium :
6 gr. 11, — Acide sulfhydrique : 6 cc. 64.

Modes d'emploi. — Boissons, Bains, Douches,
Bains de Vapeur, Inhalations, Pulvérisations, —
Petit-lait, Bains de Boue, Hydrothérapie, Massage

Applications thérapeutiques. — Toutes les
manifestations de Lymphatisme et de la Scrofule :
Ganglionnaires, Articulaires, Osseuses, des Mu
queuses et de la Peau. Parmi les Dermatoses, celles
auxquelles le traitement est approprié sont celles
qui ont besoin d'être ramenées à un certain degré
d'état aigu. — Lymphatisme, Anémie, Asthénie
chez les enfants. — Cachexie syphilitique. — Certaines formes de Rhumatisme accompagné d'un
état général de dépression. — A l'action stimulante
et fortifiante de ces eaux vient se joindre l'action
des conditions hygiéniques de séjour, qui se trouvent appropriées aux états énumérés plus haut.

Analyse :

	0
Acide carbonique des bicarbonates....	0^{gr},2028
libre...................	0 ,0865
Hydrogène sulfuré......................	,0101
Carbonate de calcium.............	0 ,3180
de magnésium................	0 ,0116
ferreux......................	0 ,0010
Chlorure de sodium..................	6 ,1136
Bromure et iodure....................	traces.
Sulfate de sodium....................	1 ,5356
de potassium....................	0 ,1418
de lithium......................	0 ,0095
de calcium....................	1 ,0506
de magnésium....................	0 ,4835
Silice..................................	0 ,0354

Arséniate de sodium.................... ... $0^{gr},0004$
Phosphate..................................   traces.

Matières fixes par litre....................   9 ,7010
Poids du résidu à 180°....................   9 ,7096

BICARBONATES PRÉEXISTANTS :

Bicarbonate de calcium....................   0 ,4579
—   de magnésium................   0 ,0177
—   ferreux.....................   0 ,0014

(WILLM, 1888.)

L'*alcalinité* de l'eau exige 0 gr. 321 ½ d'acide sulfurique.

AIX-LA-CHAPELLE (Prusse Rhénáne)

Voies d'accès. — Chemin de fer de Paris à Aix-la-Chapelle, par Maubeuge, Erquelines, Charleroi, Namur
Liège.

Situation. — Aix-la-Chapelle (*Aachen*, en allemand) est
une grande ville de près de 100 000 habitants, dans une
plaine entourée de collines boisées peu élevées.

Altitude. — 172 m.

Climat. — Assez doux, mais humide.

Saison. — Du 15 mai au 1er octobre.

On y trouve toutes les *ressources* d'une très grande ville,
avec les avantages et les inconvénients qui en résultent.

La station était *connue* du temps des Romains. — Elle
appartient à la ville; elle comporte plusieurs *établissements* qui sont à la fois thermes et hôtels.

Les **Eaux** sont Chaudes, à la fois Chlorurées
Sodiques et Sulfurées.

Elles *émergent* du terrain de transition.

Il y a plusieurs *sources*, dont quatre ou cinq principales qu'on distingue en « hautes » et « basses ».

suivant leur position. Elles sont toutes assez semblables par la composition.

La *Kaiserquelle* ou *Kaiserbrunnen* (source de
l'Empereur) est la plus abondante, la plus chaude,
la plus chargée de principes minéralisateurs et
gazeux (Rotureau). C'est aussi la plus employée. —
Parmi les autres nous citerons : *Quirinusquelle,
Corneliusquelle, Rosenquelle, Trinkquelle.*

Température : Kaiserquelle, 55°, — Quirinusquelle,
49°, — Rosenquelle, 47°, — Corneliusquelle, 45°,5.

Particularités physiques. — Ces eaux sont lim
pides, leur odeur est sulfureuse, leur goût sulfureux et salé ; elles blanchissent et se décomposent
au contact de l'air.

Modes d'emploi. — C'est presque toujours l'eau
de la Kaiserquelle qui est utilisée. Elle est presque
toujours employée concurremment *intus* et *intra* :
Boisson, Bains, Douches, Bains de vapeur, Bains
de Boue, Inhalations, Frictions, Massages.

Applications thérapeutiques. — Lymphatisme
et Scrofule dans leurs diverses manifestations ;
Rhumatisme, surtout si le sujet est lymphatique. —
Parmi les affections de la peau, celles qui sont
sèches et irritables — Affections Herpétiques des
Muqueuses, surtout quand il y a lieu d'obtenir des
effets de stimulation et de reconstitution. — Contre-
indications : Goutte, Tuberculose, nature irritable
ou congestive des sujets.

14

Analyse de la Kaiserquelle :

GAZ QUI SE DÉGAGENT DE L'EAU :

Azote............................	66^{cc},98

Azote.............................,................. 66^{cc},98
Acide carbonique......................... 30 ,89
Hydrogène protocarboné.................. 1 ,82
Hydrogène sulfuré........................ 0 ,31
                                        ——————
                                        100 ,00

Chlorure de sodium...................... 2^{gr},6394
Bromure de sodium...................... 0 ,0036
Iodure de sodium........................ 0 ,0005
Sulfure de sodium........................ 0 ,0095
Carbonate de soude...................... 0 ,6504
Sulfate de soude......................... 0 ,2827
       de potasse......................... 0 ,1544
Carbonate de chaux...................... 0 ,1585
       de magnésie.................. 0 ,1514
       de protoxyde de fer............ 0 ,0095
Silice................................... 0 ,0661
Matière organique........................ 0 ,0751
Carbonate de lithine..................... 0 ,0002
       de strontiane.................. 0 ,0002
       de manganèse................. traces.
Phosphate d'alumine..................... traces
Fluorure de calcium et d'ammoniaque..... traces.
                                        ——————
                                        4 ,1019
                                  (LIEBIG, 1851.)

⚜ GRÉOUX (Basses-Alpes) ⚜

Voies d'accès.   Par route de voitures, Gréoux est à
1 h. 50 de Mirabeau et à 2 h. 15 de Manosque, stations de
la ligne du chemin de fer de Grenoble à Marseille (stations situées toutes deux entre Volx et Pertuis).

Situation. — Village dans un site pittoresque près de la
rive droite du Verdon, non loin du point où cette rivière
se jette dans la Durance.

Altitude. — 320 m

Climat. — Très doux et régulier.

Saison. — Du 15 avril à fin octobre.

Ressources   Hôtels et Maisons meublées, Hôtel dans l'établissement.

L'*Établissement thermal* est à 500 mètres du vil lage, dans un beau parc. La partie supérieure est occupée par les logements, qui sont confortables ; les sous-sols sont consacrés à l'installation balnéaire, qui est très convenable : 18 baignoires, 2 piscines dont une de natation, cabinets de dou ches, 2 étuves, salles d'inhalation.

Les Eaux. — Chlorurées Sodiques et Hydrosulfurées, Chaudes.

Elles *émergent* du calcaire néocomien recouvert par les alluvions de la vallée (Sc. Gras).

Elles étaient connues dès l'époque romaine.

Deux *sources*, dont une seulement est utilisée, la source *Gravier*.

Débit : 17 000 hectolitres par 24 heures.

La *température* est de 37° au griffon, — 36°,5 aux baignoires, — 36° dans la piscine (Willm).

Particularités physiques. — L'eau est limpide, elle paraît bleuâtre en masse, elle a une odeur d'hydrogène sulfuré et une saveur amère ; elle est onctueuse au toucher ; elle dépose de la glairine en abondance.

Minéralisation dominante — Elle est surtout Chlorurée Sodique et Bromurée, et légèrement Sulfureuse. Willm fait observer qu'elle est relati vement pauvre en sulfates, ce qui la distingue des eaux de Digne.

Modes d'emploi. — Boisson, Bains à eau courante, Douches, Pulvérisations.

Applications thérapeutiques. — Affections Lymphatiques et Scrofuleuses, affections Rhumatismales; maladies de la Peau surtout humides et chez les sujets lymphatiques; affections herpétiques des muqueuses.

Analyse :

	0
Acide carbonique des bicarbonates.........	^{gr},1837
— — libre....................	0 ,0266
Hydrogène sulfuré libre................	0 ,0024
Carbonate de calcium...................	0 ,1800
— de magnésium.................	0 ,0210
ferreux.......................	0 ,0044
Silice................................	0 ,0316
Hyposulfite de sodium....................	0 ,0022
Chlorure de sodium.....................	2 ,0194
— de magnésium.................	0 ,0860
Bromure de magnésium..................	0 ,0221
Iodures..............................	traces.
Sulfate de calcium......................	0 ,1346
de magnésium....................	0 ,0066
de potassium....................	0 ,1235
de lithium......................	0 ,0023
Acide borique.........................	indices.
Matière organique et pertes.............	0 ,0173
Poids du résidu fixe à 110°........	2 ,6510

BICARBONATES :

Bicarbonate de calcium..................	0 ,2592
de magnésium	0 ,0320
ferreux....................	0 ,0060

(WILLM, 1889.)

❊ DIGNE (Basses-Alpes) ❊

A 2 k. de la ville de Digne. — L'établissement est dans un état de délabrement qu'on trouve déjà signalé dans l'annuaire de 1853. — Il comprend : sept Baignoires, une Douche et trois Piscines.

Les *eaux* étaient fréquentées au XIIe siècle. — Il y a six sources : des Étuves. Saint-Henri, Saint-Augustin, Saint-Étienne, Saint-Gilles, Notre-Dame. — Elles émergent du lias.

Le *débit* total est d'environ 2 000 hectolitres par 24 heures. — La *température* de la source Saint Étienne est de 43°, les autres ont de 35° à 37°.

Minéralisation dominante. — Elles sont chlorurées sodiques et hydrosulfurées; elles se distinguent de celles de Gréoux par une quantité plus grande de sulfates.

Elles sont surtout employées *en Bains.*

Applications thérapeutiques. — Affections de nature Scrofuleuse, affections de nature Rhumatismale, maladies de la Peau, surtout humides et chez des sujets lymphatiques.

Analyse de la Source des Étuves ·

Acide carbonique des bicarbonates........	0gr.1857
libre...................	0 ,0175
Hydrogène sulfuré libre..................	0 ,0005
Carbonate da calcium...................	0 ,1797
de magnésium................	0 ,0263
Hyposulfite de sodium..................	0 ,0044
Chlorure de sodium.....................	2 ,5100
Bromure de sodium..................	0 ,0008

Iodure de sodium.......................... traces
Sulfate de sodium......................... 0^{gr},7608
     de potassium..................... 0 ,1623
  —   de calcium...................... 0 ,6227
  —   de magnésium.................... 0 ,3526
Silice.................................... 0 ,0147
Oxyde ferrique et phosphate.............. 0 ,0007
Acide borique............................ traces
Lithium.................................. tr. tr. faibles
Ammoniaque, matière organique........... traces

                           4 ,6350
Poids du résidu à 180°............... 4 ,6447

                  (WILLM, 1889.)

⚜ TERCIS (Landes) ⚜

Situation. — Village de 600 habitants, à 6 k. de Dax, dans la jolie vallée de Luy, arrosée par la rivière de ce nom.

Altitude. — 15 m.

Climat. — Très doux.

Saison. — D'avril à octobre.

Ressources. — Près de l'établissement, il y a un Hôtel bien tenu. Vie calme.

L'*Établissement thermal* comprend : 1 Buvette, 12 Baignoires, un Cabinet de Douches. Il est entouré d'un jardin.

Les Eaux. — Chlorurées Sodiques et Hydro-sulfurées, Chaudes.

Elles *émergent* du terrain tertiaire.

La *source* porte le nom de *La Bagnère.*

Débit : 980 hectolitres.

Température : 37°,5.

Particularités physiques. — L'eau est limpide, elle a une odeur sulfureuse et une saveur piquante, légèrement salée; elle est onctueuse au toucher; elle dépose des cristaux de chlorure de sodium et des filaments de sulfuraire.

Modes d'emploi. — Boisson, Bains, Douches.

Applications thérapeutiques. — Manifestations de la scrofule et du rhumatisme — Ces eaux sont indiquées chez les sujets susceptibles qui supporteraient mal les eaux fortement chlorurées.

Analyse de la Source La Bagnère

Hydrogene sulfuré...............................	$1^{cc},818$
Chlorure de sodium.......................	$2^{gr},1652$
de magnésium....................	$0,1127$
— de calcium......................	$0,0172$
Silicate de sodium.......................	$0,0290$
Bicarbonate de calcium...................	$0,1357$
de magnésium.................	$0,0123$
d'ammonium	$0,0008$
de lithium.......................	traces
de fer..........................	traces
Sulfate de calcium......................	$0,0935$
de magnésium....................	$0,0085$
Borates, phosphates, iodures, alumin⁀	traces
Matière organique....................	$0,1030$
	$2,6779$

⚒ PRÉCHACQ (Landes) ⚒

Situation. — Village à 12 k. de Dax; les sources sont à 2 k. du village, sur la rive gauche de l'Adour.

Elles *émergent* d'un prolongement de la faille de l'Adour.

Le *climat* est doux et la *saison* dure de mai à octobre.

L'installation y est sommaire, et les *ressources* y sont restreintes.

Le petit *établissement* où les eaux sont exploitées offre quelques baignoires et une piscine.

Il y a 2 *sources* : l'une a 52°, c'est la source *de l'Œil*; l'autre a 14°,5.

L'eau a une saveur amère et nauséeuse et une odeur d'acide sulfhydrique.

Ces eaux sont considérées comme Chlorurées Sodiques et Hydrosulfurées; il paraît bien probable en effet que telle est leur composition. Mais il serait à désirer qu'une analyse sérieuse fût effectuée; il en existe bien une de Thore et Meyrac, mais nous ne croyons pas qu'on puisse retirer d'indications véritablement utiles de ce travail superficiel et incomplet.

Applications thérapeutiques. — La station est fréquentée par des malades de la région qui vont y traiter des Rhumatismes articulaires et Musculaires et des Maladies de la Peau.

❧ DONZACQ (Landes) ❧

Arrondissement de Saint-Sever, commune de Donzacq. — Petit établissement situé sur la rive droite du ruisseau d'Arrimblar, affluent du Luy-de-France. — L'eau est froide. Sa composition est très imparfaitement déterminée. Elle paraît cependant devoir être rangée parmi les eaux Chlorurées Sodiques et Hydrosulfurées.

III

MÉDICATION ALCALINE

—❧—

La *médication alcaline* comprend : 1° les *Eaux Bicarbonatées* (*a*. Bicarbonatées Sodiques; *b*. Bicarbonatées mixtes : Sodiques et Calciques); 2° les *Eaux Bicarbonatées Chlorurées*; 3° les *Eaux Bicarbonatées Sulfatées*.

1° *EAUX BICARBONATÉES*

a. Eaux bicarbonatées sodiques pures.

❋ VICHY (Allier) ❋

Voies d'accès. Réseau de P.-L.-M. — De Paris à Vichy par Nevers, Moulins, Saint-Germain-des-Fossés 365 k.

Situation, aspect général. — La ville de Vichy est bâtie dans un vallon protégé par un amphithéâtre de petits coteaux couverts de verdure et située sur la rive droite de l'Allier. La partie la plus rapprochée de la rivière, composée surtout de maisons anciennes et mal bâties, constitue le *Vieux-Vichy* ; la *ville nouvelle, Vichy-les-Bains*, renferme les constructions nouvelles, hôtels et maisons particulières, destinées à recevoir les étrangers. C'est à l'extrémité de cette partie de la ville que se trouve l'Établissement thermal.

Altitude. — 260 m.

Climat, Saison. — Le climat est doux, et même chaud en juillet et en août, aussi la saison commence de bonne heure et finit tard : du mois d'avril au 1er novembre.

Ressources. — Vichy est une des première villes d'eaux de l'Europe ; aussi la station présente-t-elle les ressources les plus étendues comme installation, agréments et commodités diverses. On y trouve depuis les installations les plus luxueuses jusqu'aux plus modestes. — Hôtels, Villas, Maisons particulières, Restaurants, Cafés, Casino, Théâtres, Promenades. — Les eaux sont fréquentées depuis le XVIIe siècle; mais elles étaient connues des Romains qui y avaient des thermes.

Les *Établissements thermaux* appartiennent à l'Etat qui les a concédés à une Compagnie. Ils comprennent trois installations distinctes : 1º le *Grand Établissement*, où se trouvent les Bains et les Douches de 1re classe et une Piscine; 2º le *Nouvel Établissement*, où sont les Bains et les Douches de 2e et de 3e classe; 3º les *Bains* de l'*Hôpital*, place Rosalie, où il y a des Bains et des Douches de 1re et de 2e classe. C'est dans le premier que sont les Bureaux de l'administration. Les Sources des Célestins ne sont utilisées que comme Buvettes. L'*Hôpital Militaire* peut recevoir 120 officiers et 60 sous-officiers et soldats. Signalons enfin deux établissements privés : les Bains

Lardy et les Bains Larbaud, et un établissement d'Hydrothérapie.

Les Eaux. — Gazeuses, Bicarbonatées Sodiques fortes, Chaudes.

Origine. — Toutes les eaux de Vichy ont une origine commune : elles émergent du calcaire de la vallée de l'Allier, mais elles ont pour point de départ une nappe étendue qui se trouve au contact des terrains plutoniens. Certaines sources jaillissent spontanément à la surface du sol, d'autres proviennent de forages artésiens. « Sous le rapport du gisement, les sources du bassin de Vichy forment deux catégories placées dans des conditions bien différentes. La première comprend toutes les sources ayant une température comprise entre 30° et 45°, telles que le Puits-Carré, la Grande-Grille, Lucas et l'Hôpital. Ces sources émergent de failles placées à la limite de la montagne et de la plaine... Au second groupe appartiennent les sources dont l'existence est un effet de l'art. Elles proviennent toutes de travaux plus ou moins profonds et, pour la plus grande partie, de forages poussés dans les assises du terrain tertiaire. Pour concevoir leur origine, il faut admettre que les couches perméables de ce bassin et les cavités qu'il peut présenter constituent autant de réservoirs dans lesquels l'eau minérale et le gaz acide carbonique émis par les failles donnant naissance aux sources chaudes se trouvent emmagasinés. Il existe ainsi dans la plaine tertiaire un certain nombre, de nappes très étendues qui s'épanchent sous la pression du gaz, lorsqu'elles sont mises en contact avec la surface du sol. La plupart des sources artificielles ainsi obtenues sont intermittentes, et elles sont toutes froides, ou tout au plus tempérées lorsqu'elles viennent d'une certaine profondeur. A cette catégorie appartiennent les sources du Parc ou Brosson, Larbaud, la source de Vesse, le puits foré d'Hauterive, les 6 sources de Cusset connues sous les noms de Mesdames, Élisabeth, Sainte-Marie, Tracy, Saint-Jean, Lafayette, ainsi que les nombreuses sources de Saint-Yorre. — Les sources des Célestins, quoiqu'elles soient à une température qui ne dépasse que de quelques degrés la moyenne du lieu, font partie de la première catégorie. Elles jaillissent en effet naturellement d'un véritable filon d'aragonite à cloisons verticales juxtaposées qui forme saillie à la surface du sol et n'a pas moins de 13 mètres de puissance. La temperature peu élevée des sources de ce petit groupe est certainement le résultat de leur faible volume et du refroidissement que l'eau subit dans son contact avec la roche au voisinage de la surface du sol. » (Jacquot et Willm.)

Les Sources. — Les sources de Vichy sont très nombreuses. La plupart sont à l'État, d'autres appartiennent à des particuliers. Parmi les premières nous citerons : *Grande-Grille, Grand-Puits Carré, Puits-Chomel, source Lucas, source de l'Hô*

pital, *Puits Brosson* ou *du Parc*, *Grotte des Céles-*
tins, *Anciens Célestins*, *Néo-Célestins*, et, sur la rive
opposée de l'Allier, à 1 kilomètre, la source d'*Hau-*
terive. Les secondes sont : *Lardy*, *Prunelle*, *Lar-*
baud, ainsi que *Vesse* (rive gauche de l'Allier).

Débit. — L'ensemble des sources du bassin
de Vichy donne au total un débit quotidien de
4 000 hectolitres qui se répartissent ainsi :

Hectolitres.

Grande-Grille, Chomel, Lucas, L'Hôpital......	2 500
Groupe des Célestins......................	274
Lardy, Parc, Larbaud.....................	250
Vesse......................................	200
Hauterive.................................]	400

(Jacquot et Willm.)

Les *températures* des diverses sources de Vichy
sont comprises entre 44° et 14°. Nous donnons
dans le tableau suivant les températures qui ont
été relevées en 1881 par Willm pour la revision
de l'Annuaire.

Puits-Chomel..............................	44°
Grande-Grille.............................	41 ,8
Source de l'Hôpital ou du Gros Boulet........	34
Vesse.....................................	31
Source Lucas.............................	28 ,4
Lardy....................................	24 ,2
Mesdames................................	16 ,5
Néo-Célestins.............................	16 ,4
Parc, ou Brosson.........................	16 ,3
Hauterive	14 ,6
Grotte des Célestins......................	14
Anciens Célestins.........................	13 ,8

Ajoutons que les diverses sources de *Cusset* ont

une température de 16° et celles de *Saint-Yorre*
une température de 12°

Particularités physiques. — Ces eaux sont limpides dans le verre, et elles dégagent des bulles
de gaz qui, au lieu d'émergence, font bouillonner
la source. Les eaux froides, comme celle des
Célestins, sont très agréables à boire; les eaux
chaudes le sont moins; les unes et les autres
ont un goût alcalin; à quelques-unes (Mesdames,
Puits-Lardy) le fer qu'elles renferment ajoute une
saveur un peu atramentaire.

Modes d'emploi. — Boisson, Bains, Douches,
Bains de vapeur, inhalations d'acide carbonique,
Hydrothérapie . Ces eaux s'exportent en très
grande quantité.

Applications thérapeutiques. — Les eaux de
Vichy sont le type des eaux Bicarbonatées Sodiques
pures. L'étude de leurs actions physiologiques et
de leurs effets thérapeutiques trouvera plus naturellement sa place dans l'étude de la *Médication
Alcaline.* Nous ne ferons ici pour le moment que
mentionner leurs applications thérapeutiques les
plus importantes : Dyspepsie simple, surtout quand
elle est caractérisée par la lenteur des digestions, par un sentiment d'abattement pendant leur
durée, par de l'anorexie et des aigreurs, sans gastralgie proprement dite; l'*Entérite* caractérisée soit
par des tranchées, soit par un point habituel
lement douloureux dans le gros intestin. Dans
les Engorgements du Foie : s'il y a Pléthore abdo-

minale, on devra préférer soit Carlsbad, soit cer
taines eaux Sulfatées Calciques, suivant le cas;
mais s'il s'agit d'Engorgements des Pays Chauds ou
consécutifs aux Fièvres Intermittentes, l'indication de Vichy redevient formelle. Les Coliques
Hépatiques et la Lithiase Biliaire commandent un
certain choix et de la circonspection : s'il y a
notamment de l'inflammation surajoutée, si les
coliques sont très récentes, si elles se précipitent,
prennent un caractère subintrant, il vaudra mieux
recourir à des eaux Bicarbonatées Sodiques plus
faibles, ou, mieux encore, aux eaux Calciques,
formellement indiquées dans ces cas. La Gravelle
Urinaire et les Coliques Néphrétiques suscitent
des considérations analogues : indiquées en principe contre la maladie elle-même, les eaux de
Vichy sont moins bien supportées ou même sont
contre-indiquées quand les crises sont rapprochées
ou précipitées, et, quand il y a inflammation des
voies urinaires; on doit alors s'adresser aux eaux
Calciques. La Goutte aiguë, régulière, et le Diabète comptent aussi parmi les indications capitales
des Eaux de Vichy.

A certaines sources des appropriations spéciales
ont été attribuées par la tradition. C'est ainsi
qu'ont été réservées : aux Maladies de l'Estomac
l'eau de l'*Hôpital*; aux Maladies du Foie l'eau de
la *Grande-Grille*; à la Goutte et à la Gravelle urinaire l'eau des *Célestins*. L'observation médicale
ne justifie pas cette division rigoureuse. Cepen-

dant il y a incontestablement entre les diverses
sources de Vichy, au point de vue de leur action,
des différences que le praticien ne doit pas négli-
ger : ces nuances plus ou moins tranchées dans
l'action thérapeutique sont en rapport avec des
nuances plus ou moins tranchées elles-mêmes
dans la nature de l'eau, considérée au point de
vue de la température, du degré de minéralisation
en Bicarbonate de soude, du degré dans la teneur
en gaz acide carbonique, sans parler des sources
ferrugineuses auxquelles on s'adresse pour cor
riger l'action déprimante que peut avoir parfois
la médication alcaline. L'option est dictée, le cas
échéant, moins par l'étiquette morbide que par des
considérations tirées du tempérament du malade,
de l'état des fonctions digestives, de l'état d'excitabilité habituelle ou passagère d'organes ou de
l'économie générale. Contre-indications : Maladies
du Cœur et des Gros Vaisseaux, Tuberculose,
Cancer, tendance aux Congestions.

« Les Engorgements du foie, suites d'hépatite ou
de fièvres intermittentes, les Coliques hépatiques,
calculeuses ou non, la Gravelle et spécialement
la Gravelle urique, le Diabète, les Dyspepsies de
toutes sortes y trouvent une médication très
appropriée. Elles offrent également à la Goutte
une médication très salutaire, surtout à la Goutte
aiguë et régulière, pourvu que le traitement soit
appliqué à une époque aussi éloignée que possible
des accès de goutte. » (Durand-Fardel.)

Analyse. — (WILLM, 1881-1882.)	GRANDE GRILLE	HÔPITAL	GROUPE DES CÉLESTINS		
			Grotte des Célestins.	Anciens Célestins.	Néo-Célestins.
Acide carbonique des bicarbonates	$3^{gr},3748$	$3^{gr},5325$	$3^{gr},3205$	$3^{gr},2656$	$3,2645$
— libre	$0,8494$	$1,1770$	$0,6199$	$1,6449$	$1,7763$
	(430^{cc})	(595^{cc})	(314^{cc})	(830^{cc})	(898^{cc})
Carbonate neutre de sodium	$3^{gr},5226$	$3^{gr},5240$	$3^{gr},4959$	$3^{gr},1323$	$3^{gr},4164$
— de potassium	$0,2424$	$0,3041$	$0,2263$	$0,2183$	$0,2277$
— de lithium	$0,0190$	$0,0227$	$0,0185$	$0,0206$	$0,0177$
— de calcium	$0,2599$	$0,3781$	$0,4904$	$0,4849$	$0,5015$
— de magnésium	$0,0483$	$0,0522$	$0,0689$	$0,0715$	$0,0667$
— ferreux	$0,0028$	$0,0028$	non dosé.	$0,0006$	$0,0009$
Sulfate de sodium	$0,2795$	$0,2667$	$0,2684$	$0,2689$	$0,2734$
Chlorure de sodium	$0,5737$	$0,5675$	$0,5346$	$0,5163$	$0,5291$
Phosphate disodique	$0,0028$	traces.	traces.	traces.	traces.
...iate disodique	$0,0008$	$0,0042$	on dosé.	$0,00075$	$0,00075$
Silice	$0,0652$	$0,0620$	$0,0416$	$0,0416$	$0,0395$
Acide borique, i de, strontium, rubidium	traces.	traces.	traces.	traces.	traces.
...res organiques, pertes	$0,0064$	$0,0045$	$0,0194$	$0,00665$	»
Poids du résidu sec par litre	$5,0164$	$5,1828$	$4,8640$	$4,7624$	$4,77365$
Poids du résidu d'après ...quet	$5,2080$	$5,2640$	$5,3200$	$4,8080$	»
de calcium	$0,3641$	$0,5445$	$0,6962$	$0,6983$	$0,7222$
de magnésium	$0,0736$	$0,0795$	$0,1050$	$0,1082$	$0,1016$
Bicarbonates ferreux	$0,0038$	$0,0038$	traces.	$0,0008$	$0,0012$
de sodium	$4,9849$	$4,9868$	$4,5225$	$4,9882$	$4,4325$
anhydres de potassium	$0,3187$	$0,4010$	$0,2984$	$0,2879$	$0,2990$
de lithium	$0,0303$	$0,0362$	$0,0295$	$0,0329$	$0,0281$
Bicarbonate de sodium (sel de Vichy), CO^3NaH	$5,5830$	$5,5862$	$5,0652$	$5,5868$	$4,9644$
Bicarbonate de potassium, CO^3KH	$0,3502$	$0,4407$	$0,3280$	$0,3164$	$0,3500$

*Tableau comparatif des principales sources de Vichy
au point de vue de la teneur en Bicarbonate de soude*

(d'après les plus récentes analyses : O. Henry, Bouquet, Willm).

Grande Grille...., ...	4ᵉʳ,9849
Hôpital	4 ,9868
GROUPE DES CÉLESTINS :	
Grotte des Célestins....................	4 ,5225
Anciens Célestins......................	4 ,9882
Néo-Célestins..........................	4 ,4325
Puits Chomel..........................	5 ,0108
Lucas.................................	4 ,8436
Mesdames.............................	4 ,3133
Du Parc...............................	4 ,9778
Lardy	5 ,0805
Hauterive.............................	4 ,8285
Vesse.................................	4 ,9383
Saint-Yorre (à 7 k. de Vichy)...........	4 ,881
CUSSET (à 4 k. de Vichy) :	
Puits Sainte-Marie.....................	4 ,733
Puits Élisabeth	4 ,837
Tracy	4 ,620
Brughéas (à 6 k. de Vichy).............	0 ,811

❈ VALS (Ardèche) ❈

Voies d'accès — Réseau des chemins de fer de P.-L. M., ligne du Teil à Alais.   Embranchement de Vogué à Neigle-Prades, Station de Vals-les-Bains-la-Bégude.

Situation. — Joli bourg, à 3 k. d'Aubenas, sur la rive droite de la Volane, affluent de l'Ardèche, au fond d'une vallée entourée d'un amphithéâtre de montagnes ouvert seulement au midi.

Altitude. — 250 m.

Climat. — Très doux, position abritée.

Saison. — Du 1ᵉʳ juin au 1ᵉʳ octobre.

Ressources. — Nombreuses. Hôtels et nombreuses Maisons meublées. Vie calme, Belles promenades et excursions.

Il n'y a que deux *établissements thermaux*, qui appartiennent respectivement à la « Société générale » et à la « Société centrale ». Sauf quelques sources qui sont des propriétés particulières, toutes les sources de Vals appartiennent à quatre sociétés dites : Générale, Centrale, des Vivaraises, des Délicieuses.

Cette station est fréquentée surtout depuis une cinquantaine d'années.

Les **Eaux**. — Bicarbonatées Sodiques, Gazeuses Froides.

« L'activité volcanique s'est prolongée dans le Vivarais jusqu'au début de l'ère actuelle, et on est autorisé à penser qu'elle persiste à une profondeur qui n'est pas très considérable. Au point de vue hydrominéral, cette observation ne manque pas d'intérêt. Elle permet d'expliquer en effet le prodigieux développement qu'ont pu prendre la station de Vals et les stations voisines sans tarir la source d'acide carbonique qui les alimente. » (Jacquot et Willm.) On suppose que les roches volcaniques sont attaquées par l'action dissolvante de l'acide carbonique et fournissent aux eaux leur minéralisation par lixiviation au passage.

Les *sources* sont en très grand nombre. Les unes jaillissent naturellement, les autres par voie de forages.

Toutes sont froides : leur *température* ne dépasse pas 16°.

Particularités physiques. — Ces eaux sont lim

pides et laissent dégager de nombreuses bulles d'acide carbonique; elles sont fraîches, piquantes, très agréables à boire. — La source Sulfatée Ferrugineuse et Arsenicale de la *Dominique* est limpide au point d'émergence; mais au contact de l'air elle se trouble et dépose un sédiment ocreux; elle a une saveur styptique, mais non désagréable.

Modes d'emploi. — Boisson, Bains, Douches. — L'exportation constitue le principal mode d'emploi des eaux de Vals.

Applications thérapeutiques. — Les indications de Vals sont celles de la médication alcaline. Ce qui caractérise Vals à ce point de vue, c'est la variété de la minéralisation suivant les sources, qui constitue une échelle offrant tous les degrés depuis le plus bas jusqu'au plus élevé, ce qui permet au médecin de remplir des indications multiples.

Composition chimique. — Sauf la *Dominique*, qui est Sulfatée Ferrugineuse et fortement Arsenicale, toutes les sources de Vals sont *Bicarbona tées Sodiques* et chargées d'*Acide carbonique*. Ce qui différencie les eaux de Vals de celles de Vichy c'est que, dans ces dernières, la quantité de Bicarbonate de Soude ne varie d'une source à l'autre que dans des limites assez restreintes, tandis que les proportions de ce sel alcalin dans les diverses sources de Vals constituent une véritable gamme de minéralisation; dans un certain nombre de sources de Vals, la proportion en est représentée

par des chiffres considérables que n'atteignent
jamais les eaux de Vichy, — l'Acide Carbonique
est encore plus abondant à Vals qu'à Vichy. — En
revanche, au point de vue de la température, Vichy
reprend la supériorité, Vals n'ayant que des sources
froides.

Les diverses sources alcalines de Vals se distinguent les unes des autres par leur teneur en
Bicarbonate de soude. Nous donnons un tableau
comparé des proportions de ce sel dans les principales sources. Au point de vue de la minéralisation
totale, nous faisons précéder ce tableau de l'analyse de deux sources importantes, l'une fortement,
l'autre faiblement minéralisée (Magdeleine et Saint
Jean).

Analyse :

	Magdeleine	Saint-Jean
Acide carbonique libre..........	2 ,050^{cc}	475^{cc}
Bicarbonate de sodium..........	7^{gr},280	1^{gr},4800
de potassium........	0 ,255	0 ,0400
de lithium..........	0 ,520	0 ,3100
de calcium	0 ,672	0 ,1200
de magnésium.......	traces	indices.
ferreux.............	} 0 ,029	0 ,0060
manganeux..........		
Chlorure de sodium.............	0 ,160	0 ,0600
Sulfate de sodium..............	} 0 ,235	0 ,0540
de calcium..............		0 ,0700
Silice et alumine..............	0 ,097	0 ,0110
Iodures. Arséniates.............	indices	indices
Matière organique..........	peu	indét.
Total par litre.............	9 ,248	2 ,1510

(O. HENRY et LAVIGNE.)

Minéralisation dominante des principales sources.

NOMS DES SOURCES.	Acide carbonique libre.	Bicarbonate de soude.
Magdeleine......................	2^{gr},050	7^{gr},280
Désirée.......................	2 ,145	6 ,040
Précieuse	2 ,218	5 ,940
Rigolette......................	2 ,095	5 ,800
Saint-Jean.....................	0 ,425	1 .480
Marquise.......................	2 ,500	7 ,157
Chloé..........................	1 ,626	5 ,334
Nouvelle Source................	0 ,787	4 ,297
Source Française...............	0 ,129	1 ,979
Source Sophie..................	0 ,414	3 ,525
Source Augustine..............	1 ,078	5 ,107
Source Célestine..............	2 ,663	4 ,133
Groupe des Vivaraises. { N° 1.....	1 ,284	1 ,976
N° 3.....	1 ,604	3 ,173
N° 5.....	1 ,614	4 ,076
N° 7.....	1 ,677	6 ,393
N° 9.....	1 ,434	7 ,223
Groupe des Délicieuses. { N° 1.....	1 ,047	1 ,255
N° 3.....	1 ,520	3 ,118
N° 6.....	0 ,642	6 ,111
N° 9.....	1 ,650	7 ,520

Ces chiffres sont ceux qui résultent des travaux d'O. Henry et Lavigne, Berthier, Dupasquier, Glénard, Fortier, Bouis et l'école des Mines

La source *Dominique* étant tout à fait à part des autres sources de Vals, nous donnons, d'après O. Henry, l'analyse de cette eau *sulfatée ferrugineuse et arsenicale.*

Acide sulfurique libre......................	1^{gr},31
Silicate acide ⎫	
Arséniate ⎟	
Phosphate ⎬ de sesquioxyde de fer....	
Sulfate ⎭	0 ,44
Sulfate de chaux......................	
Chlorure de sodium....................	
Matière organique....................	
Total......................	1^{gr},75

⟫ LE BOULOU (Pyrénées-Orientales) ⟪

Voies d'accès. — Réseau des chemins de fer du Midi,
— ligne de Narbonne à Cerbère, embranchement
d'Elne à Céret, station du Boulou; ou bien route de
voitures de Perpignan au Boulou : 22 k.

Situation. — Le bourg est situé sur la rive gauche du
Tech, à 5 k. de la frontière espagnole. L'établissement
lui-même est à 1 k. 1/2 du bourg.

Climat. — Très doux.

Saison. — Du 1er mai au 30 octobre. L'établissement
reste ouvert toute l'année.

Ressources. — Limitées.

Il y a au Boulou un petit *établissement thermal*
convenablement aménagé; il est fréquenté par les
gens de la région. Les eaux s'exportent.

Les **Eaux**. — Bicarbonatées Sodiques Froides.

Trois *sources* principales : du *Boulou*, de *Saint-
Martin-de-Fenouillat*, *Clémentine*. — En outre,
quatre autres sources émergent dans la commune :
Moulas-du-Boulou, *Anna-de-l'Ecluse*, *Source Sorède*
(*Font-Agre*), et source *Laroque* ou *Font de l'Aram*
(Fontaine de cuivre).

Débit. — La source du *Boulou* fournit environ
15 hectolitres par 24 heures et la source *Clémentine*
47 1/2 hectolitres. Le débit de *Saint-Martin-de-
Fenouillat* est plus important.

La *température* de toutes ces eaux est froide ·

Le Boulou	17°,5
Clémentine	16°,17°
Saint-Martin-de-F	19°
Sorède	20°,9
Laroque	15°,6

Particularités physiques. — Ces eaux sont limpides, gazeuses, très agréables à boire

Minéralisation dominante : les sources du Boulou de Saint-Martin-de-Fenouillat et Clémentine sont *Bicarbonatées Sodiques fortes et Ferrugineuses* ; Moulas-du-Boulou et Anna-de-l'Ecluse faiblement miné ralisées ; Sorède et Laroque sont *Ferrugineuses*.

Les *applications thérapeutiques* sont celles des eaux bicarbonatées sodiques fortes, telles que Vichy, Vals.

Analyse :

	Boulou	Clémentine
Acide carbonique des Bicarbonates..	3gr,3018	4gr,1410
libre.............	2 ,5324	2 ,2480
	(1l,281)	(1l,137)
Carbonate de sodium..........	2gr,1804	3gr,5510
de potassium........	0 ,1115	0 ,2470
de lithium.	,0100	,0146
de calcium	0 ,9868	0 ,6030
— de magnésium.......	0 ,5022	0 ,4455
— ferreux.............	0 ,0164	0 ,0274
de manganèse........	0 ,0024	traces.
Chlorure de sodium............	0 ,8857	1 ,1536
Sulfate de sodium..............	0 ,0043	0 ,0061
Alumine et glucine	0 ,0006,4	traces.
Oxyde de cuivre................	0 ,0006,4	traces.
Silice	0 ,0792	0 ,0681
Iodures de Bromures..........		
Arséniates et Phosphates.......	traces.	traces.
Azotates, Borates		
Matière organique.............		
Poids des matières dosées, par litre..	4 ,7798	6 ,1166
Poids du résidu sec..............	4 ,8020	6 ,1220

POIDS DES BICARBONATES ANHYDRES PRIMITIVEMENT DISSOUS :

Bicarbonate de sodium........	3gr,0855	5gr,0250
— de potassium	0 ,1471	0 ,3258
— de lithium........	0 ,0159	0 ,0232

Bicarbonate de calcium........	1^{gr},4210	0^{gr},8688
de magnésium.....	0 ,7651	0 ,6787
ferreux...........	0 ,0226	0 ,0378
manganeux........	0 ,0032	traces.
Minéralisation totale, moins l'acide carbonique libre........	6 ,4315	8 ,1938

BICARBONATES ALCALINS RÉELS (CO³MH) ·

Bicarbonate de sodium.........	3, 4557	5, 6280
de potassium.......	0 ,1616	0 ,3580
de lithium..........	0 ,0184	0 ,0269

(WILLM 1883.)

La source *Saint-Martin-de-Fenouillat* renferme, d'après Bechamp : Acide carbonique libre · 1 gr. 595 (805 cc) ; Bicarbonate de Soude hydraté · 5 gr. 978; Bicarbonate de protoxyde de Fer · 0 gr. 024; Chlorure de Sodium : 1 gr. 071.

Pour la source *Anna* et la source *Moulas*, les chiffres du Bicarbonate de Sodium ne sont plus que de 0,3922 et 0,0385. — Le chiffre du Carbonate de Fer est de 0, 050 pour la source *Sorède* et de 0, 030 pour la source *Laroque*.

❋ ANDABRE (Aveyron) ❋

Situation.   Hameau sur la commune de Sissac canton de Camarès, à 25 k. de Saint-Affrique, 4 k. de Camarès, 4 k. de Sylvanès.

Climat. — De montagnes.

Ressources. - Très limitées : un Hôtel.

L'*Établissement thermal* comprend : une Buvette, des Salles de Bains, une salle d'Hydrothérapie.

Les **Eaux** Gazeuses, Bicarbonatées Sodiques

(1 gr. 82) froides, — sont fournies par trois *sources* : de la Buvette, des Bains, du Bosc (ou source salée).

Température : 10°,5.

Particularités physiques. — Ces eaux sont limpides et laissent dégager des bulles de gaz acide carbonique, elles sont inodores et leur saveur est fraîche et piquante.

Modes d'emploi. — Boisson, Bains, Douches. — Les baigneurs de Sylvanès boivent de l'eau d'Andabre comme adjuvant de leur cure.

Les *applications thérapeutiques* de ces eaux sont celles des eaux Bicarbonatées Sodiques en général. Elles passent pour plus douces et plus toniques que celles de Vichy. — Dyspepsies, Gastralgies, Maladies du Foie.

Analyse :

Acide carbonique libre	$1^l,13$
Bicarbonate de soude	$1^{gr},828$
— de chaux	0 ,285
de magnésie	0 ,234
Acide silicique, alumine	0 ,0005
Bicarbonate de fer	0 ,065
Sulfate de soude	0 ,698
Chlorure de sodium	0 ,079
de calcium	0 ,015
de magnésium	0 ,015
Matière organique	0 ,020
	3 ,649

(LIMOUSIN-LAMOTTE.)

❈ LE CAYLA ❈

A proximité d'Andabre, entre les Bains d'Andabre et la petite ville de Camarès. — 3 sources froides (12°,5),

Bicarbonatées Sodiques et Terreuses, plus faiblement minéralisées que celles d'Andabre.

⚜ PRUGNES ⚜

La source de Prugnes, près du Cayla, est Froide (14°), elle est Bicarbonatée Sodique et Ferrugineuse. — Bicarbonate de soude : 1 gr. 295, — Bicarbonate Ferreux · 0 gr. 019, — Acide carbonique libre : 1 gr. 520.

⚜ MONTROND-GEYSER (Loire) ⚜

Canton de Saint-Galmier.   Station du réseau des chemins de fer de P.-L.-M.

Altitude. — 386 m.

Source. — Minérale artésienne découverte à 475 m. de profondeur, en pratiquant un sondage pour la recherche du terrain houiller. « Elle arrive au jour par un tube de 12 centimètres, sous l'effet de la pression exercée par l'acide carbonique qui se dégage avec abondance de la nappe. »

Son *origine* se rattache à un pointement basaltique.

Débit. — Quotidien : 2 520 hectol.

Température. — 26°.

Eau *Gazeuse, Bicarbonatée Sodique.*

Les *applications thérapeutiques* sont celles des Eaux Bicarbonatées Sodiques (Vals, Vichy....). — On va boire à la source, mais l'eau, qui se conserve bien, est surtout exportée (250 000 bouteilles par an).

Analyse :

Bicarbonate de sodium......................	4gr,577
de calcium....................	0 ,083
de magnésium................	0 ,062
Peroxyde de fer..........................	0 .004
Chlorure de sodium......................	0 ,008
Silice	0 ,090
	4 ,824

(Laborat. de l'Acad. de médecine.)

⚜ ÉVIAN (Haute-Savoie) ⚜

Voies d'accès. — On va à Évian de Genève ou de Lau-sanne, par chemin de fer ou par bateau à vapeur. — A 10 k. de Thonon.

Évian occupe une *situation* admirable, au bord du lac de Genève, en face de Lausanne, et entouré de coteaux verdoyants.

Altitude. — 370 m.

Climat. — Très doux.

Saison. — Du 1er juin au 15 septembre.

Les *ressources* sont aussi complètes qu'on le peut désirer au point de vue du confortable et des facilités de la vie. — Hôtels, Maisons meublées, etc.

Il y a 2 *établissements thermaux.* L'un, l'établis-sement Cachat, appartient à la société des eaux minérales de Cachat; l'autre appartient à la com-mune.

La station est de création récente.

Les **Eaux** sont Bicarbonatées Sodiques et Bicar-bonatées Terreuses, très faiblement Minéralisées, Froides.

Sources. — Il y en a plusieurs : Cachat, Bonne-vie, Guillot, Montmasson, Nouvelle, des Cordeliers, de Clermont. La source Cachat est la plus connue.

Le *débit* total dépasse 3 000 hectolitres par 24 heures (Jacquot et Willm).

Température : toutes les sources sont froides : de 10° à 12°.

Modes d'emploi : surtout en Boisson.

Applications thérapeutiques. — La faible minéralisation de ces eaux et les proportions dans lesquelles on les boit permettent de considérer leur action comme un simple lavage, un traitement hydrothérapique interne simple. Les effets de ce traitement sont sédatifs dans certaines affections de l'appareil urinaire chez les personnes irritables ou nerveuses ; Cystite du col, affections Utérines avec grande susceptibilité, affections de l'Appareil Digestif.

Analyse de la source Cachat ·

Acide carbonique des bicarbonates.........	$0^{gr},2627$
libre..................	$0,0105$
Carbonate de calcium....................	$0,1960$
de magnésium................	$,0816$
de sodium....................	$0,0056$
Phosphate de fer et de calcium...........	$,0008$
Sulfate de sodium.......................	$,0079$
de potassium....................	$,0052$
Chlorure de sodium.....................	$0,0030$
Azotate de sodium.......................	$0,0029$
Silice..	$0,0142$
Total par litre...................	$0,3172$
Résidu observé à 110°....................	$0,3210$
converti en sulfates...............	$0,4250$
calculé d'après les métaux.........	$0,4247$

LES CARBONATES NEUTRES CI-DESSUS CORRESPONDENT
AUX BICARBONATES :

Bicarbonate de calcium..................	$0,2822$
de magnésium	$0,1244$
de sodium (CO_3NaH)..........	$0,0089$

(WILLM, 1889.)

Toutes les diverses sources d'Évian ont une composition à peu près identique.

❈ AMPHION (Haute-Savoie) ❈

Situation. — Commune de Publier, à 3 k. d'Évian, sur le lac Léman, dans un très beau site.

Climat. — Doux.

Saison. — Du 1er juin au 1er octobre.

L'*Établissement* est dans un beau parc ; les eaux y sont administrées en Boisson et en Bains (en Boisson surtout). Cette station était très fréquentée autrefois ; mais elle souffre aujourd'hui beaucoup du voisinage d'Évian.

Il y a 4 *sources* : 1º une source *Ferrugineuse Froide* (8º), — 2º 3 sources *Alcalines* analogues à celles d'Évian — Le *débit* quotidien de la source ferrugineuse est de 2 260 hectolitres.

Les *applications thérapeutiques* des sources alcalines sont les mêmes que celles d'Évian (médication alcaline faible). — Les applications de la source Ferrugineuse sont celles des eaux Martiales.

❈ THONON-LES-BAINS (Haute-Savoie) ❈

Source de *la Versoye*, à 2 k. au Sud de la ville de Thonon. — Eau *Froide*, *Alcaline faible*. (Minéralisée par : Bicarbonate de Sodium, de Calcium, de Magnésium.) — Comme sa température et sa composition, ses applications thérapeutiques sont analogues à celles d'Évian.

❈ SAIL-SOUS-COUZAN (Loire) ❈

Arrondissement de Montbrison, au confluent du Chagnon et du Lignon.

Altitude. — 425 m.

Saison. — Du 15 mai au 15 septembre.

Les baigneurs habitent dans les maisons voisines de l'établissement.

L'*Établissement* est bien organisé.

La source Fontfort parait avoir été *connue* dès le XVII° siècle.

Ces *eaux* émergent d'une roche granitique ; elles sont toutes froides (de 10° à 13°) ; leur composition est identique ; leur débit est par 24 heures de 288 hectol. pour la source Rimaud. 160 hectol. pour la source Fontfort.

Outre ces deux sources, on cite encore les suivantes ·
Bayon, Brault, Spezy, Baron, Beaume.

On les *emploie* en Boisson, Bains, Douches.

Leurs *applications thérapeutiques* sont celles des Bicarbonatées Sodiques.

Analyse de la source Rimaud ·

Acide carbonique libre................	$0^{gr},4317$
	(218^{cc})
Bicarbonate de sodium $C^2O^5Na^2$..........	1 ,9509
de potassium................	0 ,3034
de calcium..................	0 ,3870
de magnésium................	0 ,3436
ferreux....................⎱ manganeux..................⎰	0 ,0177
— de lithium.................	traces.
Sulfate de calcium......................	0 ,0465
Chlorure de sodium.....................	0 ,0876
Silice................................	0 ,0410
Iodures, arséniates.....................	indices.
Matière organique.....................	indices.
Total par litre...................	4 ,1777
Poids du résidu fixe..............	2 ,031⁹

(J. LEFORT, 1866.)

⚛ SOUTZMATT (Alsace) ⚛

22 k. de Colmar. Au pied du versant méridional du Heidenberg.

Altitude. — 275 m.

Climat. — Doux, matinées et soirées fraîches.

Saison. — Du 15 mai au 15 septembre.

Ressources. — Très limitées.

Les *eaux* émergent du grès vosgien; elles forment des sources nombreuses et assez abondantes; elles sont limpides, très Gazeuses, Froides (12°) et ont toutes la même composition (Bicarbonatées Sodiques). — Elles sont utilisées en Boisson et en Bains. Leur principal caractère est d'être eupeptiques et digestives.

Analyse :

Acide carbonique libre....................	0^1,982
Bicarbonate de soude	0^{gr},9574
de chaux....................	,4311
de magnésie..................	,3132
de lithine....................	,0197
Sulfate de potasse........................	0 ,1477
de soude........................	,0227
Chlorure de sodium...................	0 ,0706
Borate de soude..........................	0 ,0650
Acide silicique...........................	0 ,0635
Acide phosphorique......................	
Alumine........................	0 ,0089
Protoxyde de fer.........................	
Total des matières fixes..........	2 ,0000

(BÉCHAMP, 1851.)

✳ COISE ou COEZE (Savoie) ✳

Village de l'arrondissement de Chambéry à 30 k. d'Albertville, à 3 k. de la gare de Cruet sur la ligne de Chambéry à Modane. — L'eau jaillit sur la rive gauche de l'Isère et a pour *origine*, comme Farette, le terrain cristallophyllien. — Une source unique, dite *Fontaine de la Sauce.* *Température* 12°. — Elle est employée en Boisson contre le *Goitre,* et doit ses propriétés bienfaisantes à l'*Iode* et au *Bromure* qu'elle renferme. On a remarqué depuis longtemps que les habitants du village de Longemalle qui viennent puiser de l'eau à cette source, pour leurs usages habituels, sont les seuls de la vallée qui ne comptent pas de goitreux parmi eux.

Analyse :

Acide carbonique libre.....................	$4^{cc},8$
Oxygène...................................	4 ,4
Azote.....................................	20 ,65
Gaz des marais...........................	14 ,75
Bicarbonate de sodium....................	$0^{gr},8136$
de potassium................	0 ,0045
d'ammonium	0 ,0151
de magnésium................	0 ,0191
— de calcium.....................	0 ,0115
Sulfate de magnésium.....................	0 ,0033
Phosphate calcique.......................	traces.
Silicate d'aluminium......................	0 ,0162
Bromure de magnésium....................	0 ,0015
Chlorure de magnésium...................	0 ,0034
de sodium......................	0 ,0041
Crénate de fer............................	0 ,0020
Glairine..................................	0 ,0122
Total par litre................	0 ,9142

(PYRAM, MORIN, 1851.)

✖ DESAIGNES (Ardèche) ✖

Canton de Lamastre.

Altitude. — 425 m.

Origine. — Terrain granitique.

Connue des Romains.

Eau *Très Gazeuse, Bicarbonatée Sodique* Forte. — *Froide,* analogue aux eaux de Vichy et de Vals.

Une source. — Source Faustine.

Température. — 12°.

Mode d'emploi. — Exportation (400 000 bouteilles par an).

16

Acide carbonique libre...................... 1¹,25

Bicarbonate de sodium........... .... 4ᵍʳ,130
        de potassium................ ... 0 ,510
        alcalino-terreux .... 0 ,146
Silicates alcalins et d'alumine............. 0 ,250
Chlorures alcalins........................ 0 ,155-
Sulfates alcalins......................... indices.
Phosphates, lithium, silice................ ⎫
Oxyde de fer, principe arsenical....... ....⎬ 0 ,065
Matière organique et pertes. .... ⎭

                                ———
                             ·5 ,246
                   (O. Henry.)

⚒ LABÉGUDE (Ardèche) ⚒

Eaux *Bicarbonatées Sodiques Froides*. — Plusieurs sources : La Fortifiante, Saint-Laurent, Saint-Joseph, Saint-Régis, Clémentine — Bicarbonate de soude : de 0 gr. 505 à 2 gr. 832. — Ces eaux s'exportent.

⚒ MARCOLS (Ardèche) ⚒

Les *sources* sont au nombre de trois : 1° Source Saint-Julien; 2° Source Marcols; 3° Source Saint-Janvier
Température. — Elles sont toutes Froides (6°,5).
Composition chimique. — Elles sont toutes *Très Gazeuses*, *Alcalines* et légèrement *Ferrugineuses*.

Tableau comparatif de la teneur en bicarbonate de soude :

Saint-Julien..... .... 2ᵍʳ,450
Marcols.............................. .... 2 ,460
Saint-Janvier.......................... 2 ,650

L'eau de Marcols s'exporte.

⚜ PONTGIBAUD (Puy-de-Dôme) ⚜

On englobe souvent sous cette dénomination commune les sources qui sourdent sur les territoires de *Bromont, Chapdes-Beaufort, Saint-Ourse*. — Le bourg lui-même de Pont-Gibaut est situé dans la vallée de la Sioule, sur la ligne du chemin de fer de Clermont à Brives, à 15 k. de Clermont. Ces eaux sont abondantes; elles sont *froides* : de 10° à 13°, une d'elles a 21°; elles sont *Gazeuses* et *Bicarbonatées Sodiques* (de 0 gr. 639 à 0 gr. 691); deux sont *Ferrugineuses*.

⚜ MONTBRISON (Loire) ⚜

Eau minérale *Froide, Gazeuse, Bicarbonatée Sodique.* — Trois sources.

	Acide carbonique.	Carbonate de sodium.
Source des Romains	1^l,190	2^{gr},425
de l'Hôpital	2,110	2 ,755
de la Rivière	1,140	2 ,025

Ces eaux renferment en outre de 0^{gr},035 à 0 ,098 de carbonate de fer.

⚜ COURPIÈRES (Puy-de-Dôme) ⚜

Quatre sources : Fontaine du Salé, Buvette Meinadier, Source du Puits, Source du Pré.   Eau *froide, Gazeuse, Bicarbonatée Sodique.*

La Fontaine du Salé a 14°, elle renferme : Acide carbonique libre, 0 gr. 616. — Bicarbonate de sodium, 3 gr. 295. — Bicarbonate de fer, 0 gr. 051.

⚜ SAUXILLANGES (Puy-de-Dôme) ⚜

Source *la Réveille* : Froide, 2 gr. 058 de Bicarbonate de sodium.

❊ BEAULIEU (Puy-de-Dôme) ❊

Acide carbonique libre : 1 gr. 820. — Bicarbonate de soude : 2 gr. 704.

❊ SAINT-MYON (Puy-de-Dôme) ❊

Arrondissement de Riom, à 4 k. de Rouzat, déjà connue au XVIIe siècle. — Eau *Froide* (14°), *Très Gazeuse, Bicarbonatée Sodique, Ferrugineuse*.

Acide carbonique libre...................... $0^{gr},950$
Bicarbonate de sodium..................... $1,954$
Bicarbonate de fer......................... $0,022$

❊ AUGNAT (Puy-de-Dôme) ❊

Trois sources *froides, gazeuses, Bicarbonatées Sodiques, Ferrugineuses* et *Chlorurées*. — Minéralisation dominante ·

	Source 1.	Source 2.	Source 3.
Température...........	11°	14°	18°
Acide carbonique libre..	$1^{gr},650$	$1^{gr},600$	$1^{gr},580$
Bicarbonate de sodium.	$1,759$	$1,699$	$1,816$
ferreux.....	$0,044$	$0,040$	$0,044$
Chlorure de sodium....	$0,586$	$0,524$	$0,649$
— de lithium....	$0,034$	$0,034$	$0,034$

(TRUCHOT.)

b. **Bicarbonatées mixtes.**

❊ POUGUES (Nièvre) ❊

Voies d'accès — Station du chemin de fer de la ligne de Paris à Lyon par le Bourbonnais, 12 k. avant Nevers.

Situation, aspect général. — Village dans une riante vallée sur la rive gauche de la Loire.

Altitude. — 195 m.

Climat. — Doux.

Saison. — Du 15 mai au 1ᵉʳ octobre.

Ressources. Hôtels, dont un dans l'établissement.

L'*Établissement thermal* est bien aménagé. Il comprend, outre l'installation balnéothérapique : Hôtel, Salons de réunion, Jardin, Pièce d'eau sur laquelle on peut faire des promenades en bateau.

Cette station est connue depuis le XVIᵉ siècle.

Les **Eaux** Bicarbonatées Mixtes, Gazeuses, Froides.

Elles *émergent* du terrain jurassique.

Débit de la source Saint-Léger : 74 hectolitres par 24 heures.

Température : 12°.

Particularités physiques. — Eau limpide, inodore, d'un goût légèrement piquant, dégageant dans le verre des bulles de gaz.

Modes d'emploi. — Boisson, Bains, Douches. Cette eau, spécialement celle de la source Saint-Léger, sert surtout à l'exportation.

- **Applications hygiéniques et thérapeutiques.** —Dyspepsies, Engorgements bilieux du Foie, Affections des Voies Urinaires, Gravelle. — Eau de table.

Analyse de la source Saint-Léger :

Acide carbonique des bicarbonates........	1ᵍʳ,8122
libre.................	2 ,1178
	(1071ᶜᶜ)
Bicarbonate de sodium (anhydre)..........	0 ,7812
de potassium.................	0 ,0633
de lithium.................	0 ,0035

Bicarbonate de calcium....................	1^{gr},7020
de magnésium..	0 ,4035
ferreux..........	0 ,0059
Chlorure de sodium	0 ,2120
Sulfate de sodium........................	0 ,1767
Silice....................................	0 ,0340
Matière organique.................... ...	0 ,0025
	3 ,3846
Poids du résidu fixe par litre..........	2 ,4800

(AD. CARNOT. — ÉCOLE DES MINES, 1884.)

✳ FOURCHAMBAULT (Nièvre) ✳

A quelques k. de Pougues. — Deux sources : Mimot et Montupet. — Eaux *Froides* (11°) — *Très Gazeuses, Bicarbonatees mixtes* (surtout Calciques).

	Source Mimot.	Source Montupet.
Bicarbonate de calcium..............	0^{gr},870	0^{gr},870
de magnésium..	0 ,230	»
de sodium............	0 ,136	0 ,903

✳ SAINT-PARDOUX (Allier) ✳

A 3 k. de Theneuille, à 20 k. de Bourbon-l'Archambault. *Eau* Froide (7°), Gazeuse, Bicarbonatée mixte.

Employée en Boisson, surtout comme eau de table, particulièrement à Bourbon-l'Archambault.

Applications hygiéniques et thérapeutiques. — Eupeptique, digestive, diurétique, cette eau est utilisée dans les troubles surtout de l'Appareil Digestif et de l'Appareil Urinaire.

Acide carbonique libre...................	1^{cc},016
Bicarbonate de chaux.................. ⎱	0^{gr},0287
de magnésie............. ... ⎰	
de soude anhydre...........	0 ,0254

Sulfate de soude............................	$0^{gr},0100$
— de chaux..............	
Chlorure de sodium.....................	$0 ,0300$
— de magnésium.................	
Silicate de chaux.........................	$0 ,0700$
— d'alumine.......................	
Crénate de fer.....	$0 ,0200$
	$0 ,1841$

(O. HENRY.)

✳ LA TROLLIÈRE (Allier) ✳

A 2 k. de Saint-Pardoux, à 12 k. de Theneuille. — Cette eau a une composition analogue à celle de l'eau de Saint-Pardoux, mais elle contient en outre de l'Acide sulfurique qui la rend désagréable à boire.   Elle est employée en Boisson, surtout à Bourbon-l'Archambault,

✳ CHATELDON (Puy-de-Dôme) ✳

Petite ville dans une vallée étroite et encaissée, à 20 k. de Vichy, à l'altitude de 340 m.

A 1 k. du village se trouve le petit établissement de Chateldon, qui, outre l'installation balnéaire, comprend le logement pour les malades.

Les **Eaux**, froides, gazeuses, bicarbonatées mixtes, légèrement ferrugineuses, proviennent de 5 *sources* : 1° Puits Rond, — 2° Puits Carré, — 3° Source-Andral, — 4° Source du Mont-Carmel, — 5° Source Eugénie. — *Débit* quotidien : 150 hectolitres. — *Température* : de 10° à 13°,2. — Ces eaux ne sont employées qu'en Boisson, surtout comme *Eaux de table*.

Analyse du Puits Rond :

Acide carbonique libre......	2^{gr},308
Bicarbonate de sodium....................	0 ,629
de potassium...................	0 ,092
— de calcium....................	1 ,427
— de magnésium................	0 ,367
— ferreux......................	0 ,037
Chlorure de sodium...................	0 ,016
— de lithium....................	traces
Sulfate de sodium.......................	0 ,035
Phosphate de sodium...................	0 ,117
Arséniate..............................	traces
Silice............................	0 ,100
Matière organique......................	traces
	2 ,820

(BOUQUET, 1854.)

✳ SAINT-GALMIER (Loire) ✳

Situation. — Station du chemin de fer P.-L.-M., à 18 k. de Saint-Étienne. — De la gare de Saint-Galmier à la ville : 1/2 k. — Cette dernière est sur le penchant d'une colline au pied de laquelle coule la Coise.

Altitude. — 400 m.

Il n'y a pas d'établissement thermal, et l'usage même de la boisson sur place est presque nul : l'*exportation* est l'emploi presque exclusif.

La station était *connue* des Romains.

Il y a 13 *sources*, qui *émergent* du terrain primitif. Elles sont réparties entre 5 propriétaires. « Le principal établissement, qui comprend les sources *Badoit*, *André* et la *Fontfort*, n'expédie pas moins de 8 millions de bouteilles par an. La production totale de la station est évaluée à 13 millions de bouteilles, c'est-à-dire environ les 3 dixièmes de la

France entière en eaux de table » (Jacquot et Willm).

— Parmi les autres, nous citerons : *Rémy*, *Noël*, etc.

Le *débit* quotidien des sources Badoit, Fontfort, et Noël est d'environ 280 hectolitres pour chacune.

Température : 8°.

Ces eaux sont limpides; elles dégagent de nombreuses bulles de gaz, elles sont sans odeur, leur saveur est piquante, elles ne troublent pas le vin. — Elles sont très chargées en gaz acide carbonique et très faiblement minéralisées.

Applications hygiéniques et thérapeutiques. — Ce sont des eaux de table. Elles sont apéritives, stimulantes, digestives et diurétiques. Elles sont appropriées surtout aux cas de Digestions Languissantes et de Dyspepsies Atoniques.

Analyse :

	Badoit.	Rémy.
Acide carbonique libre..........	1^{cc},500	1^{cc},500
Bicarbonate de calcium.............	1^{gr},0200	0^{gr},780
de magnésium..........	0 ,4200	»
de sodium..............	0 ,5600	0 ,089
de potassium...........	0 ,0200	»
de strontium...........	indiqué	
Chlorure de magnésium............ ⎰		»
de sodium.............. ⎱	0 ,4800	0 ,200
Sulfate de sodium.............. ⎰		
de calcium.............. ⎱	0 2000	»
de magnésium.............	»	0 ,741
Azotate alcalin....................	0 ,0550	
Silicate d'alumine..............	0 ,01340	»
Alumine et oxyde de fer..........		0 ,020
Fer et matière organique..........	insensible	»
Résidu insoluble..............	»	0 ,020
	2 ,8890	1 ,850

(O. HENRY, 1849. — BOUIS, 1864.)

⚶ SAINT-ALBAN (Loire) ⚶

Voies d'accès. — Réseau des chemins de fer de P.-L.-M. — Station de Roanne. — De Roanne à Saint-Alban : 10 k.

Situation, aspect général. — Petite ville étagée sur le penchant d'un coteau.

Altitude. — 400 m.

Climat. — Variable.

Saison. — Du 1er juin au 1er octobre.

Ressources. — Plusieurs Hôtels bien tenus.

L'*Établissement thermal* comprend des Buvettes, de nombreux Cabinets de Bains, des Salles de Douches, — l'installation est surtout remarquable au point de vue de l'*application de l'acide carbonique* en Douches Nasales, Oculaires, Pharyngiennes et en Inhalations. — L'*exportation* est considérable

La station était connue à l'époque romaine.

Les Eaux. — Froides, Gazeuses, Bicarbonatées mixtes.

Elles *émergent* de la roche porphyrique.

4 *sources* de composition presque identique : 1° Grand Puits ou Puits César, — 2° Puits Antonin, — 3° Puits Julia, — 4° Puits Faustine.

Température : 17°,2.

Particularités physiques. — Eaux limpides, dégageant de nombreuses bulles de gaz, sans odeur, et sans saveur particulière autre que le goût piquant dû à l'acide carbonique.

Applications hygiéniques et thérapeutiques
— Dyspepsies atoniques justiciables d'eaux

gazeuses, Affections de la Peau liées à un état de dyspepsie. — Eaux de table.

Analyse du Puits César ·

Acide carbonique combiné...............	1ᵍʳ,4421
libre...................	1 ,9479
	(985ᶜᶜ)
Bicarbonate de sodium...................	0 ,8544
de potassium.................	0 ,0838
— de calcium...................	0 ,9374
de magnésium...............	0 ,4576
— ferreux.....................	0 ,0234
Chlorure de sodium.....................	0 ,0303
Silice......................................	0 ,0453
Arsenic................................	traces.
Matière organique.......................	traces.
Total par kilogr..................	2 ,4322

BICARBONATES ALCALINS EXPRIMÉS EN SELS ANHYDRES :

CO^3NaH..................................	0 ,9569
CO^3KH...................................	0 ,0921

(J. LEFORT, 1859.)

❋ RENAISON (Loire) ❋

Arrondissement de Roanne.   Source Chanteret. — L'*eau* émerge du porphyre; — elle est Froide (8°); — elle est *Très Gazeuse*, *Bicarbonatée Calcique* et faiblement *Bicarbonatée Sodique*, — très agréable à boire — Le *débit* quotidien est de 750 hectol.

Elle est employée comme Eau de Table.

Acide carbonique libre.....................	560ᶜᶜ
Bicarbonate de sodium...................	0ᵍʳ,240
de potassium...............	0 ,171
— de calcium...............	0 ,663
de magnésium.............	0 ,135
Chlorures alcalins.......................	0 ,103
Sulfates alcalins.......................	0 .020

Azotates.................................... traces.
Silicate alcalin et alumineux............... 0^{gr},200
Fer. Manganèse. Matière organique......... 0 ,009
                                          ―――――――
                                           1 ,541

(O. HENRY, 1851.)

✳ ORIOL (Isère) ✳

Ligne du chemin de fer de Grenoble à Marseille. —
Station de Chelles.   De la gare de Chelles à Oriol ·
12 k
Altitude. — 150 m.

Les *sources* émergent du terrain oxfordien. Il y
en a 8 d'exploitées : des Acacias, Bardonnenche,
Amélie, Valentine, Auvergne, etc. Toutes sont
froides : 18°, et toutes présentent une composition
analogue ; — elles sont *Gazeuses, Bicarbonatées mixtes*
(surtout *Calciques*) et légèrement *Ferrugineuses.*

Elles servent à peu près exclusivement à l'exportation.

Applications hygiéniques et thérapeutiques. —
Dyspepsies, Anémies, Affaiblissements de causes
diverses. — *Eaux de table.*

Analyse de la source Amélie :

Carbonate de sodium...................... 0^{gr},211
         de calcium..................... 1 ,405
         de magnésium.................. 0 ,254
Sesquioxyde de fer....................... 0 ,050
Chlorure de sodium...................... 0 ,020
Sulfate de sodium....................... 0 ,085
Résidu insoluble........................ 0 ,015
                                       ―――――――
                                         2 ,040

(Laborat. de l'Acad. de médecine, 1876.)

Le chiffre de l'*acide carbonique libre* n'est pas indiqué dans cette analyse. Pour les sources des *Acacias* et *Bardonnenche*, il est respectivement de 1. lit. 002 et 0 lit. 920, d'après l'analyse qu'ont fait de ces deux sources Leroy et Gueymard en 1859. — Ces mêmes sources, d'après ces mêmes observateurs, renferment chacune 0 gr. 095 de *carbonate ferreux*.

❈ BONDONNEAU (Drôme) ❈

De la gare de Montélimar à Bondonneau : 3 k.

Altitude. — Environ 140 m.

Établissement thermal avec vingt-cinq baignoires, *Hôtel* dans l'établissement.

Connues à l'époque romaine, les eaux ont été retrouvées en 1854.

La source a un *débit* de 320 hectolitres et une *température* de 14°.

Les *eaux* sont limpides ; elles dégagent de nombreuses bulles gazeuses, et elles ont une légère odeur d'acide sulfhydrique.

On les *administre* en Boisson, Bains, Douches, Lotions.

Minéralisation dominante. — Ces eaux, Froides, sont Gazeuses, Bicarbonatées Mixtes, légèrement Sulfureuses, et on y a trouvé de notables quantités de Brome et d'Iode.

Applications hygiéniques et thérapeutiques. — Les eaux de Bondonneau ont une action marquée sur les muqueuses et sur la peau. — Elles sont indiquées dans certaines Affections de l'Estomac et des Voies Respiratoires, surtout chez les sujets lymphatiques ou anémiques. — On les emploie beaucoup comme Eau de Table.

Analyse :

Acide sulfhydrique .... très sensible à la source
    carbonique.   2/3 du vol. de l'eau.

Bicarbonates de calcium, de magnésium..........	$0^{gr},390$
— de sodium.......................	0 ,006
Sulfates de sodium, de potassium, de magnésium..	0 ,043
Chlorure de sodium.............................	0 ,003
Bromures, iodures alcalins......................	0 ,003
Principe arsenical....:........................	indiqué.
Sesquioxyde de fer.............................	0 ,002
Silice et alumine (?)............................	0 ,128
Phosphate terreux et matières organiques	indiqué.
	0 ,602

(O. HENRY, 1855.).

❈ CONDILLAC (Drôme) ❈

Station du chemin de fer de P.-L.-M., Condillac se trouve sur un plateau élevé, dans le voisinage de Montélimar.

Il n'y a pas d'établissement thermal; l'eau n'est employée que comme Eau de Table : l'exportation en est considérable (700 000 bouteilles par an).

Une *source*, la source Anastasie, dont le débit quotidien est de 36 hectolitres et dont la température est de 11°.

Ces eaux sont limpides, Gazeuses, sans odeur et sans saveur déterminée.

Applications hygiéniques et thérapeutiques. — Dyspepsies, notamment celles qui accompagnent les convalescences difficiles, états d'Atonie.

Analyse de la source Anastasie :

Acide carbonique libre.....................	348^{cc}
Bicarbonate de sodium....................	0^{gr},166
de calcium.....................	1 ,359
de magnésium..................	0 ,035
Oxyde de fer (carbonaté et crénaté)........	0 ,010
Chlorure de sodium.......................	0 ,150
Sulfate de sodium........................	0 ,175
de calcium........................	0 ,053
Sels de potassium.......................	traces.
Azotates, iodures........................	traces.
Silicate de calcium et d'aluminium.........	0 ,245
Matières organiques.....................	traces.
	2 ,193

(O. HENRY, 1852.)

❈ CELLES (Ardèche) ❈

Ligne du chemin de fer de Lyon au Teil. — Station de La Voulte.   De la gare de La Voulte à Celles : 3 k.

Petit hameau dans une vallée étroite. — *Établissement thermal* bien aménagé, dans lequel les eaux sont employées en Boisson, Bains et Douches, et dans lequel en outre on administre des douches de vapeurs, des inhalations, *des Bains et des douches d'Acide carbonique.* L'établissement est alimenté par le « Puits Artésien ».

Les **Eaux** sont Froides, sauf le Puits Artésien, qui a 25°; — elles sont *Gazeuses, Bicarbonatées mixtes* et légèrement *Ferrugineuses.*

Cinq sources, qui sont, avec leurs *températures* respectives, les suivantes ·

Le Puits Artésien............................	25°
La Bonne-Fontaine..........................	15
Fontaine des Yeux...........................	15
Fontaine Lévy...............................	14
Fontaine Ventadour......	13

Ces eaux sont limpides, sans odeur, d'une saveur piquante; elles abandonnent un sédiment ocracé. La composition est analogue pour toutes.

Applications hygiéniques et thérapeutiques. — Affections de l'Appareil Digestif avec Anémie, et avec un état d'atonie général ou prononcé surtout sur l'estomac et l'intestin.

Analyse du Puits Artésien :

Acide carbonique libre......................	$1^1,208$
Carbonate de sodium.......................	$0^{gr},531$
— de potassium...................	$0,106$
— de calcium......................	$0,905$
— de magnésium..................	$0,061$
de strontium....................	traces.
Oxyde de fer..............................	$0,004$
Sulfate de sodium.........................	$0,037$
Chlorure de sodium........................	$0,208$
Phosphate et fluorure de calcium..........	traces.
Silice....................................	$0,035$
	$1,887$

(BALARD.)

❊ RIEUMAJOU (Hérault) ❊

Eau Gazeuse, Bicarbonatée mixte, Ferrugineuse. — Température : 16°

Acide carbonique libre.....................	739^{cc}
Carbonate de calcium......................	$0^{gr},770$
de magnésium..................	$0,060$
— de sodium......................	$0,214$
Sulfate de sodium.........................	$0,029$
Chlorure de sodium........................	$0,007$
Silice, oxyde de fer.......................	$0,031$
Alumine..................................	traces.
Matière organique et pertes...............	$0,048$
	$1,230$

(MIALHE et FIGUIER.)

⚹ ALET (Aude) ⚹

Voies d'accès. — Réseau du Midi.   Ligne de Bordeaux à Cette.   Embranchement de Carcassonne à Quillan, — Station d'Alet.

Situation, aspect général. — Bourg de 1 500 habitants, sur la rive droite de l'Aude, dans un vallon fertile entouré de montagnes boisées.

Altitude. — 160 m.

Climat.   Très doux, fortes chaleurs en été.

Saison. — L'établissement est ouvert toute l'année.

Ressources. — Hôtel dans l'Établissement, Maisons meublées.

L'*Établissement thermal*, assez important, est bien aménagé et possède un beau parc. — 20 cabinets de Bains, Douches variées, Buvette. — L'établissement est alimenté par la Source du *Rocher* qui sert pour les Bains, et par la source de la *Buvette.*

Outre cet établissement, qui appartient à une Société, il y a un autre établissement, appartenant à la commune et alimenté par la Source *Communale.*

Cette station était connue des Romains.

Les **Eaux** sont Calciques, Chaudes.

Il y a *trois sources* : 1° la source du *Rocher* et 2° la source de la *Buvette* alimentent l'établissement thermal de la Société; la première est consacrée aux Bains, la seconde à la Boisson sur place et à l'Exportation. — 3° La Source Communale désignée sous le nom d'*Eaux-Chaudes* alimente l'Établissement Communal et sert pour l'exportation.

Débit : Rocher, 6 000 hectolitres par 24 heures, — Buvette, 2 000 hectolitres.

Température : Buvette, 39°, — Rocher, 29°. — A la source d'Eaux-Chaudes on attribue 25°, mais il résulte de l'observation de Willm en 1890 qu'elle a seulement 17°,8.

Minéralisation dominante : O. Henry, puis Filhol (1887) ont analysé les eaux d'Alet et les ont classées comme Bicarbonatées Calciques. Willm a analysé en 1890 la source de la Buvette et la source Communale et ses résultats diffèrent en ce qu'il a, contrairement aux précédents observateurs, trouvé dans l'eau de la Buvette du Bicarbonate de Soude, en faible quantité d'ailleurs (0 gr. 0405), et n'a pas constaté la présence du Fer.

Les eaux *émergent* d'un grès quartzeux extrêmement dur, bien connu sous le nom de ce village, et qui appartient à l'étage sénonien du terrain crétacé (Jacquot et Willm).

Particularités physiques. — Eau limpide, incolore, d'une saveur légèrement salée ; elle est onctueuse au toucher.

Modes d'emploi. — Boisson, Bains, Douches ; mais particulièrement la Boisson et surtout l'Exportation.

Applications hygiéniques et thérapeutiques. — Ces eaux sont apéritives et digestives. — Elles sont indiquées surtout dans les Dyspepsies gastro-intestinales, les états d'Asthénie consécutifs aux longues maladies, aux névropathies, aux anémies. Eaux de Table.

Analyse de la source de la Buvette

Bicarbonate de calcium....................	0^{gr},2702
de magnésinm...............	0 ,1081
d'ammonium.................	0 ,0061
— ferreux....................	0 ,0050
de manganèse...............	0 ,0013
— de lithium...................	traces.
Chlorure de sodium....................	0 ,0423
Iodure................................	traces.
Sulfate de calcium....................	0 ,0292
Azotate de potassium....	0 ,0022
Silicate de potassium...................	0 .0072
de calcium.......................	0 ,0255
Phosphate tricalcique...................	0 ,0209
Arsenic..............................	0 ,0001
Matières organiques...................	traces.
	0 ,5181
Acide carbonique libre.................	0 ,0589
total..................	0 ,3057
Résidu fixe calculé.......	0 ,3980

(FILIIOL, 1877.)

2° *BICARBONATÉES CHLORURÉES*

⚜ **EMS** (Allemagne. — Nassau) ⚜

Voies d'accès.   De Paris à Ems par Saint-Quentin, Erquelines, Namur, Cologne, Coblentz.

Situation, aspect. — Petite ville composée presque exclusivement d'Hôtels et de Maisons meublées, et située sur la Lahn, dans une vallée étroite entourée de collines boisees qui l'abritent contre les vents froids du nord et de l'est.

Altitude. — 95 m.

Le *climat* est assez doux, vu la situation abritée; mais, en été, il y a des contrastes tranchés entre la forte chaleur du milieu du jour et la fraîcheur des matinées et des soirees.

Saison. — Du 15 mai au 15 octobre.

Les *ressources* sont très étendues.

Ems est une des premieres stations d'Allemagne. On y trouve un grand nombre d'Hôtels et de Maisons garnies; mais on loge aussi dans les trois établissements de bains principaux, dont l'un, le *Kurhaus*, appartient à l'État, tandis que des particuliers sont propriétaires des deux autres : le Nassauerhof et l'établissement annexe a l'Hôtel du Prince de Galles. — *Kursaal* avec Kurgarten. — Promenades — A Ems, les étrangers qui séjournent plus de cinq jours paient la Kur-Taxe

La vogue de la station date surtout de cinquante à soixante ans, mais elle était fréquentée au moyen âge et connue dès l'époque romaine.

Les Eaux. — Bicarbonatées Sodiques, Chlorurées Sodiques, Gazeuses, Chaudes.

Elles émergent de terrains de transition et elles paraissent puiser leurs éléments minéralisateurs dans des basaltes riches en silicates alcalins.

Les *sources* sont au nombre de plus de 20, qui jaillissent les unes sur la rive droite de la Lahn, d'autres sur la rive gauche, d'autres enfin dans le lit même de la rivière. — Les principales sont, avec leurs températures respectives : *Neuequelle*, Source Nouvelle, 47°,5, — *Kesselbrunnen*, Source de la Chaudière, 46°,2, — *Fürstenbrunnen*, Source des

Princes, 39°, — *Bubenquelle*, Source aux Garçons, 35°, — *Kränchenquelle*, Source du Robinet, 37°.

Le *débit* est de 13 000 hectolitres par 24 heures pour le Kesselbrunnen et de 5 000 hectolitres pour la Neucquelle.

Particularités physiques. — Dans le verre ces eaux sont limpides et laissent dégager des bulles de gaz. Au contact de l'air elles se troublent et déposent un sédiment ocracé. Elles sont inodores. Leur saveur est alcaline et légèrement salée, plus ou moins piquante suivant que la source contient plus ou moins d'acide carbonique. Comme à Saint-Nectaire, les eaux incrustent les parois des bassins et des tuyaux. Sur les parois des réservoirs se forment des conferves.

Modes d'emploi : Boisson, Bains, Douches, Inhalations. — Le Kesselbrunnen, le Kränchenbrunnen et le Fürstenbrunnen servent à la Boisson · — les autres sources de la rive droite, les sources de la rive gauche et celles qui sourdent dans le lit de la rivière sont employées en Bains. La Bubenquelle (Source aux Garçons) jaillit du sol en un jet de 60 centimètres de hauteur et de plus d'un centimètre de diamètre. On a ménagé autour d'elle un dispositif composé d'une baignoire avec un tabouret ayant à son centre une ouverture par laquelle la douche vient frapper le périnée de la malade assise sur le tabouret ; d'autres fois le jet est porté, en douche vaginale jusque sur le col utérin. Comme son nom l'indique, cette source est

employée surtout contre la stérilité. Étant donné
le mode d'emploi d'une douche de ce genre, à pression et à température constantes pour tous les cas,
on conçoit aisément qu'elle a dû amener plus de
métrites que de grossesses.

Applications thérapeutiques. — Affections
catarrhales des muqueuses et surtout des muqueuses des Voies Respiratoires (des premières
voies en particulier), des Voies Urinaires, des
Organes Génitaux de la Femme, de l'Appareil
Digestif : surtout quand ces états sont liés à l'arthritisme et quand se trouvent contre-indiquées
comme ayant une action trop vive, soit les eaux
Bicarbonatées pures fortes de Vichy, soit les eaux
Sulfureuses, suivant le cas.

Analyse du Kesselbrunnen

Acide carbonique libre (sur 1000^{cc})..........	506^{cc}56
Bicarbonate de soude..................	1^{gr},97884
Chlorure de sodium........	0 ,01179
Sulfate de soude	0 ,00088
de potasse.....................	0 ,05122
Bicarbonate de chaux..................	0 ,23605
de magnésie	0 ,18699
de lithine................	traces.
de fer...............	0 ,00362
de manganèse.............	0 ,00062
de strontiane et de baryte..	0 ,00048
Phosphate d'alumine...................	0 ,00125
Silice	0 ,04750
Iodure de sodium	faibles traces.
Bromure de sodium	?
Total des principes fixes........	3 ,54916

(FRESENIUS.)

✳ ROYAT (Puy-de-Dôme) ✳

Voies d'accès. — Réseau des chemins de fer de P.-L. M.
Ligne du Bourbonnais.   De Paris à Clermont, par
Nevers, Moulins, Saint-Germain-des-Fossés. — De Cler
mont à Royat : 2 k.

Situation, aspect général. — Très jolie ville thermale
sur le ruisseau de la Tiretaine, dans une gorge des plus
pittoresques, entre deux montagnes, au milieu d'ombrages
séculaires.

Altitude. — 450 m.

Climat   Doux et assez constant.

Saison. — Du 15 mai au 15 octobre.

Ressources. — De toutes sortes, comme Hôtels Maisons
particulières, Distractions, Promenades, Excursions.
Royat est une station de premier ordre à ce point de vue,
comme elle l'est au point de vue thérapeutique.   Elle
était connue dès l'époque romaine.

Le *Grand établissement thermal* est très bien aménagé et présente les ressources les plus complètes :
cabinets de Bains, Grandes Douches et Douches de
toutes sortes, grande Piscine de natation *à eau
courante*, salles d'Inhalation, salles de Pulvérisation, Bains et Douches d'Acide Carbonique, —
Hydrothérapie. — La *source Eugénie* permet de
donner des *Bains à Eau Courante*, grâce à la fois à
l'importance de son débit et à sa température.

Cette dernière, étant de 35°,5 au griffon et de 34°
dans les baignoires, se trouve appropriée à la majo-
rité des cas, ce qui dispense de préalablement
l'abaisser ou l'élever.

Les **Eaux** sont Bicarbonatées Sodiques et Chlo

rurées Sodiques, — Gazeuses, — Chaudes. — Elles
ont pour *origine* les roches volcaniques de l'Auvergne.

Il y a *quatre sources* : la *source Eugénie* (Grande
Source de l'Établissement), — la *source César*, — la
source Saint-Mart et la *source Saint-Victor*.

Le *débit* des sources de Royat est très important;
celui en particulier de la source Eugénie est très
considérable ·

	Hectolitres par 24 h.
Eugénie	14 400
César	350
Saint-Mart	200
Saint-Victor	300

La *température* varie, suivant les sources, entre
35°,5 et 20°.

Eugénie { au griffon	35°,5
aux baignoires	34
Saint-Mart	29 ,6
César	28 ,5
Saint-Victor	20 ,3

Particularités physiques. — La source *Eugénie*
(Grande Source, Source de l'établissement) est
limpide; le gaz acide carbonique dont elle est
chargée se dégage en bulles dans le verre, et, à la
source, au point d'émergence, il produit une sorte
de bouillonnement intermittent, accentué surtout
par les temps d'orage. Cette eau, par son acide carbonique, produit sur la muqueuse nasale une sensation piquante, sans odeur proprement dite. Sa
saveur est piquante, modérément alcaline et elle

laisse un léger arrière-goût ferrugineux. Au contact de l'air, une pellicule irisée se forme à sa surface et elle abandonne un dépôt ocracé. — La source *César* présente à peu près les mêmes caractères ; c'est la plus gazeuse de toutes. — Nous en dirons autant des sources *Saint-Mart* et *Saint-Victor*. Mais dans cette dernière il y a prédominance du goût atramentaire dû au fer.

Modes d'emploi. — Boissons, Bains, Douches, Inhalations, Piscines, etc. Hydrothérapie, cures de Lait de Petit-Lait, de Raisins.

C'est surtout la Grande Source *Eugénie* qui est utilisée. La source *César* n'est guère employée qu'en Boisson, soit sur place, soit exportée en bouteilles. La source ferrugineuse *Saint-Victor* est employée en Boisson, ainsi que la source *Saint Mart*.

Applications thérapeutiques. — Elles se déduisent de la nature même des eaux, Bicarbonatées et Chlorurées ; mais l'action thérapeutique des Bicarbonates l'emporte sur celle des Chlorures.

Bien que Bicarbonatée Sodique, l'eau de Royat se différencie donc de celle de Vichy par l'action interférente du Chlorure. Ajoutons que la présence concomitante de la Chaux comme base à côté de la Soude atténue l'action de cette dernière ; le Fer et le Chlorure de sodium interviennent comme toniques ; il convient enfin de ne pas perdre de vue, bien qu'elles soient secondaires ici, l'action de la Lithine et celle de l'Arsenic.

D'une manière générale, ces eaux sont indiquées quand il y a lieu de tenir compte des éléments suivants : état arthritique du malade, opportunité de remonter l'économie, nécessité d'éviter une excitation trop vive ou au contraire une dépression. Ces considérations générales tirées de l'état des forces, du tempérament du malade et des formes morbides dominent les indications, quelle que soit d'ailleurs l'affection qu'il s'agit de traiter. De là la variété des affections susceptibles de devenir justiciables de Royat.

Nous ne ferons que rappeler les principales, celles surtout qui revêtent le plus volontiers, à l'occasion, les caractères que nous venons de signaler : Affections de la Muqueuse Respiratoire (Bronchite, Laryngite), Asthme, Dyspepsie, Dermatoses, affections Arthritiques des Articulations et des Muscles, Anémie, Nervosisme, Neurasthénie, Maladies des Femmes, Gravelle Urique, Goutte.

Les diverses sources de Royat sont plus partienlièrement employées suivant les états morbides. C'est ainsi que la tradition réserve plus spéciale ment la source *Eugénie* pour les maladies des Voies Respiratoires, la Source *César* pour la Goutte, la Gravelle, les affections des Voies Urinaires, la source *Saint-Mart* pour les Dermatoses, les Gastralgies, la Source *Saint-Victor* pour la Chlorose, l'Anémie, les Maladies des Femmes, les états dépressifs.

Analyse. — (M, 1878.)	EUGÉNIE	SAINT-MART	SAINT-VICTOR	CÉSAR
Acide carbonique libre	1gr,3955 (7 06cc)	1gr,5324 (785cc)	1gr,7508 (885cc 5)	1gr,8188 (919cc 7)
Carbonate de calcium	0gr,7766	0gr,6172	0gr,7058	0gr,4540
— de magnésium	0,3497	0,4369	0,4519	0,2560
— ferreux	0,0518	0,0141	0,0420	0,0340
— de sodium	0,7374	0,6611	0,6777	0,3374
— de potassium	0,1423	0,1560	0,1364	0,0984
— de lithium	0,0322	0,0229	0,0246	0,0191
Chlorure de sodium	1,6728	1,5930	1,6479	0,6528
Sulfate de sodium	0,4643	0,1482	0,1642	0,0893
Arséniate de fer	0,0908	0,0040	0,0021	0,0008
Silice	0,1026	0,0938	0,1050	0,0845
Alumine?	»	0,0027	»	»
Iode. Acide borique	traces.	traces.	traces.	traces.
Total des sels fixes	4,0305	3,7479	3,9746	2,0230
Résidu observé (150°)	4,0011	3,7082	3,9565	1,9779
Soit, en rétablissant les bicarbonates supposés anhydres :				
Bicarbonate de calcium	1,1183	0,8888	0,9164	0,6538
— de magnésium	0,4996	0,6226	0,6456	0,3657
— ferreux	0,0740	0,0194	0,0580	0,0462
— de sodium	0,8259	0,7404	0,7390	0,3776
— de potassium	0,1884	0,2057	0,2063	0,1299
— de lithium	0,0543	0,0362	0,0396	0,0303
Total de la minéralisation, moins CO² libre	4,6980	4,3538	4,5411	2,4279
Si l'on envisage les bicarbonates alcalins comme hydratés :				
CO³NaH	4,1687	4,0478	1,0732	0,5343

❊ VIC-LE-COMTE (Puy-de-Dôme) ❊

Vic-le-Comte, chef-lieu de canton, station du chemin de fer sur la ligne d'Arvant, à 20 k. de Clermont-Ferrand.

Aux environs de Vic-le-Comte, il y a plusieurs sources appartenant les unes à la commune de *Saint-Maurice*, les autres à la commune de *Martres-de-Veyre*.

Toutes ces sources sortent du terrain primitif et présentent une minéralisation identique ; elles ne diffèrent que par leur température. — Elles sont Chlorurees Sodiques, Bicarbonatées Sodiques et Calciques, Ferrugineuses, Gazeuses, et, d'après Lefort, l'une d'elles, la source *Sainte-Marguerite* (de Saint-Maurice), serait Arsenicale (Arséniate de soude : 0 gr. 0022).

D'après Durand-Fardel, elles se rapprocheraient des eaux de Royat.

Le groupe de *Saint-Maurice* présente 4 sources et un petit établissement thermal ; le groupe de *Martres-de-Veyre* comprend 5 sources.

Groupe de Saint-Maurice ·

1° Source Sainte-Marguerite (ou Puits Merveilleux)...........................	31°
2° Source des Pigeons....................	32
3° Source de la Chapelle.................	13,7-18
4° Puits artésien........................	26 ,2

Groupe de Martres-de-Veyres :

1° Le Tambour...........................	22°,2
2° Le Cornet.............................	15 ,2
3° Le Saladi.............................	24 ,8
4° Miraud...............................	16 ,9
5° Texier...............................	16 ,9

La plus importante est la source *Sainte-Mar-*

guerite; son débit est continu, mais présente des oscillations régulières : « deux fois par jour elle produit un jet puissant de 7 mètres de haut » (Jacquot et Willm).

Analyse :

	SAINT-MAURICE Source Sainte-Marguerite.	MARTRES-DE-VEYRES Source du Tambour.
Acide carbonique libre....	1ᵍʳ,056	0ᵍʳ,945
Bicarbonate de sodium..	2 ,043	2 ,772
de potassium	0 ,468	0 ,315
de calcium	1 ,157	0 ,992
de magnésium.....	0 ,768	0 ,714
ferreux...........	0 ,062	0 ,069
Sulfate de sodium............	0 ,195	0 ,177
Chlorure de sodium	2 ,269	2 ,220
de lithium	0 ,040	0 ,035
Arséniates	traces.	traces.
Silice......................	0 ,100	0 ,104
Matière organique............	traces.	traces.
Total par litre........	7 ,102	7 ,398

(TRUCHOT.)

⚜ VIC-SUR-CÈRE (Cantal) ⚜

Vic-sur-Cère, ou Vic-en-Carladais, — station du chemin de fer sur la ligne d'Arvant à Capdenac, petite ville sur les deux rives de l'Iraliot, affluent de la Cère.

Altitude. — 670 m.

Saison. — Du 15 juin au 15 septembre.

L'*établissement* est à 1 kilomètre de la ville, au pied du coteau de Griffoul. On n'y prend les eaux qu'en Boisson.

Les *ressources* sont restreintes.

Il y a quatre *sources* offrant une minéralisation analogue et une température de 12°.

Elles *émergent* du terrain volcanique.

Connues à l'époque romaine, elles ont été fréquentées au XVIIe siècle.

Minéralisation dominante. — Ce sont des eaux Chlorurées Sodiques, Bicarbonatées Sodiques, Ferrugineuses et Gazeuses; d'après l'analyse de Soubeiran, elles renfermeraient en outre de l'Arséniate de soude (0 gr. 0085); mais ce résultat aurait besoin d'être confirmé par de nouvelles recherches.

Applications thérapeutiques. — Manifestations de la Scrofule et du Lymphatisme, Anémie Atonie, Dyspepsies, Dysménorrhées, Cachexies paludéennes, Épuisements divers.

Analyse :

Acide carbonique libre......................	766^{cc}
Air atmosphérique........................	18^{cc}
Bicarbonate de sodium.....................	1^{gr},8600
de potassium........	0 ,0040
de calcium...................	0 ,6680
de magnésium................	0 ,6010
ferreux......	0 ,0500
Chlorure de sodium.................... ...	1 ,2370
Sulfate de sodium.......................	0 ,8600
Arséniate de sodium	0 ,0085
Phosphate de sodium.....................	0 ,0600
Silicate de sodium......................	0 ,1600
Iode, Brome...........................	traces.
Silice et alumine	0 ,0540
	5 ,5625

(SOUBEIRAN, 1857.)

3° *BICARBONATÉES SULFATÉES*

⚜ CARLSBAD (Antriche. — Bohême) ⚜

Situation. — Carlsbad est situé au nord-ouest de la Bohême, sur les deux rives de la Tepl, dans une gorge profonde entourée de montagnes boisées.

Altitude. — 384 m.

Climat. — De montagnes, variations fréquentes et brusques de température.

La *saison* officielle est du 1er mai au 1er octobre, mais il y vient des malades pendant toute l'année.

Les *ressources* sont étendues comme installation, et il y a un grand nombre d'Hôtels, de Maisons meublées, de Restaurants. Quant aux distractions, elle sont constituées à peu près exclusivement par les promenades, qui d'ailleurs sont belles dans les environs. Cette station est fréquentée depuis environ trois siècles.

Il y a plusieurs *Établissements thermaux* bien installés, mais surtout un *Kurhaus* très bien aménagé. A Carlsbad, toute personne qui séjourne plus de huit jours paie la *Kur-Taxe*.

Les Eaux. — Bicarbonatées Sodiques, Chlorurées Sodiques et Sulfatées Sodiques, Très Chaudes.

On a dit de la ville de Carlsbad qu'elle était bâtie sur une espèce de volcan aquatique ou sur une chaudière d'eau bouillante dont le couvercle serait formé par une croûte calcaire de 1 mètre à 1 m. 50 d'épaisseur. Les griffons des sources sont constitués par des fissures naturelles et aussi par des trous de sonde donnant issue à l'eau minérale. Quelques-uns de ces derniers, dits « forages de précaution » ont été pratiqués pour prévenir des explosions dues à l'accumulation de l'acide carbonique dans les réservoirs inférieurs. Les géologues considèrent la gorge de la Tepl comme une fissure très profonde comblée par des quartiers de granit. Entre ceux-ci les eaux s'engouffrent, pénétrant assez profondément pour s'échauffer au contact des couches souterraines chaudes. Les eaux, ensuite, remontent à la surface, échauffées, minéralisées et chargées d'acide carbonique. La surface calcaire qui recouvre le gouffre a été déposée par l'eau minérale, qui se constitue ainsi à elle-même une barrière qu'elle brise de temps en temps sur des points divers.

Les *sources* de Carlsbad sont très nombreuses ; mais leur composition est sensiblement la même ce qui se comprend aisément étant donnée leur origine commune. Elles ne diffèrent que par leur température : celle-ci est plus ou moins chaude suivant que l'orifice de sortie est à une distance plus ou moins grande du foyer central. La plus importante et la plus célèbre est le *Sprudel* (bouillonnement, jaillissement).

Débit. — La quantité d'eau qui s'échappe par les diverses sources de Carlsbad est formidable, c'est une vraie rivière thermale. Les divers chiffres qui en ont été donnés ne sont qu'approximatifs. Le

débit du seul *Sprudel* l'emporte sur celui de toutes
les autres sources réunies.

La *température* des diverses sources est éche
lonnée entre 73°,5 (*Sprudel*) et 30°,5 (*die Russische
Krone*). Voici pour les principales sources les tem
pératures (les chiffres des dix premières sont de
Pleischl, ceux des deux dernières, de Rotureau)

Sprudel (Bouillonnement, jaillissement)........ 73°,5
Hygieensquelle (Fontaine d'Hygie)............. 73°
Neubrunnen (Source nouvelle)................ 59°
Muhlbrunnen (S. du Moulin)................. 53°
Theresienbrunnen (S. de Thérèse)............. 50°
Bernardsbrunnen (S. de Bernard)............. 68°
Felsenbrunnen (S. du Rocher)................ 56°
Schlossbrunnen (S du Château)............. 50°
Marcktbrunnen (S. du Marché)................ 48°
Kaiserbrunnen (S. de l'Empereur)............. 48°,5
Spitalbrunnen (S. de l'Hôpital)............... 41°
Russische Krone (Couronne de Russie)........ 30°,5

Minéralisation dominante. — En prenant pour
type le *Sprudel*, dont les autres sources d'ailleurs
ne diffèrent pas sensiblement :

Bicarbonate de sodium..................... 1^{gr},36
Chlorure de sodium....................... 1 ,03
Sulfate de sodium............... .... 2 ,37
Acide carbonique libre.................... 500^{cc}

Particularités physiques. — Le *Sprudel* jaillit du
sol à grand bruit et en s'enveloppant d'un nuage
de vapeur : par un large orifice il s'élance, bouil-
lonne et retombe en écume. L'eau est limpide,
incolore, d'une saveur salée et alcaline ; pour la
boire, on la laisse nécessairement reposer quelques minutes.

Modes d'emploi. — La Boisson constitue le principal du traitement, et c'est surtout au Sprudel qu'on s'adresse : on boit aussi l'eau du Marckt brunnen et du Mühlbrunnen. Bains, Douches, Emploi de Boues ferrugineuses, Hydrothérapie, Cures de Lait et de Petit-Lait.

Applications therapeutiques. — Les maladies plus spécialement justiciables de Carlsbad sont : les Maladies du Foie, surtout celles contractées dans les pays chauds et celles consécutives aux Fièvres paludéennes, les Engorgements de la Rate de même origine, les états du foie créés par l'Alcoolisme, les Engorgements Bilieux du foie, les Coliques Hépatiques, la Pléthore Abdominale, les Dyspepsies, l'Atonie Intestinale avec Constipation habituelle, la Gravelle Urinaire, la Goutte, le Diabète, certains Engorgements de la Matrice.

Parmi les affections de l'Estomac, Caulet a indiqué comme étant plus spécialement modifiés dans le sens favorable les états suivants : ces états de l'estomac que les Anglais appellent « Chronic Indigestion », ces « Dyspepsies dégénérées » où des altérations matérielles ont fini par s'installer à la faveur des désordres répétés des indigestions et qui s'accompagnent d'amaigrissement considérable; la « dyspepsie irritative » premier degré de la Gastrique chronique; le Catarrhe chronique de l'estomac spécial aux buveurs de liqueurs spiritueuses.

Analyse du Sprudel :

Acide carbonique libre	499^{cc}
Carbonate de soude......................	1^{gr},3619
Chlorure de sodium....	1 ,0307
Sulfate de soude.......................	2 ,3719
— de potasse	0 ,1635
Carbonate de chaux.....................	0 ,2976
— de magnésie...................	0 ,1239
de strontiane..................	0 ,0008
Proto-carbonate de fer.....	0 ,0028
de manganèse............	0 ,0006
Phosphate d'alumine	0 ,0004
— de chaux.....................	0 ,0002
Fluorure de calcium..................	0 ,0036
Silice...........	0 ,0728
Total....	5^{gr},4307

(RAGSKY, 1862.)

✳ **MARIENBAD** (Autriche. — Bohême) ✳

Situation, aspect général. — Petite ville du cercle de Pilsen, très agréablement située dans une vallée pittoresque ouverte au midi, entourée de montagnes boisées.

Altitude. — 644 m.

Le *climat* est assez doux en général, mais il est humide et sujet à de brusques alternatives de température; il y a, en outre, habituellement un contraste tranché entre la chaleur du milieu du jour et la fraîcheur des matinées et des soirées.

Saison   Du 15 mai au 15 octobre.

Ressources. — Très étendues. Marienbad est une station de premier ordre. On y trouve un grand nombre d'Hôtels et de Maisons particulières parmi lesquels beaucoup d'installations luxueuses. — Distractions nombreuses, promenades, excursions.   La station est fréquentée surtout depuis le commencement du siècle, mais elle était connue dès la fin du XVIe.

Il y a 3 *établissements* de bains.

Les Eaux. — Sont Bicarbonatées Sodiques, Chlorurées Sodiques et Sulfatées Sodiques, Gazeuses, Froides. Elles émergent d'un terrain granitique et de roches micacées

Les *sources* sont très nombreuses, 7 ou 8 sont dans la ville, un grand nombre dans les environs. 3 surtout sont employées et connues : *Kreuz brunnen* (source de la Croix), *Ferdinandsbrunnen*, *Marienquelle*. Envisagée d'une manière générale, leur composition chimique est analogue; tout en variant dans certaines limites, leur température reste toujours froide; leurs propriétés respectives enfin ne paraissent pas différer notablement. La plus importante est la *Kreuzbrunnen*; la plus connue après elle est *Ferdinandsbrunnen*; l'une et l'autre servent pour l'usage interne; la *Marienquelle* est employée surtout en Bains. Outre ces 3 sources principales, nous citerons : *Carolinenbrunnen, Ambrosiusbrunnen, Waldquelle* (source de la Forêt), *Wiesenquelle* (source de la Prairie), *Moorlagerbrunnen* (source du Dépôt des Boues, du Marécage, ou de la Tourbière).

Débit : Kreuzbrunnen, 26 hectolitres par 24 heures. — Ferdinandsbrunnen, 900 hectolitres. — Marienquelle, 1 600 hectolitres.

Température : Toutes ces eaux sont Froides, ce qui les distingue surtout des eaux de Carlsbad.

Kreuzbrunnen	8°,5
Ferdinandsbrunnen	10°
Marienquelle	11°,5

Ambrosiusbrunnen.......................... 8°,5
Carolinenbrunnen.......................... 8°
Waldquelle................................ 7°,5

(ROTUREAU.)

Minéralisation dominante. — Ces diverses sources
présentent quelques différences dans les proportions respectives de leurs principaux éléments
minéralisateurs, mais ces différences de détail
n'empêchent pas ces diverses sources de présenter
en somme une physionomie commune, et on peut
prendre pour type la plus importante, la *Kreuzbrunnen*; toutes ces eaux sont en somme ·

Bicarbonatées sodiques..................... 1gr,66
Chlorurées sodiques........................ 1 ,70
Sulfatées sodiques......................... 5 ,
Gazeuses : Acide carbonique libre.......... 1 ,00

Elles se distinguent des eaux de Carlsbad non
seulement par leur température froide, mais aussi
par leur minéralisation, qui est plus forte, et surtout
par leur teneur plus considérable en Sulfate de
Soude.

Particularités physiques. — Cette eau est limpide,
elle a une odeur piquante due à l'Acide carbonique,
la saveur en est piquante, salée, un peu atramentaire, non désagréable.

Modes d'emploi. — Boisson (Kreuzbrunnen et
Ferdinandsbrunnen), — Bains (Marienquelle), —
Bains ferrugineux (Carolinensbrunnen et Ambrosiusbrunnen), — Douches, emploi de l'Acide Carbonique, emploi des Boues.

Applications thérapeutiques. — Ces eaux sont à la fois Diurétiques, Laxatives, Cholagogues; elles excitent les sécrétions des muqueuses en général; e lles augmentent le flux hémorroïdal et menstruel.

Ajoutons l'action qu'exercent sur la peau les Bains d'eau minérale, les Bains d'Acide carbonique et les Bains de Boue. — D'où leurs bons résultats dans l'Obésité, la Pléthore abdominale, les cas où il y a lieu de fluxionner le rectum, de rappeler un flux hémorroïdaire. — Ces eaux sont indiquées encore dans les affections du Foie et de l'Estomac pour lesquelles l'eau chaude de Carlsbad serait trop excitante. — Dans les sources ferrugineuses, l'action constipante est prévenue par le Sulfate de Soude et le Chlorure de Sodium que contiennent en même temps ces eaux.

Analyse de la Source Kreuzbrunnen

Acide carbonique libre....................	1^{gr}.
Bicarbonate de soude.....................	1^{gr},66
Chlorure de sodium.......................	1 ,70
Sulfate de soude.....	4 ,95
— de potasse.........................	0 ,40
Bicarbonate de lithium................	0, 007
— de chaux.....................	0 ,75
de magnésie.................	0 ,66
de strontiane...............	0 ,001
d'oxydé de fer...............	0 ,048
de manganèse.................	0 ,004
Phosphate bas d'alumine..................	0 ,005
neutre de chaux...........	0 ,002
Silice...................................	0 ,08
Bromures. Fluorures.....................	traces
Total des matières fixes	9^{gr},197

❈ FRANZENSBAD (Autriche. — Bohême) ❈

Situation, aspect général.   Petit village situé à 5 k. d'Eger, sur un haut plateau abrité au nord par l'Erzgebirge. La plupart des constructions sont des Hôtels et des Maisons meublées.

Altitude. — 600 m.

Climat. — De montagnes, avec variations brusques de température.

Saison. — Du 15 mai au 30 septembre.

Ressources. · Très étendues comme installation; mais la station est dépourvue de promenades et d'excursions.

Kurhaus,   Kur-Taxe. — Ces eaux sont connues depuis le commencement du siècle.

Les *Établissements balnéaires* sont très bien installés.

Les **Eaux** sont Bicarbonatées Sodiques et Sulfatées Sodiques, Gazeuses, — Froides. — Le sol d'où elles émergent porte d'anciennes traces volcaniques.

Les *sources* utilisées sont au nombre de 9. Toutes sont froides, et elles ont toutes la plus grande analogie au point de vue de la composition et des effets thérapeutiques. La plus importante est la *Franzensquelle*, qui résume la physionomie de la station thermale. Après elle viennent la *Wiesenquelle* (source de la Prairie) et la *Salzquelle* (source Salée). Toutes trois servent pour l'usage interne. — Citons encore : *Luisenquelle* (source Louis) et *Kalte Sprudel* (source Froide).

Le *débit* pour l'ensemble de ces 5 sources serait d'après Ozann, de 9 500 hectolitres par 24 heures.

Température :

Franzensquelle .... 8°,5
Wiesensquelle .... 11°
Salzquelle .... 11°
Luisensquelle .... 10°,5
Kaltesprudel .... 6°

Minéralisation dominante ·

Sulfate de soude .... 3^{gr},18
Chlorure de sodium .... 1 ,20
Bicarbonate de soude .... 0 ,67

Elles sont, en outre, Ferrugineuses et Gazeuses.

Particularités physiques. — Ces eaux sont limpides, elles ont une odeur piquante, saline, un peu amère, nullement désagréable. Dans le Kaltesprudel le dégagement d'acide carbonique est si abondant qu'il imprime à l'eau un soulèvement sous forme de vagues, un bouillonnement qui peut être entendu à 50 mètres de distance.

Modes d'emploi. — La Boisson est le principal du traitement. On y prend aussi des Bains. Les Bains de Boues constituent une spécialité de Franzensbad.

Applications thérapeutiques. — Apéritives, Digestives, Diurétiques et légèrement Laxatives, ces eaux sont surtout reconstituantes, ainsi que le fait remarquer Labat, qui indique comme formant leurs principales indications : l'Anémie, les états divers d'Asthénie, les Convalescences longues et

difficiles, ainsi que les États Nerveux, les Névralgies et les affections utérines quand il y a lieu de
remonter l'état général. — Les diverses eaux de
Franzensbad, analogues au point de vue de leur
température et de leur composition', le sont aussi
au point de vue de leurs indications respectives.
On attribue cependant à certaines d'entre elles des
propriétés un peu particulières. C'est ainsi que
l'eau de la *Franzensquelle* remplirait plus essentiellement les indications générales ci-dessus, tandis
que la *Salzquelle* conviendrait plutôt aux enfants
et aux femmes lymphatiques; la *Wiesensquelle* et
le *Kaltesprudel* auraient une action plus active,
notamment au point de vue laxatif.

Analyse de la Source Franzensquelle :

Gaz acide carbonique	1.276^{cc}
Carbonate de soude	$0^{gr},67$
Chlorure de sodium	1 ,2
Sulfate de soude	3 ,18
Carbonate de lithium	0 ,004
— de chaux	0 ,23
— de magnésie	0 ,09
de fer	0 ,03
de manganèse	0 ,005
Phosphate terreux	0 ,004
Silice	0 ,06
	5 .48

(BERZÉLIUS.)

❈ TARASP (Suisse. — Grisons) ❈

Voies d'accès. — De la gare de Davos-Dorfli à Tarasp
Route de voitures, 5 h.;   de la gare de Landeck, 9 h.
Situation, aspect général.   Très belle situation dans

la vallée de l'Inn, encaissée de hautes montagnes. Les Bains de *Tarasp* sont près du village de même nom, près du village de *Schuls* et du village de *Vulpera* ; les sources qui sourdent auprès de ces trois localités constituent un groupe thermal qu'on désigne en général sous le nom de Tarasp.

Altitude. — 1 220 m.

Climat. — De haute montagne.

Saison. — Du 1er juin au 15 septembre.

Ressources. — On loge dans l'établissement de Tarasp et aussi dans divers Hôtels.

Les *installations balnéaires* sont très bien aménagées et luxueuses.

Les **Eaux** sont Froides, Chlorurées Sodiques, Sulfatées Sodiques, Carbonatées Calciques et Ferrugineuses, — Gazeuses. — Leur composition comme leurs propriétés thérapeutiques les font classer près des eaux de Bohême.

Les *sources* sont nombreuses ; les principales sont les suivantes, avec leurs *températures* : Saint-Florin 9°,3, — Campbell, 8°,75, — Saint-Ours, 8°,1, — Saint-Boniface, 7°,5, — Saint-Lucius et Saint-Emé rita, 6°,2, Carola, 6°.

Minéralisation dominante :

	Source Saint-Lucius.	Source Saint-Ours.	Source St-Boniface.
Chlorure de sodium........	3gr,8283	2gr,8874	0gr,0570
Bicarbonate de sodium....	5 ,0172	4 ,1683	1 ,4610
de calcium....	2 ,3310	2 ,0381	2 ,7393
d'oxyde de fer.	0 ,0273	0 ,0186	0 ,0455
Sulfate de sodium	2 ,1546	1 ,5595	0 ,2147
Acide carbonique libre	2 ,0050	1 ,7139	2 ,2672

Modes d'emploi. — Boisson, Bains.

Applications thérapeutiques. — Ces eaux sont
Alcalines, Diurétiques, Eupeptiques et Digestives,
Laxatives et Désobstruantes, Toniques et Reconsti
tuantes. — On les emploie dans les Dyspepsies
atoniques, la Constipation. habituelle, la Pléthore
abdominale, les engorgements du Foie et de la
rate, l'Obésité, la Gravelle hépatique et rénale, la
Diathèse Goutteuse.

⚘ JENZAT (Allier) ⚘

Dans l'arrondissement de Gannat, à 6 k. de Gannat
sur la rive droite de la Sioule, à une altitude de 300 m.
Il y a 3 sources émergeant de micaschistes et paraissant provenir d'une nappe unique; elles jaillissent à
quelques mètres l'une de l'autre.

Leur débit total est d'environ 1 200 hectolitres
par 24 heures, et leur température de 26°. On les
distingue en Sources de Droite, de Gauche et du
Milieu.

Elles sont surtout employées en boisson par les
gens du pays; leur action est Laxative et Reconstituante.

Elles sont *Bicarbonatées, Chlorurées* et *Sulfatées
Sodiques,* ce qui les a fait comparer aux eaux de
Bohème; seulement la minéralisation est ici beau
coup plus faible.

D'après une analyse de Lefort effectuée en 1852,
les 3 sources auraient une *composition chimique*
sensiblement égale. Le tableau suivant indique la

minéralisation dominante pour l'une d'elles, la
source du Milieu ·

Bicarbonate de sodium......................	0^{gr},601
Sulfate de sodium........................	0 ,371
Chlorure de sodium......................	0 ,291
Acide carbonique libre......	30^{cc}

❊ VAUX (Allier) ❊

Trois sources : *Bicarbonatées Sodiques, Chlorurées Sodiques, Sulfatées Sodiques et Magnésiennes* (Fontaine Gravas
ou Fontaine Raby, Madeleine, Edmée) — La composition chimique de ces eaux nous les fait classer à côté
des eaux de Bohême.

St-Edmée.

Bicarbonate de sodium......................	4^{gr},161
— de potassium	0 ,055
— de calcium....................	0 ,495
Chlorure de sodium......................	0 ,558
Sulfate de sodium........................	1 ,054
— de magnésium.....	0 ,885
Silice....................................	0 ,045
	7 ,253

(Académie de Médecine.)

❊ SAIGNES ou YDES (Cantal) ❊

A 3 k. de la station de Saignes-Ydes, sur la ligne
d'Eygurande à Mauriac, se trouve la source d'*Ydes*, qui
porte aussi le nom de source Deribier, du nom de celui
qui la découvrit en 1818.

Cette eau est très remarquable par sa composition chimique : elle est, comme les eaux de Bohême,
à la fois *Bicarbonatée Sodique, Chlorurée Sodique et*

Sulfatée Sodique; elle est même fortement Minéralisée; elle est Très Gazeuse et froide.

La source n'est guère fréquentée que par des
gens de la contrée, qui s'y rendent pour traiter des
États Bilieux et des Fièvres Invétérées.

Analyse de la Source d'Ydes :

Acide carbonique libre.....................	1^{gr},7760
Bicarbonate de sodium.......	1 ,0398
— de calcium................. .	0 ,9182
de magnésium..........	0 ,9486
ferreux....................	0 ,0140
Chlorure de sodium....................	8 ,2069
de magnésium.................	0 ,6162
Sulfate de sodium.......................	0 ,2944
— de magnésium..................	0 ,7323
Silice..................................	0 ,0650
Matières organiques...................	traces
	21 ,8354
Poids du résidu fixe.................	20 ,9380

(École des Mines, 1881.)

IV

MÉDICATION ARSENICALE

—⚬⚬—

⚙ LA BOURBOULE (Puy-de-Dôme) ⚙

Voies d'accès. De Paris : par Nevers, Saint-Germain-des-Fossés, Clermont-Ferrand, Laqueuille (station sur la ligne de Clermont-Ferrand à Brives); — ou par Orléans, Montluçon, Eygurande, Laqueuille. — De Laqueuille à La Bourboule : route de voitures, 14 k.

Situation, aspect général. — Dans la vallée de la Dordogne, à environ 10 k. des sources de la Dordogne, au pied d'un immense rocher granitique; — à 50 k. de Clermont, à 3 k. du Mont-Dore.

Altitude. — 846 m.

Climat. — De montagne variable et assez rude, moins qu'au Mont-Dore cependant. En juillet et en août, la chaleur est forte au milieu de la journée

Saison. — Du 1er juin au 1er octobre.

Ressources. — Grâce a l'important développement qu'elle a pris dans ces dernières annees, la Bourboule est devenue une grande station offrant toutes les ressources désirables au point de vue de l'installation matérielle : Hôtels, Maisons meublées, etc. Quant aux agréments, ils sont constitués surtout par les promenades et les excursions.

Établissements thermaux. — Il y en a trois appartenant tous à la Compagnie fermière : 1° les *Thermes de la Bourboule*, réservés à la 1re classe; magnifique établissement remarquablement amé nagé; — 2° l'*établissement Choussy* (2e classe), com prenant une installation complète; — 3° l'*établissement Mabru* (3e classe), qui est très convenable.

Les sources étaient *connues* depuis longtemps, et probablement dès l'époque romaine; mais leur grande notoriété ne date que de ces dernières années.

Les Eaux. — Arsenicales, Chlorurées Sodiques, Bicarbonatées Sodiques, Chaudes.—Elles émergent du terrain granitique.

Nombre des sources. — Sans parler du *Puits de la Plage* et du *Puits Central*, qui ne sont pas utilisés, la Bourboule compte 5 sources, qui toutes résultent de forages (de 75 mètres à 160 mètres de profondeur). — Trois sont sur la rive droite · *Choussy, Perrière, Sedaiges*, — deux sont sur la rive gauche : *Fenestre n° 1* et *Fenestre n° 2*. — Toutes ces eaux ont une minéralisation analogue, mais à un degré beaucoup plus fort dans les sources de la rive droite; en même temps que moins minéralisées les sources de la rive gauche sont aussi moins chaudes et moins abondantes.

Débit. — Il est évalué, pour l'ensemble des sources de la rive droite, à 7 200 hectolitres par 24 heures, — et, pour les sources de la rive gauche, à 3 400 hectolitres, — ce qui donne au total pour

l'ensemble des sources de la Bourboule 10 600 hectolitres par 24 heures

Température. — Pour les sources de la rive
droite, elle est de 60° au fond du puits ; à la surface
de l'eau, ces températures sont ·

```
Choussy......................................  ....   56°
Perrière............................................    53°,3
Sedaiges...........................................    53°,3
```

Sources de la rive gauche :

```
Fenestre n° 1......  .........................    19°
Fenestre n° 2.................................    18°,8
```

Minéralisation dominante. — Ces eaux sont à la
fois *Arsenicales*, Salées et Alcalines.

```
Arséniate de soude.............  de 0$^{gr}$,005 à 0$^{gr}$,017
Chlorure de sodium........... .     3 ,15
Bicarbonate de sodium.........     1 ,17
```

Particularités physiques. — Les eaux de la Bourboule sont limpides, inodores et leur goût est salé.
— Dans les puits de la rive droite l'eau ne s'élève
pas jusqu'à la surface ; les sources de la rive
gauche sont jaillissantes.

Modes d'emploi. — Boisson, Bains, Douches
Inhalations, Pulvérisations, Humages, Gargarismes.

Applications thérapeutiques. — La Scrofule
dans ses manifestations les plus diverses : Affections Osseuses, Articulaires, Ganglionnaires. —
Affections de la Peau (surtout Dermatoses sèches et
Eczéma), — des Muqueuses (Angines, Laryngites,

Bronchites, Asthme catarrhal), — Affections des Yeux et des Oreilles, — Trajets fistuleux, Tumeurs blanches, Mal de Pott, — Herpétisme, — Rhuma tisme — Fièvres intermittentes invétérées et Engorgements du Foie et de la Rate quand ils sont consécutifs à l'impaludisme, mais seulement alors. — Phtisie, particulièrement chez les sujets Scro fuleux. — Contre-indications : susceptibilité nerveuse, tendances aux congestions et aux hémorragies, pléthore, maladies du cœur et des gros vaisseaux, goutte, gravelle.

Le climat tonique et stimulant, la haute thermalité des eaux, la nature et la force de leur minéralisation rendent bien compte des effets thérapeutiques produits. Mais, ainsi que le fait très justement remarquer Labat, « l'ensemble des indications repose sur l'observation clinique, même sur la tradition qui y conduisait les rhumatisants, les scrofuleux, les catarrheux, les herpétiques, les fiévreux ». Comme pour tant d'autres stations thermales, c'est ultérieurement que les recherches scientifiques proprement dites sont venues préciser et confirmer les données acquises.

C'est en 1854 que Thénard découvrit l'arsenic dans l'eau de La Bourboule. Dans l'analyse la plus récente, celle de Willm, que nous donnons plus loin, les chiffres d'arséniate de soude correspondent aux chiffres suivants d'*arsenic métallique* : $5^{mgr},6$ (Perrière), $5^{mgr},42$ (Choussy), $6^{mgr},2$ (Sedaiges), $1^{mgr},86$ (Fenestre n° 1), $2^{mgr},15$ (Fenestre n° 2).

Analyse. — (VI, 1879.)

	PERRIÈRE	CHOUSSY	SEDAIGES	FENESTRE n° 1	FENESTRE n° 2
	0gr,7555 (382cc)	0gr,4544 (229cc,8)	0gr,5991 (303cc)	0gr,4551 (78cc,4)	0gr,2574 (230cc)
Acide carbonique libre			1gr,1038	0gr,2801	0gr,2807
Carbona e de sti	1gr,1762	1gr,1769	0,1575	traces.	0,0373
de potassium	0,1769	0,1785	0,0241		traces.
de lithium	0,0206	0,0211	0,0948	0,0410	0,0482
de da.	0,1062	0,1068	0,0341	0,0038	0,0040
de magnésium	0,0428	0,0378	0,0054	0,0041	0,0062
ferreux	0,0037	0,0051	traces.	traces.	traces.
manganeux	6g.	traces.	0,0172	0,0054	0,0060
Arséniate de sodium	0,0155	0,0150	2,6854	0,1978	0,3281
Chlorure de sd.	3,1501	3,1677	0,1922	0,0311	0,0337
Sulfate de sodium	0,2038	0,2071	traces.	traces.	traces.
Acide borique. Iode	traces.	t aces.	0,1415	0,0340	0,0628
Silice	0,1128	0,1052	traces.	traces.	traces.
Matière o ganique	traces.	traces.			
Total	5,0086	5,0212	4,4230	0,5670	0,7770
Poids de résidu sec	5,0 0	5,0380	4,4552	0,5800	0,7860
BICARBONATES ANHYDRES { de sodium	1,6644	1,6654	1,5620	0,3960	0,3972
de potassium	0,2334	0,2355	0,2078		0,0492
de lithium	0,0329	0,0337	0,0384	indéterminé.	
PRIMITIVEMENT DISSOUS : de du.	0,1529	0,1538	0,4322	0,0152	0,0262
de magnésium	0,0651	0,0575	0,0518	0,0058	0,0061
ferreux	0,0054	0,0070	0,0074	0,0056	0,0086
Minéralisation te, moins CO² lie	5,6363	5,6479	5,0059	0,6906	0,9179
SELS MONOMÉTALLIQUES CO³MH CORRESPONDANT AUX ANHYDROCARBONATES : Bicarbona e de sodium, CO³NaH	,8642	1,8654	1,7495	0,4400	0,4449

⚜ SAINT-NECTAIRE (Puy-de-Dôme) ⚜

Voies d'accès. De Paris à Coudes, par Nevers, Moulins, Saint-Germain-des-Fossés, Clermont-Ferrand. — De Coudes à Saint-Nectaire : route de voitures, 15 k.

Situation, aspect général. — Petit bourg au fond d'une vallée pittoresque, divisé en deux parties : *Saint-Nectaire-le-Haut* et *Saint-Nectaire-le-Bas*, distantes l'une de l'autre d'environ 1 200 m.

Altitude. — 700 m. (Saint-Nectaire-le-Bas), — 784 m. (Saint-Nectaire-le-Haut).

Climat. — De montagnes.

Saison. — Du 1er juin au 15 septembre.

Les *ressources* et la clientèle elle-même ne sont pas en rapport avec l'importance des eaux minérales. — Hôtels et Maisons meublées.

Ces eaux étaient *connues* dès l'époque romaine, mais les sources actuelles sont d'un emploi récent.

Établissements thermaux : 1° à Saint-Nectaire-le-Haut, l'établissement du *Mont-Cornadore*, — 2° à Saint-Nectaire-le-Bas, 2 établissements réunis dans une seule main.

Les **Eaux** sont à la fois *Arsenicales*, Chlorurées Sodiques et Bicarbonatées Sodiques. — Sources Chaudes et sources Froides. — Elles émergent toutes du terrain granitique.

Les *Sources* sont nombreuses; 10 seulement sont utilisées; elles se divisent en 2 groupes :

1° Saint-Nectaire-le-Haut : *Mont-Cornadore*, du *Rocher*, du *Parc*, *Petite Source Rouge*, *source Intermittente*

2° Saint-Nectaire-le-Bas : *Grande Source Boëtte*,

Saint-Césaire, Gros-Bouillon (ou *Mandon*), *de la Coquille*, (ou *de la Voûte*), *Source des Dames*.

Débit : d'après Truchot, les principales sources débitent par 24 heures le nombre suivant d'hectolitres :

Rocher...	1 500
Mont-Cornadore.............................	720
Gros-Bouillon.................................	720
Boëtte...	432
Petite Source Rouge........................	86
Source du Parc..............................	72

La *température* des diverses sources est échelonnée entre 46° et 18°. — Le tableau suivant donne les températures des principales sources d'après Truchot et Willm.

	Truchot.	Willm.
Grande source Boëtte...............	46°	»
Du Rocher............................	43°,7	35°
Mont-Cornadore.....................	41°	37°,5
Saint-Césaire	40°,9	35°,5
Gros-Bouillon	37°,5	35°,5
Coquille	26°	26°
Intermittente........................	25°	»
Du Parc..............................	19°	21°,3
Des Dames...........................	19°	»
Petite Source Rouge................	18°	18°

Particularités physiques. — Ces eaux sont limpides à l'émergence; au contact de l'air, elles se troublent et laissent déposer du fer ainsi que des sels calcaires et magnésiques, qui forment des incrustations sur le sol. Elles sont inodores; leur saveur est acidule et styptique. Elles sont très onctueuses.

Modes d'emploi. — Boisson, Bains, Douches.

Applications thérapeutiques. — Surtout les manifestations de la Scrofule.

Analyse du Mont-Cornadore ·

Acide carbonique libre............ 0^{gr},7083
                                         (358^{cc})

Carbonate de sodium..................... 1 ,4595
    de potassium................... 0 ,2226
    de lithium..................... 0 ,0559
    de calcium..................... 0 ,4535
    de magnésium................... 0 ,3537
—   ferreux....................... 0 ,0168
Arséniate de fer........................ 0 ,0015
Chlorure de sodium...................... 2 ,1235
Iodure.................................. traces.
Sulfate de sodium....................... 0 ,1401
Silice.................................. 0 ,1280
Alumine................................. 0 ,0024

    Total par litre................. 4 ,9575
Poids du résidu sec..................... 4 ,9595

Bicarbonates anhydres primitivement dissous :

Bicarbonate de sodium................... 2 ,0653
    de potassium................... 0 ,2933
    de lithium..................... 0 ,0893
    de calcium..................... 0 ,6530
    de magnésium................... 0 ,5389
—   ferreux....................... 0 ,0232

Minéralisation totale moins CO_2 libre...... 6 ,0588

Les anhydrocarbonates alcalins correspondant aux carbonates monométalliques CO_3NaH :

CO_3NaH............................... 2 ,3131
CO_3KH................................ 0 ,3226
CO_3LiH.............................. 0 ,1027

(WILLM, 1878.)

Tableau comparatif de la minéralisation dominante
dans les principales sources

	Arséniate de fer.	Chlorure de sodium.	Bicarbonate de sodium.
Saint-Nectaire-le-Haut :			
Mont-Cornadore.....	0^{gr},0015	2^{gr},1235	2^{gr},0653
Rocher.............	0 ,0021	2 ,4496	2 ,4370
Parc................	0 ,0021	2 ,5907	2 ,7148
Saint-Nectaire-le-Bas :			
Saint-Césaire........	0 ,0027	2 ,7774	2 ,4819
Gros-Bouillon	0 ,0013	2 ,4729	2 ,2943

On le voit donc, leur minéralisation très nette
fait classer parmi les arsenicales ces eaux, qui
seraient peut-être plutôt à leur place parmi les
Chlorurées, si l'on ne consultait que leurs applications thérapeutiques, d'ailleurs encore incomplètement définies.

☼ MONT-DORE (Puy-de-Dôme) ☼

Voies d'accès. — De Paris à Laqueuille par Orléans,
Montluçon, Eygurande (Laqueuille station sur la ligne de
Clermont-Ferrand à Brives). — De Laqueuille au Mont-
Dore : 16 k. — (Ou par Nevers, Saint-Germain-des-Fossés,
Clermont-Ferrand, Laqueuille.)

Situation, aspect général. — Petit bourg dans une
haute vallée dirigée du sud au nord, et barrée au nord
par le pic de Sancy. Le bourg est adossé aux flancs du
Mont de l'Angle, il est situé sur la rive droite de la Dor
dogne, non loin de ses sources, et presque au pied du Pic
de Sancy.

Altitude. — 1 050 m. — C'est la station française la
plus élevée après Barèges (1 232 m.) et les Escaldas
(1 350 m.).

Le *climat* du Mont-Dore est un climat de montagnes

très rude et très variable. En été, il y a des contrastes tranchés entre la chaleur de la journée et le froid du matin et du soir. Il y règne, surtout le soir et particulièrement sur les bords de la Dordogne, un courant froid dont il est bon d'être averti. « La localité est traversée de temps à autre par des coups de vent, des coups d'électricité et des averses parfois très fréquentes.... Mais, fait observer Mascarel, malgré ces conditions, en apparence si défectueuses, les phtisiques s'y trouvent admirablement bien : parce qu'ils y font de l'aérothérapie, ce premier facteur de la cure de leur maladie. Ici l'air est, de temps à autre, lavé par les averses, toujours fortement électrisé et souvent renouvelé par la répercussion des vents. »

Saison. Il n'est pas prudent de se rendre au Mont-Dore avant les premiers jours de juillet, ni de s'y attarder après les derniers jours d'août.

Les *ressources* sont étendues comme Hôtels et Maisons meublées. — Promenades, excursions. Peu de distractions sur place : station de malades.

Le Mont-Dore comptait parmi les thermes les plus importants lors de l'occupation romaine.

Établissement thermal. — A la fois pratique et confortable, luxueuse sur certains points, l'installation est une des plus complètes qui existent. C'est dans l'intérieur même de l'établissement ou à une très petite distance qu'émergent les sources qui l'alimentent. Les diverses parties qui le composent se relient entre elles par des galeries couvertes.

Le rez-de-chaussée est réservé aux indigents. Il comprend 2 grandes Piscines et 3 grandes Baignoires alimentées par les sources Ramond et

Rigny ; — de chaque côté sont des cabinets de
Douches très spacieux recevant la source César ; —
enfin les sources Madeleine et Bertrand y alimentent 2 Buvettes et 30 cabinets de Bains munis
de Douches, disposés le long de 2 galeries, à
droite et à gauche du péristyle.

Au premier étage, les Bains de luxe (18 cabinets
de Bains), alimentés par la source César.

Le deuxième étage est desservi par l'eau du
Grand-Bain (Bains du Pavillon ou Saint-Jean).
Cet étage comprend aussi les Bains de pieds.

Enfin dans un bâtiment annexe, les Vapeurs
forcées de la source Madeleine ou Bertrand sont
utilisées dans les cabinets de Douches, de Vapeurs
et dans les salles d'Inhalation.

Les **Eaux** sont, dans l'ordre de prédominance
thérapeutique : Arsenicales, Alcalines et Salées, —
Chaudes.

Elles *émergent* du massif volcanique du Mont-
Dore.

Nombre des sources. — Il y a 9 sources : *Made-
leine* (ou *Bertrand*), *Ramond*, *Rigny*, *Boyer*, *Pigeon*,
Pavillon (ou *Saint-Jean*, ou *Grand-Bain*), *César*,
Caroline, *Sainte-Marguerite*.

César et *Caroline* sont réunies dans un réservoir
pour être, de là, distribuées dans l'établissement.
— *Sainte-Marguerite* est tout à fait différente des
autres : Froide (10°,5) et minéralisée exclusivement
par l'Acide carbonique, elle est employée au Mont-
Dore comme Boisson. — Toutes les autres ont une

composition à peu près identique et une température comprise entre 45° et 40°

Débit quotidien : *Bertrand*, 1 440 hectolitres, — *César*, 590 hectolitres, — *Caroline*, 619 hectolitres, — *Pavillon*, 547 hectolitres, — *Boyer*, 300 hectolitres, — *Ramond*, 187 hectolitres, — *Rigny*, 172 hectolitres, — *Sainte-Marguerite*, 288 hectolitres.

Température. — On trouve partout les températures indiquées à diverses époques par divers observateurs : Bertrand, Chabory, Lefort, etc. Les chiffres ci-dessous sont ceux de Jacquot et Willm et résultent des observations les plus récentes :

Madeleine ou Bertrand..................	44°5-45°
Ramond...............................	42 5
Rigny.................................	41 9
Boyer.................................	44
Pigeon................................	44
Pavillon (ou Saint-Jean)...............	40 -43
César.................................	43
Caroline..............................	43
Sainte-Marguerite	10 5

Les *particularités physiques* diffèrent un peu suivant les sources. D'une manière générale, ces eaux sont limpides et transparentes au griffon : au contact de l'air elles se troublent et se recouvrent de gouttes huileuses qui peu à peu s'étendent et se confondent de manière à former une pellicule irisée. Elles sont onctueuses au toucher; leur odeur est nulle; leur saveur est piquante, puis salée; la saveur est, en outre, plus particulièrement alcaline pour les sources Madeleine et César, ferrugineuse pour les sources Ramond et Rigny, acidule pour la source Sainte-Marguerite.

Modes d'emploi. — Boisson, Bains, Douches, Inhalations. — Les Inhalations et les Bains hyperthermaux constituent surtout la cure montdorienne.

Applications thérapeutiques. — Avant tout *Sédative*, et *Décongestionnante des Muqueuses et surtout des Poumons*, la médication du Mont-Dore est dirigée surtout contre diverses affections des Voies Respiratoires. — L'Asthme constitue l'indication principale et pour ainsi dire spéciale. Quant à la forme, tandis que Bertrand réclamait surtout l'Asthme humide, qu'il fût entraîné par le catarrhe pulmonaire, ou qu'il constituât une répercussion rhumatismale ou goutteuse, les médecins actuels tendent plutôt à considérer l'action des eaux comme s'exerçant directement sur la Névrose de l'Appareil Respiratoire. C'est dans la modification qu'a subie, depuis Bertrand, le mode d'administration des eaux qu'il faut voir sans doute l'explication de cette divergence.

En dehors de l'asthme, les principales affections chroniques des voies respiratoires justiciables du Mont-Dore sont : le Catarrhe Pulmonaire simple, l'Angine et la Laryngite herpétiques, la Bronchite à râles vibrants des vieillards et des sujets nerveux.

Diverses manifestations Rhumatismales ou Arthritiques (Névralgies, Dermatoses) s'en trouvent bien.

Analyse. — (WILLM, 1891.)	MADELEINE OU BERTRAND	CÉSAR	BOYER	PAVILLON OUSAINT-JEAN	RAMOND
Acide carbonique des Bicarbonates	0gr,7290	0gr,6829	0gr,7262	0gr,7294	0gr,7222
Acide carbonique libre	0,6340 (320cc,5)	0,7094 (358cc,7)	0,7102 (359cc)	0,6494 (3cc)	0,6550 (331cc)
Carbonate de sodium	0gr,4076	0gr,3786	0gr,4134	0gr,4155	0gr,4076
— de potassium	0,0854	0,0835	0,0842	0,0859	0,0890
— de lithium	0,0044	0,0047	0,0044	0,0044	0,0044
— d' am	0,2484	0,2043	0,2158	0,2480	0,2426
— de magnésium	0,4229	0,4140	0,4483	0,4435	0,4191
— ferreux	0,0428	0,0446	0,0458	0,0149	0,0129
— manganeux	0,0013	0,0023	0,0158	0,0017	
Chlorure de sodium	0,3697	0,3472	0,3632	0,3715	0,3662
Sulfate de sodium	0,0589	0,0557	0,0594	0,0594	0,0601
Silice	0,4774	0,4796	0,4736	0,4759	0,4764
Iodures, Phosphates	tr.	traces.	traces.	traces.	traces.
Arséniate disodique anhydre	0,0010	0,0010	0,0010	0,0010	0,0010
Matière organique (p. diff.)	0,0110	0,0031	0,0081	0,0159	0,0043
du séché à 100°	1,4708	1,3856	1,4572	1,4776	1,4536
Minéralisation totale moins l'acide carbonique libre	1,8351	1,7270	1,8243	1,8423	1,8443
Poids du résidu sulfaté : observé	1,8292	1,7244	1,8160	1,8272	1,8120
cal du	1,8276	1,7254	1,8137	1,8279	1,8145
sodium	0,5764	0,5358	0,5850	0,5882	0,5764
potassium	0,4426	0,4404	0,4110	0,4433	0,4174
BICARBONATES ANHYDRES de lithium	0,0074	0,0074	0,0071	0,0071	0,0071
PRIMITIVEMENT DISSOUS de calcium	0,3445	0,2941	0,3408	0,3439	0,3061
de magnésium	0,1873	0,1738	0,1803	0,1734	0,1815
ferreux	0,0174	0,0160	0,0248	0,0206	0,0178
manganèse	0,0018	0,0032		0,0024	

Pour ce qui est de la Phtisie, à la condition qu'elle soit à son début : on a constaté la décongestion du poumon, l'amendement de l'état catarrhal et de la dyspnée, et le remontement de l'état général.

⚹ PLOMBIÈRES (Vosges) ⚹

Voies d'accès. — Réseau de l'Est. — Station terminus de l'embranchement d'Aillevillers à Plombières.

Situation, aspect général. — Petite ville d'aspect élégant, située dans une vallée étroite et profonde, entourée de collines couvertes de forêts de chênes et de sapins, sur les bords de l'Eaugronne, qu'une voûte dérobe en partie aux regards.

Altitude. — 430 m.

Saison. — Du 15 mai au 1er octobre.

Climat. — De montagnes, sujet à des variations brusques et à de fréquents orages, mais cependant tempéré, en tout cas très salubre.

Ressources. — Très étendues, en rapport avec l'importance que la station doit à l'abondance de ses eaux et à la remarquable installation de ses établissements. — Grand nombre d'Hôtels et de Maisons particulières, distractions mondaines, promenades, excursions.

Ces eaux étaient *connues* dès l'époque romaine.

Établissements thermaux. — Les èaux sont la propriété de l'État, elles ont été affermées à une Compagnie. L'installation en est remarquable.

On compte 6 établissements :

1° Les *Grands Bains*, ou les *Thermes*; c'est le plus considérable : c'est une construction monumentale de 55 mètres de façade, renfermant 52 salles pour

Bains, Douches, Inhalations, etc. Il est encadré à droite et à gauche par deux vastes Hôtels.

2° Le *Bain Romain* est un édifice semi-souterrain surmonté d'un dôme vitré. Il s'élève sur l'emplacement qu'occupait l'ancienne piscine romaine, et comprend 24 cabinets de bains munis chacun d'une douche avec les ajutages nécessaires pour les injections.

3° Le *Bain des Dames*, ancienne propriété de l'Abbaye des Dames de Remiremont. Le rez-de-chaussée, réservé aux indigents, renferme 2 piscines. Le 1er étage contient des Baignoires.

4° Le *Bain Tempéré* : 4 Piscines circulaires pouvant servir pour 15 à 18 personnes ; 30 baignoires avec Douches.

5° Le *Bain des Capucins*, dépendant du Bain Tempéré. C'est un bassin carré divisé en 2 Piscines.

6° Le *Bain National* (ancien Bain Impérial) · 4 Piscines, 50 cabinets de Bains, Douches, *Étuves d'Enfer.*

Les Eaux. — Arsenicales, Faiblement minéralisées. — Chaudes.

Elles *émergent* du granit porphyroïde.

Nombre des sources. — On compte à Plombières 45 sources, dont les températures sont échelonnées entre 70° et 10° et qui sont faiblement minéralisées, d'autant moins minéralisées que la température en est moins élevée. — Jutier les a divisées en *trois catégories* au point de vue de leur disposition à la surface du sol. Or ces trois catégories coïncident avec autant de groupes dont les unités respectives se rapprochent comme température et comme minéralisation. Ces 3 groupes sont disposés concentriquement ; le 2ᵉ formant une ceinture au 1ᵉʳ, et étant entouré lui-même du 3ᵉ comme d'une enceinte.

Les sources du groupe central sont les plus chaudes : leur température est supérieure à 62° (Bain Romain, Bain d'Enfer, Robinet Romain Vauquelin) ; — les sources du 2ᵉ groupe sont moins chaudes : de 55° à 42° (Capucins, Crucifix B. des Dames) ; — le 3ᵉ groupe comprend les sources « tempérées » ou « savonneuses » : de 33° à 13°.

Le *débit* journalier des sources de Plombières est de 7 300 hectolitres.

Température. — Le tableau suivant donne les chiffres observés par Willm au mois d'août 1880.

Source du Robinet romain...................	70°
Source Vauquelin...........................	64 6
N° 5 de l'Aqueduc romain........	66
Aqueduc du Thalweg n° 1...................	53
n° 2................. .	57 5
n° 3.................	61 3
n° 4................. ...	63
n° 5................. ------........	66
n° 6.................	52 8
n° 7......	64
Bain des Dames...........................	52 5
Bain des Capucins...........................	52
Source du Crucifix...........................	47 5
Galerie des Savonneuses n° 2...................	27
n° 5.................	30 5

Minéralisation dominante. — Ces eaux sont faiblement minéralisées. Elles ont été rangées tour à tour parmi les Silicatées Sodiques et parmi les Sulfatées Sodiques. Il n'y a prédominance réelle d'aucun de ces éléments au point de vue chimique ni non plus au point de vue thérapeutique. Se basant sur les effets physiologiques et thérapeutiques des eaux, Lhéritier a été amené à admettre une prédominance d'action thérapeutique du *sel arsenical.* — L'Arsenic a été signalé dans les eaux de Plombières par Chevallier et Gobley, par O. Henry et Lhéritier. Les recherches récentes de Willm en ont confirmé l'existence et précisé les proportions.

Modes d'emploi. — Boisson, Bains, Bains de Piscines, Douches, Étuves humides (38° à 43°) générales ou partielles ; — mais spécialement les *Bains* et surtout les Bains prolongés.

Applications thérapeutiques. — Les indications dérivent à la fois de la minéralisation faible, de la température élevée et graduée des eaux et des modes d'emploi variés et perfectionnés en usage à Plombières ; quant à l'élément minéralisateur dominant au point de vue thérapeutique, on admet généralement aujourd'hui que c'est dans l'arsenic qu'il convient de le voir. « Toniques et reconstituantes, les eaux de Plombières peuvent être appliquées soit dans le sens de la sédation du système nerveux et à l'adresse des maladies où domine l'élément douleur, soit comme excitantes de la circulation et des sécrétions et comme résolutives des engorgements viscéraux » (Lebret). On conçoit que ces propriétés les indiquent dans des maladies nombreuses et diverses : Anémies, et états généraux d'Atonie, Dyspepsie intestinale, déterminations du Rhumatisme sur l'appareil digestif, Névralgies, Rhumatismes musculaires, Paralysies rhumatismales, Dermalgies, certaines affections de la Peau chez les arthritiques, troubles de la Menstruation et Engorgements utérins avec caractère asthénique; il en est de même des états névralgiques et des états nerveux chez les Anémiques. — Contre-indications : Scrofule, Tuberculose.

Les indications spéciales de ces eaux sont constituées tout particulièrement par certaines affections de l'appareil digestif et surtout de l'*intestin* · entéralgies et entérites chroniques. « Il importe de faire remarquer que dans les cas de ce genre ce n'est pas à la prédominance de la diarrhée que se rattache l'indication des eaux de Plombières; c'est au contraire à la prédominance des phéno mènes douloureux et de ce que l'on peut appeler *dyspepsie intestinale*, avec constipation ou alternatives de diarrhée et de constipation ». Quelle que soit l'explication, le fait clinique est à retenir.

En somme, la composition chimique et la thermalité, les modes d'emploi, les effets physiologiques, les indications constituent à la cure de Plombières une physionomie toute particulière.

Analyse. — (WILLM. 1880.)	VAUQUELIN	BAIN ROMAIN nº 5	CRUCIFIX	BAIN DES DAMES	CAPUCINS	SAVONNEUSES nº 5
Acide carbonique libre	0ᵍʳ,0131	0ᵍʳ,0150	0ᵍʳ,0098	0ᵍʳ,0267	0ᵍʳ,0469	0ᵍʳ,0215
Carbonate de sodium	0,0565	0,0495	0,0604	0,0124	0,0138	0,0158
— de calcium	0,0205	0,0190	0,0171	0,0221	0,0289	0,0221
— de magnésium	0,0009	0,0008	0,0007	0,0038	0,0054	0,0060
— ferreux	traces.	0,0006	0,0004	0,0 0	0,0009	traces.
Silicate de sodium	0,0562	0,0466	0,0493	0,0309	0,0275	0,0159
Silice en excès	0,0707	0,0653	0,0629	0,0518	0,0408	0,0319
Sulfate de sodium	0,1226	0,1032	0,1010	0,0900	0,0581	0,0333
— de potassium	0,0112	0,0124	0,0103	0,0096	0,0078	0,0071
Chlorure de sodium	0,0142	0,0103	0,0119	0,0099	0,0103	0,0074
— de lithium	traces.	traces.	0,0001,3	traces.	traces.	traces.
Azotate de sodium	0,0080	0,0080	0,0056	0,0036	0,0155	0,0044
Arséniate de sodium	0,0002	0,0003	0,0002,5	0,0002,5	0,0002	traces.
Fluorure de calcium	traces.	traces.	traces.	traces.	traces.	traces.
Acide borique, ammoniaque			traces très faibles ou douteuses.		»	
Matière organique et pertes	0,0054	0,0021	0,0055,2	0,0088,5		0,0095
Poids du résidu sec	0,3664	0,3182	0,3255	0,2744	0,2094	0,1531
Bicarbonates primitivement en solution : { de sodium	0,0896	0,0796	0,0969	0,0680	0,0222	0,0254
de calcium	0,0295	0,0274	0,0246	0,0318	0,0416	0,0318
de magnésium	0,0014	0,0013	0,0011	0,0059	0,0085	0,0091
ferreux	traces.	0,0008	0,0006	0,0012	0,0012	traces.

V

MÉDICATION CALCIQUE

BAGNÈRES-DE-BIGORRE (Hautes-Pyrénées)

Voies d'accès. — Réseau des Chemins de fer du Midi.
— Ligne de Toulouse à Bayonne. — Embranchement de
Tarbes à Bagnères-de-Bigorre.

Situation, aspect général. — Chef-lieu d'arrondissement
des Hautes-Pyrénées sur la rive gauche de l'Adour, au
débouché de la belle Vallée de Campan dans la plaine de
Tarbes. Ville charmante, dans un site ravissant, centre
de belles excursions et promenades, et offrant une vie
agréable et facile. Ces conditions, jointes à sa grande
richesse hydrominérale, font de Bagnères-de-Bigorre une
des plus importantes stations des Pyrénées.

Altitude. — 580 m.

Climat. — Tempéré, mais assez humide.

Saison. — Du 1er juin au 15 octobre, surtout à partir
du mois de juillet.

Ressources.   Très étendues : nombreux Hôtels : dans
la plupart des maisons on loue des appartements meublés. Casino, théâtre, concerts, fêtes, promenades, excursions

Établissements thermaux. — Il y avait à Bagnères

un grand nombre d'établissement thermaux, appartenant à des particuliers, mais ils tendent de plus en plus à être absorbés par le Grand Établissement principal. On en a compté une cinquantaine, c'est tout au plus s'il en reste dix aujourd'hui.

Les établissements importants sont : les *Thermes* appartenant à la ville, les *Bains de Salut*, à 1 kilomètre de la ville. — Il convient de signaler en outre : la *Buvette de Salies* en dehors des Thermes et une Buvette où l'on donne à boire de l'eau de *Labassère* apportée chaque jour de cette source et chauffée au bain-marie à l'abri du contact de l'air.

Les *Thermes* sont alimentés par les Sources de la *Reine*, du *Dauphin*, *Roc de Lannes*, *Foulon*, *Saint-Roch*, des *Yeux*, du *Platane*, etc. — L'installation balnéaire est complète et très bien aménagée.

L'établissement est un vaste édifice bien dégagé dont la façade a 70 mètres de long. Il se compose d'un rez-de-chaussée surmontant un étage en soubassement et surmonté lui-même d'un premier étage. Il comprend 2 *Buvettes* alimentées par les sources de la *Reine* et du *Dauphin*, et qui se trouvent au rez-de-chaussée, à droite et à gauche du grand escalier conduisant au premier étage. — 34 Cabinets de Bains, dont plusieurs avec douches, 2 salles de Pulvérisation, 2 Vaporariums, 2 cabinets pour Bains Russes, et une Étuve à gradins. En arrière de l'établissement enfin, se trouve une magnifique Piscine de Natation.

A l'*Établissement de Salut*, les baignoires, au nombre de 18, sont à eau courante; la température de cette eau dans le bain est invariablement de 32° à 33°. — Il y a en outre une salle de douches.

Les sources de Bagnères-de-Bigorre paraissent avoir été connues des Romains.

Les **Eaux** sont Sulfatées Calciques Chaudes.

Elles *émergent* de roches crétacées; leur origine est triasique.

Les *sources* sont au nombre d'environ 50.

Débit des principales sources :

Reine..............	2 866	hectolitres par 24 heures
Salies............ ..	2 455	
Dauphin.......... ..	1 440	—
Foulon.............	288	
Roc de Lannes.. ...	246	
Saint-Roch..........	154	—
Des Yeux, etc.	171	
Salut (Sources de)...	4 024	— —

Le débit total des sources diverses utilisées dans les divers établissements de la ville (sans compter les Bains de Salut) peut être évalué à **18 700** hecto litres quotidiens.

La *température* des diverses sources est échelonnée entre 51° et 18°.

Nous donnons dans le tableau ci-dessous les températures déterminées par Willm en **1882** :

Salies (à la Buvette confinant le griffon)......	50°,8
Dauphin (au griffon).............................	49°
Saint-Roch (à la buvette)........................	46°,5

Grand-Bain, sources nouvelles :

Griffon S.-E...	45°,2
Griffon S.-O...	45°
Rampe (au griffon).................................	41°,8
Foulon (au robinet des bains, très près du griffon).	36°,5
Platane (au robinet des bains, à 30 m. du griffon).	33°,3
Yeux (robinet des bains)	33°,2

Pour quelques autres sources, dont la température n'a pas été déterminée par Willm, nous donnons les chiffres indiqués par Ganderax ·

Théas........................	51°,2
Reine.........	47°,5
Roc de Lannes.................	45°
Bains du Grand-Pré............	35°
Sources de la Guttière........	38°,9 — 37°,6 — 46°,2
Bains de Pinac................	18°,7

Quant aux *Sources de Salut*, elles ont de 31°,6 à 34° et permettent de donner des bains à eau courante d'une température constante de 32° à 33°.

Modes d'emploi. — Boisson, Bains, Bains de Piscine, Douches, Pulvérisations, Inhalations. — Hydrothérapie froide.

Applications thérapeutiques. — Les indications des eaux de Bagnères-de-Bigorre doivent être tirées de l'état général, du tempérament du malade, de la forme que revêt la maladie, plutôt que de l'étiquette nosologique elle-même. Elles embrassent, comme le fait justement observer Le Bret, « tous les états anémiques caractérisés par l'appauvrissement du sang et accompagnés de susceptibilité nerveuse ou de troubles de l'innervation ». Aussi les femmes s'en trouvent-elles particulière-

ment bien, surtout dans ces états morbides de
l'utérus où dominent les troubles fonctionnels et
auxquels se surajoute un état de dépression des
forces générales et d'excitabilité nerveuse. — Éréthisme nerveux, névroses, troubles de la motilité
et de la sensibilité chez les rhumatisants ; — affections de la peau quand domine l'éréthisme nerveux ;
— affections des muqueuses digestive, urinaire
respiratoire, avec concomitance de l'état général
signalé plus haut.

Composition chimique. — Les eaux de Bagnères
sont toutes Sulfatées Calciques : « En 1860, Filhol
a entrepris un grand travail analytique qui a eu
pour effet de mettre en lumière l'identité des eaux
de Bagnères, conclusion qui ressort aussi du travail de revision exécuté en 1882 par M. Willm »
(Jacquot et Willm).

La sulfuration de l'eau de *Pinac* résulte de son
contact avec une couche tourbeuse ; mais sa nature
ne diffère pas des autres sources de Bagnères

Quant aux quelques sources ferrugineuses froides
qu'on rencontre dans Bagnères (Brauhauban, etc.),
elles sont très faiblement minéralisées (0 gr. 0017
de carbonate de fer pour un résidu total de 0,1828,
d'après Filhol).

Cette station et celle de Dax se distinguent des
autres stations Calciques par une proportion plus
forte du Chlorure, par la thermalité élevée et par
la prédominance, dans la cure, des moyens balnéothérapiques.

Analyse

	Salies	Foulon	Dauphin
Acide carbonique des Bicarbonates...	0ᵍʳ,0790	0ᵍʳ.0704	0ᵍʳ,0773
Acide carbonique libre.........		0 ,0265 (13ᶜᶜ4)	0 ,0138 (7ᶜᶜ)
Carbonate de calcium...........	0 ,0864	0 ,0764	0 ,0867
de magnésium........	0 ,0021	0 .0006	0 .0010
ferreux (avec traces de manganèse)...................	0 ,0012	0 ,0028	0 ,0007
Silicate de magnésium..........	0 ,0360	,0497	0 ,0350
Silice en excès.................	0 ,0278	0 ,0150	0 ,0216
Sulfate de calcium.............	1 ,8360	1 .8321	1 ,8377
de magnésium..........	0 ,3840	0 ,3492	0 ,3674
de sodium	0 ,0178	0 ,0057	0 ,0044
de lithium.............	0 ,0008	0 .0008	0 ,0008
Chlorure de sodium.............	0 ,1814	0 .1791	⎰ 0 .1882
de potassium	0 ,0103	0 .0098	⎱
Azotate de sodium.............	traces	traces.	?
Arséniate disodique............	0 ,0003	0 ,0002.3	non dosé.
Fluorures, Phosphates..........	traces.	traces.	traces.
Matière organique et Pertes.....	0 ,0119	0 ,0194	0 ,0185
Résidu séché à 150°........	2 .5960	2 .5408	2 ,5620
BICARBONATES PRIMITIVEMENT DISSOUS :			
Bicarbonate de calcium.........	0 ,1244	0 ,1100	0 ,1249
de magnésium......	0 ,0032	0 ,0009	0 ,0015
ferreux............	0 ,0016	0 ,0038	0 ,0010
Minéralisation totale moins CO^2 libre.	2 ,6355	2 .5757	2 .6010
Alcalinité (SO^4H^2 nécessaire)....	0 .1090	0 .1274	0 .1200

(WILLM. 1882.)

Source de la Reine :

Azote............................	13ᶜᶜ.96
Acide carbonique.................	11 .04
Oxygène.........................	traces.
Sulfate de chaux......	1ᵍʳ.7301
de magnésie....................	0 .3670
de soude......................	0 .0229
de potasse....................	traces.
Chlorure de sodium...............	0 .2120
Fluorure de calcium..............	traces.

```
Carbonate de chaux. ....................    0ᵍʳ,0570
          de magnésie................ ......    0 ,0034
          de lithine.....................•...    traces.
Silicate de chaux avec excès de silice......    0 ,1377
Arsenic.................................. .........    traces.
Oxyde de fer.............................    0 ,0008 ⌐
          de manganèse....................    traces.
          Total des substances fixes...........    2 ,5309
```

(FILHOL, 1861.)

Source Salut (source intérieure) ·

```
Acide carbonique........................ .    37ᶜᶜ,2

Carbonate de calcium....................    0ᵍʳ,1380
          de magnésium.................    0 ,0100
   —      de fer........ .................    0 ,0400
Sulfate de calcium................... .... .    0 ,9600
Chlorure de magnésium....... ........    0 ,1452
   —      de sodium.'....................    0 ,4304
Silice.....................................    0 ,0340
Matière organique......................    0 ,0180
Perte .....................................    0 ,0244
                                            1 ,800
```

(GANDERAX.)

❊ **D A X** (Landes) ❊

Voies d'accès. — Réseau des Chemins de fer du Midi,
sur la Ligne de Bordeaux à Bayonne.

Situation, aspect général. — Chef-lieu d'arrondissement
du département des Landes, ville de 10 000 habitants sur
la rive gauche de l'Adour.

Altitude. — 40 m.

Climat. — Doux, très peu variable, permettant la cure
en toutes saisons. Les établissements sont ouverts toute
l'année. Du 15 juin au 15 août la chaleur est fatigante.

Ressources. — Sont celles d'une ville assez importante.
Généralement les baigneurs s'installent dans l'un des
établissements, soit dans le Grand Établissement des

Thermes, soit dans l'établissement des Baignots, moins luxueux, mais très convenable.

Établissements thermaux. — Il y en a plusieurs mais 2 principaux :

1° *Grand Établissement des Thermes*, le plus important et le plus luxueux, fondé en 1871 par les docteurs Delmas et Larauza. Il comprend un corps de bâtiment central et deux ailes latérales. Tous les sous-sols sont consacrés à l'installation balnéaire qui comprend : 26 baignoires, 20 piscines à boues avec bains ou douches, 3 caisses à vapeur térébenthinée, 4 douches de vapeur, 6 douches minérales en jet et en pluie, 5 douches locales, 2 lits de sudation en marbre, 4 lits pour applications locales de boues, 2 grandes salles d'hydrothérapie, 3 piscines de famille à eau courante avec douches, un vaste bassin de natation dont on peut faire varier la température de 16° à 24° et au-dessus. Enfin 2 étuves, 1 salle de massage, 1 salle de pulvérisation, un cabinet d'électricité. » Le rez-de-chaussée et les 3 étages du pavillon central sont réservés au service médical et au logement des baigneurs. Le tout est aménagé de telle manière que les baigneurs peuvent se rendre de leurs appartements aux divers cabinets de bains sans s'exposer à l'air froid du dehors.

L'établissement est alimenté par la Source du *Bastion* et la Source *Sainte-Marguerite*. On y utilise en outre les Eaux Mères des Salines de Dax, les

Boues de Dax, et, en boisson, les eaux Chlorurées de *Pouillon* et les eaux Sulfureuses de *Gamarde*.

2° L'*Établissement des Baignots* est le plus ancien de Dax. Il est situé près de l'Adour et près d'une belle allée d'ormes : il est entouré d'un beau parc. Il reçoit aussi des pensionnaires. Il comprend : 12 cabinets de Bains et Douches, 6 Piscines à Boues alimentées par la Source du *Pavillon*.

Citons encore l'établissement de *Séris*, alimenté par les Sources *Séris*, l'établissement et les sources *Saint-Pierre*, les *Bains Romains* alimentés par la Fontaine Chaude.

A côté des Thermes, et communiquant avec eux, se trouve un *Hôpital* pour les enfants scrofuleux.

Ancienneté. — Dax (Aquæ Tarbelicœ) était au temps des Romains une station très importante, et l'enceinte et les fossés datant de l'occupation romaine ont été conservés jusqu'à ces derniers temps.

Les Eaux. — Sont Chaudes, Sulfatées Calciques et faiblement Chlorurées.

Les eaux de Dax ont une origine triasique, elles proviennent d'une vaste nappe d'eau chaude sur laquelle repose le sol de la ville.

Nombre de sources. — La plus importante est 1° la Fontaine Chaude ; 2° le Bastion et 3° Sainte Marguerite sont les plus importantes après la première. Viennent ensuite : 4° les sources des Baignots, dont la plus importante est le Pavillon · 5° les sources Séris, de Saint-Pierre, etc.

Débit. — 1° La *Fontaine Chaude*, « qui sourd au milieu d'une des places de la ville, au fond d'une large excavation conique, au centre d'un bassin carré en maçonnerie de 420 mètres cubes de capacité; il s'en dégage une grande quantité de gaz et de vapeur, de sorte que, surtout par les temps froids, elle ressemble à une vaste chaudière en ébullition » (Jacquot et Willm). Son débit est de 15 000 hectolitres par 24 heures; 2° le *Bastion* : 5 000 hectolitres; 3° *Sainte-Marguerite* : 1 000 hectolitres. On a évalué le débit total des diverses sources à 100 000 hectolitres par 24 heures. Mais ce n'est là qu'une approximation : Dax est sur une vaste nappe d'eau chaude, en creusant n'importe où, à une profondeur de 4 à 10 mètres, on fait jaillir une source d'eau chaude. Aussi peut-on dire avec Jacquot que « les eaux de Dax sont certainement du nombre de celles dont il est impossible d'expliquer l'origine sans faire intervenir une perte d'eau provenant d'une rivière », et, ajoute ce savant observateur, c'est vraisemblablement le Luy qui remplit cet office.

Température ·

Fontaine Chaude, à 3 m. de profondeur....	60°
Bastion, à la sortie du bassin de captage...	59°
Sainte-Marguerite........................	59°
Pavillon.................................	53°,5-54,3
Sources de l'établissement Séris..........	de 38° à 52°,5

Particularités physiques. Eau limpide, inodore, à saveur fade, produisant des conferves dans le bassin de réception.

Modes d'emploi. — Boisson, Bains, Bains de Piscines, Douches, Bains de Boues, applications locales de Boues, Étuves, Pulvérisation. Les moyens externes constituent le principal de la cure.

Applications thérapeutiques. — Elles découlent de la thermalité et des moyens balnéothéra piques. Ces eaux sont excitantes d'abord, puis, consécutivement, sédatives et résolutives.

Rhumatisme dans ses manifestations Articulaires, Musculaires, Névralgiques, surtout dans les cas de constitution lymphatique prédominante; troubles de la Sensibilité et du Mouvement liés au Rhumatisme.

Composition chimique.   Provenant d'une même nappe, les diverses sources de Dax ont une minéralisation commune : elles sont Sulfatées Calciques, avec une quantité de Chlorure de Sodium supérieure à celles que présentent les Sulfatées Calciques en général.

Analyse de la source du Bastion :

Acide carbonique des Bicarbonates.	0^{gr},0914
libre..................	»
Carbonate de calcium.............	0 ,0840
— de magnésium...........	0 ,0148
ferreux.......................	0 ,0026
Silicate de magnésium........	0 ,0084
Silice en excès...........................	0 ,0328
Sulfate de calcium......................	0 ,3223

Sulfate de magnésium...	$0^{gr},1381$
de sodium......................	0 ,0501
— de potassium....................	0 ,0565
Chlorure de sodium.................. .	0 ,2776
de lithium...................	0 ,0006
Iodures...............................	traces tr. abond.
Bromures.............................	traces.
Matières organiques et eau restant à 130°...	0 ,0366'
Résidu par litre................ ..	1 ,0244
Bicarbonates primitivement dissous :	
Bicarbonate de calcium..................	0 ,1210
de magnésium...............	0 ,0226
— ferreux	0 ,0036

(WILLM, 1890.)

✳ BASTENNES (Landes) ✳

Commune de Bastennes, près du petit établissement de Donzacq. La source appelée les « Bouillons de Bastennes » est puissante, et jaillit en bouillonnant avec un abondant dégagement de gaz. Sa température est de 18°. Sa composition est mal connue. Willm suppose qu'elle doit être Calcique et Magnésienne, Bicarbonatée.

✳ LAVARDENS (Gers) ✳

Arrondissement d'Auch, canton de Jegun.   Source dite *Fontaine Chaude* émergeant du terrain crétacé. — Température : 19°. — Eau calcique et magnésienne légèrement ferrugineuse — gazeuse — faiblement minéralisée. — Elle ne s'emploie qu'en boisson.

Acide carbonique libre....................	28^{cc}
Carbonate de calcium.....................	$0^{gr},190$
de magnésium..................	0 ,045
de fer........................	0 .006
Sulfate de calcium......................	0 ,008
de magnésium.	0 .076
de sodium.....................	0 .054

Chlorure de sodium........................... 0^{gr},044
     de magnésium......................... 0 ,015
     d'ammonium.......................... traces.
Silice et débris végétaux................... 0 ,026
Résine...................................... 0 003,
                                       0 ,467

(LIDAUGE et BOUTAN, 1846.)

LIGARDES (Gers)

Sources de Torts : Bicarbonatées et Sulfatées Calciques, Sulfurées accidentelles et Ferrugineuses, faiblement minéralisées, froides.

Acide carbonique libre.............. .... 0^{gr},105
Bicarbonate de calcium.................... 0 ,480
—   de magnésium................ 0 ,060
       ferreux.... .... 0 ,021
       de manganèse, principe arsenical. indices.
Sulfate de calcium....................... 0 ,260
—   de sodium........................ 0 ,020
Chlorures de sodium et de calcium........ 0 ,350
Silice et alumine........................ 0 ,047
Matières organiques..................... indéterminées.
                                       1 ,238

LE MASKA (Gers)

Dans le vallon de Guzerde. — Eau Calcique et Magnésienne. Sulfurée accidentelle. — Temperature : 16°.

LE MOURA (Gers)

Eau calcique, sulfurée accidentelle, dans la commune de Ramouzens, canton d'Eauze.

AHUSQUY (Basses-Pyrénées)

Dans le pays de Soule, entre Saint-Jean-Pied-de-Port et Tardets, à une altitude de 966 m. La source émerge d'un calcaire noir veiné de blanc qui a été rapporté au terrain crétacé (Jacquot).

Elle n'a pas été analysée, mais tout fait penser qu'elle est Calcique. Elle est fréquentée par les Basques, qui vont y boire des quantités d'eau invraisemblables.

Il n'y a pas d'établissement thermal, et l'unique hôtellerie qu'on y trouve offre une installation des plus rudimentaires.

✖ CAPVERN (Hautes-Pyrénées) ✖

Voies d'accès. Réseau des Chemins de fer du Midi. — Ligne de Toulouse à Bayonne, station de Capvern. — De la *gare* de Capvern au *village* de Capvern : 1 k. - du village à la *station thermale* : 3 k. — La station thermale de Capvern est située à 9 k. de Lannemezan, à 18 k. de Bagnères-de-Bigorre; elle est, par chemin de fer, à une demi-heure de Tarbes, à une heure et demie de Luchon.

Situation, aspect général. — Le *village* de Capvern est assis sur le bord sud-ouest du plateau de Lannemezan, près de l'origine du vallon de Capvern ou de Hount-Caoute qui, se dirigeant de l'est à l'ouest, va s'ouvrir dans la vallée de l'Arros, affluent de l'Adour. C'est dans ce vallon, près de son origine à l'est, que se trouve la *station thermale* groupée près de la source de *Hount-Caoute*. Près du même village, un peu plus au sud, un second vallon descend également du plateau de Lannemezan et va s'ouvrir dans le vallon précédent vers le milieu de son parcours; c'est le vallon du *Bouridé*, dans lequel se trouve la source de ce nom, entre la *Hount-Caoute* et le village de Mauvezin, à 2 k. de la Hount-Caoute.

Le versant de la gorge de Hount-Caoute exposé au nord est occupé par un grand parc dans lequel sont tracées deux larges promenades horizontales superposées et réunies par des lacets. Sur le versant opposé regardant au midi, sont échelonnés les hôtels, villas et maisons meublées dont l'ensemble constitue la station thermale.

Un Boulevard qui part de la Place du Marché forme avec cette place le centre de l'agglomération, dont l'établissement thermal occupe la partie basse.

Altitude. — Le village est à 650 m.; la station elle-même est échelonnée à des altitudes entre 450 et 500 m. Premières maisons qu'on trouve en descendant aux bains : 500 m. — Boulevard : 482 m. — Place des Thermes de Hount-Caoute : 455 m. — Bouridé, seuil de l'établissement sur la route : 435 m. — Col du Bouridé, entre les deux établissements : 504 m. — Colline au N.-O. du Col du Bouridé : 530 m. — La source du Bouridé est à 15 m. plus bas que la Hount-Caoute. Ces chiffres nous ont été fournis par M. E. Wallon, qui a bien voulu, sur notre demande, se donner la peine de les déterminer, en 1883, comme il mettait la dernière main à sa belle carte du massif central des Pyrénées.

Le *climat* correspond à l'altitude, qui est moyenne : c'est un climat intermédiaire à celui de la montagne et à celui de la plaine.

Saison. — Du 15 mai au 1er octobre.

Ressources. — Capvern est une des stations importantes des Pyrénées; les ressources matérielles y sont très larges; on y trouve toutes les installations, depuis l'habitation la plus modeste jusqu'à l'organisation la plus confortable · — nombreux Hôtels de toutes classes, Villas, Maisons meublées, Casino, Théâtre, Promenades et excursions.

Établissement thermaux. — Le *Grand-Établissement de Hount-Caoute* est un très bel édifice, construit sur les plans d'Abadie (de l'Institut). Il se compose d'un corps de bâtiment central et de deux ailes latérales. Par la grande porte d'entrée on accède dans une haute et vaste salle servant de pas-perdus, éclairée par une large baie vitrée et dont les parois sont recouvertes de revêtements de marbre. L'étage supérieur comprend 16 cabinets de bains avec salon ; il y a 19 cabinets de bains à l'étage inférieur. C'est également à l'étage inférieur que sont les deux salles de douches, une pour les hommes et l'autre pour les dames. Elles sont pourvues d'appareils divers permettant d'administrer les principales variétés de douches. Dans d'autres pièces sont des installations pour les douches spéciales. La *Buvette* est restée dans le vieil établissement, qu'on utilise comme promenoir couvert en attendant sa suppression.

L'*Établissement du Bouridé* comprend 30 cabinets de bains. — Pendant la saison thermale, un service régulier d'omnibus met en communication le Bouridé avec la Hount-Caoute.

Ces sources paraissent avoir été connues à l'époque romaine, elles étaient fréquentées au XVIIᵉ siècle.

Les Eaux. — Sulfatées Calciques Tempérées.

Elles *émergent* « des pointements triasiques disposés, dans la région du sud-ouest, par failles parallèles à l'axe de la chaîne, sur la limite de la montagne et de la plaine » (Jacquot et Willm).

Nombre de sources. — 2 sources : Hount-Caoute (Fontaine Chaude), Bouridé (Bouillonnement).

Le *débit* est remarquablement puissant : il est, par 24 heures, de

20 736 hectolitres : *Hount-Caoute*,
 9 950 hectolitres : *Bouridé*.
30 686 hectolitres pour l'ensemble des deux sources.

(Ingénieur PESLIN.)

Température — Hount-Caoute : 24°; Bouridé : 21°,8.

Minéralisation dominante. — Ces eaux sont Sulfatées Calciques et Ferrugineuses. Willm fait observer qu'au point de vue chimique, ce qui les distingue surtout des eaux de Bagnères-de-Bigorre, c'est leur teneur moindre en Chlore et en Alcalis; à ce point de vues elles sont plutôt à rapprocher des sources sulfatées froides du département des Vosges.

Particularités physiques. — Ces eaux sont limpides, inodores, sans goût bien déterminé; elles déposent dans la vasque de marbre blanc, sous le robinet, une couche ferrugineuse. Les eaux du Bouridé sont très onctueuses.

Modes d'emploi. — Boisson, Bains Douches.

Applications thérapeutiques. — Les eaux de la *Hount-Caoute* sont eupeptiques et digestives, diurétiques, laxatives, et en même temps stimulantes, elles exercent une action énergique sur la circulation du ventre et sur le fonctionnement des organes abdominaux et pelviens : estomac, intestin, foie reins, vessie, utérus, vaisseaux hémorroïdaires. Leurs applications spéciales sont les suivantes : Engorgements Bilieux du Foie, Calculs Biliaires et Coliques Hépatiques, Gravelle Urinaire et Coliques Néphrétiques, diverses affections des Voies Urinaires, Goutte, Diabète, états Hémorroïdaires, Pléthore abdominale.

L'eau du *Bouridé* est surtout employée en bains.

Elle est très sédative et indiquée quand il s'agit de calmer une excitation amenée soit par une maladie, soit même, dans certains cas, par le traitement à la Hount-Caoute. Certaines maladies des Voies Urinaires sont favorablement modifiées, ainsi que divers états de la Matrice accompagnés d'un élément congestif et nerveux.

Analyse :

	Hount-Caoute.	Bourdé.
Acide carbonique des Bicarbonates.....	0gr,0650	0gr,0759
— — libre................	0 ,0129	0 ,0221
Carbonate de calcium..	0 ,0688	0 ,0805
de magnésium...........	0 ,0042	0 ,0042
ferreux.....................	0 ,0004	0 ,0010
Sulfate de calcium.....................	1 ,1237	0 ,5426
— de magnésium.................	0 ,3522	0 ,2160
— de potassium...................	0 ,0046	0 ,0074
— de sodium.....	0 ,0063	0 ,0028
Chlorure de sodium....................	0 ,0128	0 ,0081
Azotate de sodium....................	0 ,0020	0 ,0027
Silicate de magnésium................	0 ,0104	0 ,0042
Silice en excès.	0 ,0090	0 ,0111
Arsenic, cuivre, lithium................	traces.	traces.
Eau retenue à 220° et matière organique.	0 ,1060	0 ,778
Poids du résidu à 220°.........	1 ,7004	0 ,9584
Bicarbonates primitivement dissous :		
Bicarbonate de calcium.............	0 ,0991	0 ,1159
de magnésium.........	0 ,0064	0 ,0064
ferreux...............	0 ,0006	0 ,0014

(WILLM, 1884.

✳ LABARTHE-DE-NESTE (Hautes-Pyrénées) ✳

Situation. — A 4 k. 1/2 de la gare de Lannemezan (ligne de Toulouse à Bayonne), à 500 m. du village de Labarthe.

On y accède par une belle avenue de chênes qui fait

communiquer l'Établissement thermal avec la route de Lannemezan (route d'Arreau à Auch). L'établissement est à mi-coteau, sur le flanc sud du plateau de Lannemezan. De la terrasse on jouit d'une vue magnifique sur la vallée de la Neste et sur la chaîne des Pyrénées, très rapprochée.

Les *eaux* sont d'origine triasique, elles sont Magnésiennes, Calciques et Chlorurées. Froides.

Débit. — Environ 800 hectolitres par 24 heures.

Température. — 14°.

Particularités physiques. — Eau limpide, inodore, d'une saveur très peu prononcée, onctueuse au toucher.

Modes d'emploi. — Boisson, Bains.

Applications thérapeutiques. — Prise en boisson, l'eau est diurétique et laxative. — On y traite surtout : Rhumatisme nerveux, névralgies, états nerveux liés à des maladies diverses, et notamment aux maladies de matrice, — Dyspepsies, États Bilieux. — Affections des Voies Urinaires, Gravelles Urinaires, Coliques Hépatiques qui ne pourraient pas supporter des eaux plus fortes.

Composition chimique. — Elle a été analysée par Latour et Rozières. Elle renferme :

Sulfates alcalins et terreux.	$0^{gr},0220$
Chlorures de sodium, etc................	0 ,0330
Totaux des sulfates et des chlorures.....	0 ,0550
Résidu fixe total......................	0 ,1160
Proportion des sulfates et des chlorures dans le résidu........................	500 p. 1000
Proportion des carbonates.	622 p. 1000
Sels de magnésium	$0^{gr},064$
Carbonate ferreux....................	0 ,004

⟩⟩⟨⟨ **LAGRANGE** (Hautes-Pyrénées) ⟩⟩⟨⟨

Petit établissement thermal, près de Lannemezan fréquenté par les gens de la contrée, qui y vont surtout pour des affections Rhumatismales et Nerveuses. La composition de l'eau n'est que tres imparfaitement connue. Il semble bien cependant qu'elle doive être rangée parmi les eaux Calciques et Magnésiennes. Boisson Bains.

⟩⟩⟨⟨ **BARBAZAN** (Haute-Garonne) ⟩⟩⟨⟨

Voies d'accès. — Réseau des Chemins de fer du Midi, — Ligne de Toulouse à Bayonne, — Embranchement de Montréjeau à Luchon, Station de Loures. — De la gare de Loures à l'Établissement thermal de Barbazan : 2 k. — Loures est sur la rive gauche de la Garonne, Barbazan sur la rive droite.

Autrefois on traversait la rivière en bac ; on la franchit aujourd'hui par une passerelle en bois n'admettant que les piétons. Pour faire la totalité du trajet en voiture et sans transbordement, il faut passer par le pont de Luscan, situé plus en amont ; mais alors le trajet est plus long : 5 k.

Situation, aspect général, ressources. De la gare de Loures, en se dirigeant vers le nord, puis vers l'est, on traverse le village de Loures, très animé pendant la saison, on franchit la Garonne sur la passerelle, puis, par une route à travers des prairies, on arrive à l'Établissement thermal ; le village même de Barbazan est un peu au delà. Le plus grand nombre des baigneurs habite le village de Loures, Hôtels et Maisons meublées ; mais ils sont reçus aussi à l'Établissement, dans un Hôtel très convenablement installé. — Le pays est très beau : à l'entrée de la vallée de Luchon très élargie en ce point, formant un vaste cirque riant et fertile, entouré de montagnes boisées et parcouru par la Garonne.

Altitude. — 433 m

Climat. — Doux et salubre.

Saison. — Du 1er mai au 15 octobre.

Les **Eaux** sont Sulfatées Calciques, Froides. — Elles émergent du terrain triasique. — Elles sont connues depuis longtemps.

Trois *sources* : Source de l'Établissement (la seule utilisée), — Source du Saule, Source du Sureau.

Débit. — 700 hectolitres par 24 heures.

Température. — 18°,6.

Particularités physiques. — Ces eaux sont limpides, elles n'ont pas d'odeur bien déterminée, mais elles ont un léger arrière-goût sulfureux et ferrugineux. Elles abandonnent un dépôt ocreux dans le réservoir.

Il y a un petit *Établissement thermal* avec Buvette, Salles de Bains, Salle de Douches. — Mais l'eau est surtout employée en Boisson, et généralement à doses massives.

Applications thérapeutiques. — Ces eaux sont diurétiques, laxatives, cholagogues. Elles sont employées dans les Engorgements Bilieux du foie et dans les Engorgements suites de Fièvres, dans les Coliques Hépatiques, dans la Constipation habituelle et la Pléthore abdominale, — dans la Gravelle Urinaire, les maladies des Voies Urinaires et les affections Arthritiques.

Analyse :

	Etablissement.	Saule.	Sureau.
Carbonate de calcium....................	0^{gr},1300	0^{gr},079	0^{gr},087
de magnésium..	0 ,0 40	0 ,017	0 ,015
Sulfate de calcium..	1 ,5040	0 ,448	0 ,554
de magnésium............	0 ,30.0	0 ,190	0 ,220
de sodium................	0 ,0180	»	»
Chlorure de sodium...............	0 ,0090	0 ,061	0 ,054
Silice	0 ,0140	»	»
Oxyde de fer....................	0 ,0015	»	
Iode, phosphate, matière organique.	traces.	traces.	traces.
	2 .0385	0 ,795	0 .910

(FILHOL.)

❊ SIRADAN (Hautes-Pyrénées) ❊

Voies d'accès. — Réseau des Chemins de fer du Midi.
Ligne de Toulouse à Bayonne, Embranchement de Montréjeau à Luchon, — Station de Saléchan. De la gare de Saléchan à Siradan : 2 k.

Situation. Charmante, à l'entrée d'une vallée qui fait communiquer celle de Luchon à celle de la Barousse, — près de la Garonne, à 1 k. des Bains de Sainte-Marie. Par le chemin de fer : à un quart d'heure de Loures (Barbazan-les-Bains), à une demi-heure de Montréjeau, à une demi-heure de Luchon.

Altitude 483 m.

Climat Très doux.

Saison. Du 1er mai au 1er octobre.

Ressources — Hôtel confortable dans l'Établissement, avec un très beau parc. Promenades et excursions dans un pays magnifique, voisinage de Luchon.

Ces eaux sont *connues* depuis le siècle dernier.

L'*Établissement thermal*, très bien aménagé et très bien tenu, comprend, outre la Buvette, des cabinets de Bains et des cabinets de Douches.

Les **Eaux** : Sulfatées Calciques Froides. — *Émergent* du terrain triasique. — Captées par François en 1852, elles se trouvent dans d'excellentes conditions.

4 *Sources* : du Lac, du Pré, Sarrieu, du Chemin.

Température. — Elles sont toutes froides; la température de la Source du Lac est de 13°

Minéralisation dominante. — Les sources du *Lac* et du *Pré* sont Sulfatées Calciques; — les Sources *Sarrieu* et du *Chemin* sont Ferrugineuses bicarbonatées, et faiblement minéralisées.

Particularités physiques. — Ces eaux sont inodores, et très légèrement amères, mais très agréables à boire; l'eau des sources ferrugineuses est légèrement atramentaire et dépose un sédiment ocracé.

Modes d'emploi. — La Source principale est la Source du *Lac* (Sulfatée Calcique); elle est employée en Boisson, Bains et Douches. — Les sources ferrugineuses *Sarrieu* et du *Chemin* ne servent qu'à la boisson.

Applications thérapeutiques. — Les eaux Sulfatées Calciques de Siradan sont employées dans la Gravelle Urinaire et les Coliques Néphrétiques, la Gravelle Biliaire et les Coliques Hépatiques, — les Engorgements Bilieux du foie, les maladies des Voies Urinaires, — les Dyspepsies, — les manifestations diverses de l'Arthritisme. — Les sources Ferrugineuses sont employées dans les cas de Chlorose, d'Anémies diverses, dans les Convalescences lentes, surtout chez les adolescents.

Ces eaux, considérées dans leur ensemble, sont eupeptiques, diurétiques, laxatives, toniques et reconstituantes. Elles sont en outre stimulantes tandis que c'est aux eaux de Sainte-Marie (voisines de Siradan) qu'il faut préférablement réserver les états avec prédominance ou concomitance d'un élément nerveux.

Analyse. — *1° Source du Lac* (Sulfatée Calcique).

Acide carbonique libre.......	18ᵗᵉ
Bicarbonate de calcium................. ..	0ᵍʳ,2000
de magnésium...............	0 ,0255
Sulfate de calcium	1 ,3600
de magnésium.........	0 ,2800
de sodium....	0 ,1090
Chlorures alcalins......................	traces.
— de calcium..........	0 ,0500
Fer, silice, iode........................	traces.
Phosphate de calcium.........,..........	traces.
Matière organique.........	traces.
	2 ,0245

(FILHOL.)

2° — Sources ferrugineuses.

	Source Sarrieu.	Source du Chemin.
Acide carbonique libre........	0ᵍʳ,0633	0ᵍʳ,0289
Carbonate de calcium	0 ,0449	0 ,0602
de magnésium.......	0 ,0055	0 ,0200
Sulfate de magnésium..........	0 ,0214	0 ,0108
de calcium.............	0 ,0340	0 ,0160
de sodium......	0 ,0017	0 ,0030
Chlorure de magnésium........	0 ,0102	0 .0120
Oxyde de fer.................	0 ,0106	0 ,0200
— de manganèse....	traces	traces.
Silice	0 ,0050	0 ,0042
	0 ,1333	0 ,1462

(FILHOL.)

✷ SAINTE-MARIE (Hautes-Pyrénées) ✷

Voies d'accès. — Réseau des Chemins de fer du Midi,
Ligne de Toulouse à Bayonne,   Embranchement de
Montrejeau a Luchon, — Station de Saléchan. — De la
gare de Saléchan à Sainte-Marie : 2 k.

Situation. — Station thermale voisine de celle de
Siradan, à l'entrée de la même vallée.

Altitude. — 483 m.

Climat. — Très doux.

Saison. — Du 1er mai au 1er octobre.

Installation. — Hôtel dans l'établissement, maisons
dans le village.

L'*Établissement* comprend, outre l'Hôtel, 16 cabinets de Bains et 2 cabinets de Douches.

La station est *connue* depuis le siècle dernier.

Les Eaux. — Sulfatées Calciques Froides, —
émergent du terrain triasique.

4 *sources*, dont la composition et la température
sont analogues, et dont le *débit* est d'environ
1 200 hectolitres par 24 heures.

Température : 17°,5.

Particularités physiques. — Ces eaux sont limpides, inodores, légèrement amères.

Modes d'emploi. — Boisson, Bains, Douches.

Applications thérapeutiques. — Dyspepsie,
Gravelle Urinaire et Maladies des Voies Urinaires
Engorgements Bilieux du Foie et des Voies
Biliaires, Engorgements de la Matrice, Constipa
tion, États Nerveux. — D'une manière générale,
elles sont eupeptiques, diurétiques, laxatives, et
surtout *sédatives*.

L'*analyse* suivante, de Save, qui remonte à 1812, est rudimentaire ; il serait à souhaiter que ce travail fût repris et complété.

Acide carbonique	160^{cc}
Carbonate de calcium	0^{gr},370
de magnésium	0 ,020
Sulfate de calcium	1 ,430
de magnésium	0 ,580
	2 ,400

❋ ENCAUSSE (Haute-Garonne) ❋

Voies d'accès. Réseau des Chemins de fer du Midi, Ligne de Toulouse à Bayonne, — Station de Saint-Gaudens à Encausse : route de voitures, 10 k.

Situation, aspect général. — A la limite de la montagne et de la plaine, au sud de Saint-Gaudens, sur les bords du Job.

Altitude. 360 m.

Climat. — Doux.

Saison. — Du 15 mai au 1er octobre.

Ressources — Assez restreintes ; station calme ; trois ou quatre hôtels.

La station était *connue* dès l'époque romaine ; elle était très connue au XVIe siècle.

L'*Établissement thermal* comprend 1 Buvette, 24 Baignoires et 2 Douches.

Les **Eaux** sont Sulfatées Calciques et Magnésiennes, Froides. — Elles émergent du terrain triasique.

Il y a 2 *sources*, dont la composition chimique et la température sont analogues : 1° la Grande Source, employée en boisson, — 2° la Source Dargut, employée en bains.

Le *débit* est d'environ 800 hectolitres par 24 heures.

Température : 22° (Filhol), 19°,5 d'après l'examen fait par Willm le 17 octobre 1884.

Particularités physiques. — Eau limpide, inodore d'une saveur légèrement amère.

Modes d'emploi. — Boisson, et secondairement · Bains et Douches.

Applications thérapeutiques. — Eaux diuréti ques et laxatives. — Engorgements du foie, Pléthore abdominale, — Fièvres intermittentes opiniâtres (Camparan). — Engorgements utérins accompagnés d'excitabilité nerveuse.

Analyse de la Grande Source ·

Acide carbonique des Bicarbonates........	0^{gr},1550
libre....................	0 ,0483
	(24^{cc},3)
Carbonate de calcium......................	0 ,1662
de magnésium..................	0 ,0068
— ferreux........................	0 ,0022
Sulfate de calcium........................	1 ,7816
de magnésium....................	0 ,5766
de potassium....................	0 ,0269
de sodium	0 ,0376
de lithium....................	traces.
Chlorure de sodium.......................	0 ,3229
Azotate de sodium.......................	0 ,0128
Silice..................................	0 ,0208
Borates, phosphates	traces.
Total par litre....................	2 ,9544
Poids du résidu.........................	2 ,9645
Alcalinité..........................	0 ,1681

Les carbonates ci-dessus donnent comme bicarbonates

Bicarbonate de calcium....................	0 ,2393
de magnésium	0 ,0100
— ferreux..................	0 ,0033

(WILLM, 1884.)

Ces résultats ne diffèrent guère de ceux qu'avait obtenus antérieurement Filhol.

⚜ GANTIES (Haute-Garonne) ⚜

Situation. — A 14 k. de Saint-Martory, station sur la ligne de Toulouse à Bayonne, — à 6 k. à l'est d'Encausse. — Dans le joli vallon de Couret dont le ruisseau va, au nord, à Pointis-Inard se déverser dans le Gers, affluent de la Garonne.

Altitude. — 430 m. — Ces eaux sont connues depuis longtemps : en 1790, il a été publié une brochure à leur sujet.

Il y a une Buvette et deux petits Établissements : l'ancien et le nouveau.

Les *eaux* sont froides, elles sont Bicarbonatées Calciques et Ferrugineuses, mais elles sont bien cependant d'origine triasique, et leurs propriétés thérapeutiques dominantes sont celles des eaux Calciques.

Modes d'emploi. — Boisson, Douches, et surtout Bains.

Applications thérapeutiques. — États divers avec prédominance à la fois d'un élément nerveux et d'un élément d'anémie.

Analyse :

Bicarbonate de calcium......................	$0^{gr},2734$
de magnésium................	0, 0428
ferreux avec crénate	0 ,0030
de manganèse................	traces.
Sulfate de calcium..........	0 ,0292
Chlorure de sodium............	0 ,0080
Silice.........................	0 ,0300
Ammoniaque...........................	traces.
	0 .3864

(FILHOL.)

✳ SALEICH (Haute-Garonne) ✳

Source de *la Pyrène*, commune de Saleich. Température : 14°; Débit : 900 hectolitres par 24 heures.

Filhol range cette eau parmi les *ferrugineuses acidules*; mais cependant elle émerge, comme celle de Ganties, de pointements anormaux du terrain triasique (Jacquot et Willm).

Des résultats analytiques obtenus par Filhol Willm déduit le groupement suivant :

Acide carbonique libre.....................	0^{gr},1430
Bicarbonate de calcium....................	0 ,3521
— de magnésium................,..	,0640
— ferreux.......	0 ,0100
— manganeux...................	,0045
Sulfate de calcium.	0 ,2142
de magnésium....................	0 ,1422
— de sodium.....	0 ,0383
Chlorure de sodium......................	0 ,0041
Iodure, phosphates......................	traces.
Silice................................	0 ,0300
Crénates et apocrénates. Cuivre. Alumine.	traces.
	0 ,8594

Applications thérapeutiques : Anémies diverses.

✳ LABARTHE-RIVIÈRE (Haute-Garonne) ✳

Arrondissement de Saint-Gaudens, près des bords de la Garonne. — Petit Établissement thermal fréquenté par les gens de la contrée. La station était connue du temps des Romains, et l'on y voit même encore une belle « pile romaine ».

Les eaux sont d'*origine* triasique. L'établissement

thermal est alimenté par la *Source des Bains* dont le *débit* est de 300 hectolitres par 24 heures, la *température* de 21°, et la composition Calcique et Magnésienne (Bicarbonatée et Sulfatée). — Ces eaux sont employées en Boisson et en Bains dans les affections Rhumatismales et les États Nerveux.

Analyse :

Acide carbonique libre......................	$0^{gr},023$
Carbonate de calcium......................	0 ,202
— de magnésium...................	0 ,332
alcalin........................	0 ,019
ferreux.......................	0 ,011
Sulfate de calcium........................	0 ,307
Chlorure de sodium.......................	0 ,010
Silice..................................	0 ,010
	0 ,891

(Laborat. de l'Acad. de Médecine, 1878.)

BOUSSAN (Haute-Garonne)

Source *Barthète*, sur la rive droite de la Louge, affluent de la Garonne. Elle émerge d'un terrain nummulitique, au pied des calcaires compacts, à la base de la montagne de la Lave. Température : 16°

L'eau est Bicarbonatée Calcique et Magnésienne, très faiblement minéralisée. Elle est employée en boisson et en bains dans les Affections Nerveuses et les Affections Rhumatismales, les Dyspepsies, les états de Gravelle et les affections des Voies Urinaires exigeant une médication très douce. — Ces eaux sont sédatives, diurétiques, laxatives. —

Petit établissement de 12 baignoires, comprenant un hôtel.

Bicarbonate de calcium........	0^{gr},372
de magnésium................	0 ,096
Chlorure de sodium...................	0 ,008 -
Sulfates et azotates....	traces.
Silice à l'état de silicate...................	0 ,005
	0 ,481

⚹ USSAT (Ariège) ⚹

Voies d'accès. — Réseau des Chemins de fer du Midi, — Station sur la ligne de Toulouse à Ax-les-Thermes, par Portet-Saint-Simon.

Situation, aspect général. A 20 k. de Foix, 3 k. de Tarascon, 12 k. d'Ax. — Sur les bords de l'Ariège, dans une gorge étroite dominée par des montagnes. Site pittoresque.

Altitude. — Environ 550 m.

Climat. — De montagnes, brusques changements de température.

Saison — Du 1er juin au 15 septembre.

Ressources. Hôtels, Maisons meublées. — Station calme, Promenades, excursions

Le *Grand Établissement thermal* est sur la rive droite de l'Ariège. Il renferme 46 cabinets. de Bains et 6 cabinets de Douches. Il est très bien aménagé ; depuis les grands travaux exécutés par François, les eaux qui l'alimentent sont préservées de tout mélange comme de toute déperdition. Sur la rive gauche sont deux établissements de moindre importance : *Saint-Vincent* et *Saint-Germain.*

Cette station est connue depuis longtemps.

Les Eaux. — Sulfatées Calciques, Chaudes.

Elles empruntent leurs éléments constitulifs aux marnes irisées et aux amas de gypse qui forment en ce point le substratum du terrain jurassique (Jacquot et Willm).

Le *Débit* des eaux d'Ussat est évalué à 8000 hectolitres par 24 heures.

Température, minéralisation. — Les eaux de la rive droite, qui alimentent le Grand Établissement, sont moins minéralisées, mais plus chaudes que les eaux de la rive gauche. Leur température est de 37° — 38° pour les eaux du Grand Établissement, 36° pour l'eau du Puits Saint-Vincent.

Particularités physiques. — Ces eaux sont limpides, inodores, à saveur légèrement amère. Elles sont onctueuses au toucher.

Modes d'emploi. — On boit peu à Ussat. On y emploie presque exclusivement les Bains : ceux-ci sont à eau courante, et la température, constante pour chaque baignoire, varie avec la baignoire. Chaque baignoire reçoit de l'eau à une température différente : plus ou moins élevée ou au contraire plus ou moins basse, suivant que la baignoire a sa prise d'eau (sur le conduit général) plus ou moins près ou plus ou moins loin du point d'émergence. Les températures sont ainsi échelonnées entre 36°,2 (à la baignoire n° 1) et 31°,5 (à la baignoire n° 46). On dispose ainsi d'une échelle de graduation thermale qu'on a appelée la *gamme sédative* (Dieulafoy), les bains étant consi-

22

dérés comme d'autant plus sédatifs que leur température est moins élevée. ;

Applications thérapeutiques. — L'action sédative des eaux d'Ussat est appliquée dans des Névropathies diverses, particulièrement dans les états nerveux liés aux affections Utérines ; elle est utilisée aussi dans les affections de l'estomac chez les sujets nerveux.

Analyse ·

	Grand Établissement.	Établissement St-Vincent.
Acide carbonique des bicarbonates...	0ᵍʳ,1276	0ᵍʳ,0810
— — libre............	0 ,0129	0 ,0692
Carbonate de calcium...............	0 ,1416	0 ,0882
de magnésium.....	0 ,0027	0 ,0020
ferreux et manganeux....	0 ,0011	0 ,0029
Silicate de magnésium.....	»	0 ,0329
Silice en excès....................	0 ,0265	0 ,0096
Sulfate de calcium................	0 ,6992	0 ,8505
— de magnésium	0 ,1930	0 ,1737
— de sodium................	0 ,0151	»
— de potassium..............	0 ,0125	0 ,0134
Chlorure de sodium.....:.....	0 ,0446	0 ,0790
Azotates, sels de lithium........ ..	traces.	traces.
Total par litre...........	1 ,1363	1 ,2522
Résidu légèrement calciné...	1 ,1304	1 ,1313
converti en sulfates....	1 ,2005	1 ,3239
Calcul du résidu en sulfates........	1 ,1972	1 ,3260
Alcalinité observée................	0 ,1401	0 ,1274
calculée (SO⁴H² nécessaire).	0 ,1388	0 ,1211
Bicarbonates correspondant aux carbonates neutres :		
Bicarbonate de calcium.............	0 ,2039	0 ,1269
— de magnésium.........	0 ,0041	0 ,0030
— ferreux................	0 ,0014	0 ,0040

(WILLM 1885.)

❊ AUDINAC (Ariège) ❊

Voies d'accès. — Réseau du Midi,   Ligne de Toulouse à Bayonne,   Embranchement de Boussens à Saint-Girons. — De Saint-Girons à Audinac : Route de voitures 5 k.

Situation, aspect général. — Aux premiers contreforts des Pyrénées, à la ligne de séparation de la montagne et de la plaine, dans un joli vallon entouré de coteaux et dominé par le Mont Cannivet. Le hameau d'Audinac dépend de la commune de Monjoy, il est sur la route de Saint-Girons à Sainte-Croix-de-Volvestre.

Altitude. — Environ 450 m.

Climat. — D'altitude moyenne.

Saison. — Du 15 mai au 1er octobre.

Ressources   Hôtel convenable auprès de l'établissement. Station calme, promenades.

L'*établissement thermal*, très modeste, est précédé d'un promenoir à colonnades et entouré d'un parc.

Fréquentée depuis longtemps par les gens du pays, la station est visitée par des étrangers depuis le commencement du siècle.

Les Eaux. — Sulfatées Calciques et Ferrugineuses, Tièdes. Elles émergent du lias supérieur.

3 sources. — *Source Chaude* (ou *Source des Bains*), *Source Louise* ou *Source Froide*, *Source des Yeux*. La première est utilisée surtout en Bains, et la seconde comme Buvette; la dernière est réservée à des emplois spéciaux indiqués par le nom qu'elle porte.

Débit. — 1° *Source Chaude* ou *Source des Bains* · 1 825 hectolitres par 24 heures. *Source Louise* 1 152 hectolitres (François).

Température. — La *Source Chaude* (ou *Source des Bains*) et la *Source Froide* (ou *Source Louise*) ont l'une comme l'autre : de 21 degrés à 21°,5, malgré les noms par lesquels on les distingue.

Minéralisation dominante. — La minéralisation de ces sources est sensiblement la même.

Sulfate de calcium ·

```
Source Chaude...........................   1gr,23
Source Louise...........................   1 ,21
Source des Yeux.........................   1 ,16
```

Bicarbonate ferreux

```
Source Chaude...........................   0 ,0026
Source Louise...........................   0 ,0023
```

Particularités physiques. — Eau limpide, à odeur légèrement sulfureuse et à saveur très peu marquée, un peu amère.

Modes d'emploi. — Boisson (Source Louise), Bains (Source Chaude), Bains d'yeux (Source des Yeux).

Applications thérapeutiques. — Ces eaux sont diurétiques, légèrement laxatives et toniques. Elles sont employées dans les états morbides suivants : Gravelle urinaire et coliques néphrétiques, Maladies des Voies Urinaires, Gravelle Biliaire et Coliques Hépatiques, Engorgements bilieux du Foie, Arthritisme.

Analyse

	Source Chaude.	Source Louise.	Source des Yeux.
Acide carbonique des Bicarbonates	0^{gr},1916	0^{gr},1962	0^{gr},1954
Acide carbonique libre..........	0 ,0534	0 ,0673	0 ,0882
Carbonate de calcium	0 ,2148	0 ,2201	0 ,2443
de magnésium........	0 ,0014	0 ,0010	
ferreux..............	0 ,0019	0 ,0020	non dosés.
Silicate de magnésium..........	0 ,0218	0 ,0210	
Sulfate de calcium.............	1 ,230	1 ,2150	1 ,1673
de magnésium..........	0 ,37.0	0 ,3810	0 ,4340
de sodium..............	0 ,0020	0 ,0102	0 ,0020
de potassium et de lithium.	traces.	traces.	traces.
Chlorure de sodium.............	0 ,0071	0 ,0064	0 ,0060
Total par litre	1 ,8576	1 ,8572	1 ,8536
Poids du résidu à 200°..........	1 ,8854	1 ,8890	1 .8524
Résidu converti en sulfates	1 ,9580	1 ,9600	1 ,9696
calculé d'après le groupement	1 ,9545	1 ,9549	1 ,9664
Alcalinité observée (SO^{4}H^2 nécessaire)....................	0 ,2303	0 ,2342	0 ,2345
Alcalinité d'après le groupement.	0 ,2334	0 ,2374	0 ,2375
Bicarbonates correspondant aux carbonates neutres :			
Bicarbonate de calcium.........	0 ,3093	0 .3169	0 ,3518
de magnésium......	0 ,0021	0 ,0015	»
ferreux.......·....	0 ,0026	0 ,0028	

(WILLM, 1884.)

✤ AULUS (Ariège) ✤

Voies d'accès. — Réseau du Midi — Ligne de Toulouse
à Bayonne, — Embranchement de Boussens à Saint-
Girons. — De Saint-Girons à Aulus · — Route de voitures,
33 k.

Situation, aspect général — Le village est situé sur la
rive droite du ruisseau le Garbet, dans un vallon dirigé
du N.-O. au S.-E., encaissé de montagnes.

Altitude. — 776 m.

Climat. — Variable.

Saison. Du 1ᵉʳ juin au 1ᵉʳ octobre.

Ressources. — Plusieurs Hôtels, promenades.

Ancienneté. — Les eaux ne sont connues et employées médicalement que depuis 1823

Les **Eaux** : Sulfatées Calciques Froides. — Leur minéralisàtion provient de l'action exercée par les pyrites de fer en décomposition sur des rognons *Calcaires* et *Magnésiens* intercalés dans les schistes talqueux qui constituent le sol du flanc gauche de la vallée du Garbet. « Par leur gisement, ces eaux se rapprochent donc beaucoup des eaux ferrugineuses et des sources d'eau douce de la région. Elles ont beaucoup plus d'affinité avec ces dernières qu'avec les sources thermales. » (Jacquot et Willm.)

5 *sources* : Darmagnac, Bacque, des Trois-Césars, Nouvelle, Laporte (ou Calvet).

Ces sources sont utilisées dans deux *établissements* distincts autrefois, et réunis aujourd'hui dans une seule main.

Modes d'emploi. — Boisson surtout et, secondaiment, Bains et Douches.

Particularités physiques. — Ces eaux sont limpides, inodores, sans saveur déterminée ; elles déposent un sédiment ferrugineux sur les parois du bassin. Le *débit* est faible, et la *température* froide.

	Débit par minute.	Température.
Darmagnac..................	60¹,	19°
La Nouvelle.................	150 ,	18°,3
Bacque.....................	5 ,45	17°,7
Trois-Césars...............	6 ,30	14°,8
Laporte	2 ,30	13°

(Willm.)

Applications thérapeutiques. — Les propriétés Diurétiques et Laxatives qu'elles prossèdent, surtout ingérées aux doses massives où elles sont prises habituellement, sont utilisées dans la Pléthore abdominale, les Engorgements Bilieux du foie, la Constipation habituelle et diverses Dermatoses. Elles ont été données comme spécifiques de la Syphilis; mais l'observation ne paraît pas avoir confirmé ces vues.

Tableau comparatif de la minéralisation dominante dans les cinq sources :

	Sulfate de calcium.
Darmagnac..	1ᵍʳ,6483
Trois-Césars.....................................	1 ,7275
Bacque...	1 ,5898
Nouvelle...	1 ,5065
Laporte..	1 ,8618

Au point de vue de la minéralisation totale, comme au point de vue de la minéralisation dominante, ces 5 sources sont à peu près identiques; il nous suffira donc de donner l'analyse de l'une d'elles.

Analyse de la source Darmagnac :

Acide carbonique des bicarbonates..............	0ᵍʳ,1087
libre....................	0 ,0182
Carbonate de calcium...........................	0 ,1215
ferreux et manganeux	0 ,0023
Sulfate de calcium.............................	1 ,6483
— de magnésium.........................	0 .2000
de sodium..............................	⎫ 0 .0263
-- de potassium..........................	⎭
de lithium	traces.

Chlorure de sodium	0^{gr},0037
Silice..	0 ,0172
Aci.le arsénique et phosphorique.	traces.
Matière organique et restant d'eau de cristallisation.	0 ,0735
Poids du résidu sec à 200°......................	2 ,0928
Résidu sulfaté :	
Observé...............................	2 ,0588
D'après le groupement.................. ..	2 ,0630
Bicarbonates primitivement dissous :	
Bicarbonate de calcium.....................	0 ,1750
ferreux	0 ,0032

(WILLM, 1878.)

✳ FONCIRGUE (Ariège) ✳

Commune de Peyrat, canton de Mirepoix, arrondissement de Pamiers.

Eaux *Calciques et Magnésiennes (Bicarbonatées et Sulfatées),* et en outre *Ferrugineuses* (0 gr. 004 d'oxyde de fer)· faiblement minéralisées. — *Température* : 20°. Elles sourdent au pied d'une montagne calcaire.

Petit *établissement* thermal avec logements pour les baigneurs. Trois sources l'alimentent : Source de la Buvette, Source des Bains, Fontaine Carrée.

Eupeptiques et *Diurétiques,* ces eaux sont employées dans diverses affections de l'appareil digestif et de l'appareil urinaire.

✳ GINOLES (Aude) ✳

Arrondissement de Limoux, à 1 500 m. de Quillan, dans un petit vallon. — Deux sources, alimentant un petit établissement et servant l'une pour la Buvette, l'autre pour les Bains. — La température en est mal déterminée, et les chiffres fournis par les divers observateurs varient entre 20° et 30° D'une analyse de Rivot il résulte que ces eaux sont *Sulfatées Calciques et Magnésiennes.*

Elles sont diurétiques et laxatives. On les emploie dans diverses affections de l'Estomac et de l'Intestin, dans la Gravelle et les maladies des Voies Urinaires.

⚹ MONTMAJOU (Hérault) ⚹

A 2 k. de Cazouls-lès-Béziers. — Deux sources : *Source de la Buvette* et *Source des Bains*. Toutes deux sont Froides : 17° et 18°; — toutes deux sont *Calciques et Magnésiennes*. — Elles s'emploient en Boisson et en Bains et leurs indications sont celles des Eaux Calciques Froides.

⚹ GABIAN (Hérault) ⚹

A 25 k. de Béziers. — *Source de l'Huile de pétrole* : eau Calcique remarquable par la quantité d'acide carbonique qu'elle contient, et surtout par la matière bitumineuse liquide, dite *Huile de Gabian*. qu'elle entraine. — La station n'est frequentée que par les habitants des environs.

⚹ MIERS (Lot) ⚹

Voies d'accès. Réseau des chemins de fer d'Orléans. station de Rocamadour. — De Rocamadour à Alvignac : 3 k.

Situation, aspect général. — Les baigneurs séjournent à Alvignac, bourg de 700 habitants; mais les eaux sont sur le territoire de Miers, à 1 k. 1/2 ou 2 k. de l'un et de l'autre bourg Alvignac et Miers appartiennent à l'arrondissement de Gourdon.

Altitude. 360 m.

Climat. — Doux.

Saison. De mai à octobre.

Ressources. — Restreintes, installations modestes.

Les **Eaux** : Sulfatées Calciques (et Sulfatées Sodiques) Froides.

Émergence. — Le sol est formé des débris d'une roche schisteuse. — Mais le terrain ne saurait rendre compte de la minéralisation de l'eau, et on est amené à en rechercher l'origine dans un pointement de trias avec amphibolites massifs qui affleure à 10 k. environ vers l'est. Miers y est rattaché par une grande faille transversale à peu près perpendiculaire à la lisière du plateau central. (Jacquot et Willm.)

Le *débit* est faible.

Température : 15°.

Minéralisation dominante. — Sulfates de Sodium, de Calcium et de Magnésium.

Particularités physiques. — L'eau est limpide fraîche, sans odeur ni saveur ; elle n'est pas gazeuse.

Modes d'emploi. — Ces eaux sont utilisées surtout en boisson.

Applications thérapeutiques. — Ces eaux sont Eupeptiques, Digestives, Laxatives et Diuré tiques. — On les emploie dans les états suivants : Engorgements bilieux du Foie, Pléthore abdominale, Obésité, Constipation habituelle, Dyspepsie, Coliques Hépatiques.

Analyse :

Acide carbonique des Bicarbonates........	0^{gr},1696
libre................. ..	0 ,0088
Bicarbonate de calcium...................	0 ,2524
de magnésium..............	0 ,0064
ferreux...................	0 ,0200
Silicate de magnésium...................	0 ,0015
Silice en excès...........................	0 ,0241

Sulfate de sodium......................... 1ᵍʳ,5100
    de magnésium....................,... 1 ,3320
    de calcium....................... 1 ,2306
    de potassium..................... 0 ,0194
Chlorure de sodium..................... 0 ,0327
Matière organique....................... 0 ,0014
                                     ————————
                                     4 ,4304
Résidu fixe par litre .... 4 ,3700

(École des Mines, 1872.)
(Groupement déduit par Willm.)

✳ BIO, GRAMAT (Lot) ✳

Bio et Gramat contribuent à former avec Miers un groupe d'eaux analogues ne différant sensiblement que par le degré de la minéralisation, cette dernière étant plus faible dans Bio que dans Miers, et plus faible encore dans Gramat.

Bio appartient au canton de Saint-Céré, arrondissement de Figeac, — Gramat est un chef-lieu de canton de l'arrondissement de Gourdon.

Nous donnons ci-dessous l'analyse de ces deux eaux· la première est d'O. Henry; — la seconde est une analyse sommaire que nous reproduisons d'après Jacquot et Willm, qui l'ont relevée dans les « Registres des délibérations de l'assemblée des professeurs de la faculté de médecine de Paris », où il est dit que « les résultats sont conformes à ceux d'une analyse exécutée par Vauquelin en 1816 ».

Analyse de l'Eau de Bio (source Layarde) :

Acide carbonique libre................... 78ᶜᶜ
Hydrogène sulfuré....................... 12ᶜᶜ

Bicarbonate de calcium............... .. 0ᵍʳ.401
    de magnésium............... 0 ,097
Sulfate de calcium..................... 1 .732
    de magnésium .... 0 ,286
    de sodium.................... 0 ,688

Chlorure de sodium.. .... 0^{gr},104

de magnésium.. . ... 0 ,078

—   de potassium.. .... traces

Silice et oxyde ferrique. .... 0 ,028

Matière organique azotée...... .... 0 ,076

3 ,490

(O. Henry.)

Analyse de l'eau de Gramat :

Acide carbonique libre. .... 0',014

Sulfate de calcium..................... 1^{gr},691

de magnésium............... .... 0 ,285

de sodium..................... 0 ,157

Carbonate de calcium....... .... 0 ,348

de magn·sium................... 0 ,023

Chlorure de magnésium.................. 0 ,080

2 ,584

✴ VAOUR (Tarn) ✴

Calcique et magnesienne froide (10°).   Sulfate de chaux 1 gr. 715· — sulfate de magnésie 0,584.

✴ FENAYROLS (Tarn-et-Garonne) ✴

Canton de Saint-Antonin.   Eau calcique et magnésienne (Bicarbonatée et sulfatée). — Froide.

✴ SAINT-GERVAIS (Haute-Savoie) ✴

Voies d'accès. — Réseau des Chemins de fer de P.-L.-M. Embranchement de La Roche-sous-Foron à Cluses. De Cluses à Saint-Gervais : Route de voitures, 20 k.

Situation, aspect général. — Au pied du Mont-Blanc, au fond d'une gorge pittoresque, la gorge du Bon Nant, entourée de montagnes plantées de hêtres et de sapins. — Les eaux sont connues et utilisées depuis le commencement du siècle. Construit en 1838, l'établissement fut détruit par la terrible catastrophe survenue dans la nuit du 11 au 12 juillet 1892. Mais, depuis lors, sans parler des travaux dont les sources elles-mêmes ont été l'objet, les précautions nécessaires ont été prises pour que le nouvel établissement ne puisse plus être exposé à une catastrophe analogue.

Altitude. — 630 m.

Climat. — De montagne, assez âpre.

Saison. — Du 1er juin au 15 septembre.

Les **Eaux** : Sulfatées Calciques, et Chlorurées faibles ; une source Sulfureuse. — Chaudes.

Elles sont d *origine* triasique.

Les *sources* sont au nombre de 3 : Source de Mey, — Source Gontard, — Source du Torrent.

Le *débit* est d'environ 1 000 hectol. par 24 heures.

Les *températures* sont : source Mey, 39°,8, — Gontard, 38°,5, — Source du Torrent, 39°.

Minéralisation dominante. — Ces eaux ont été classées tour à tour parmi les Chlorurées, parmi les Sulfatées et même parmi les Sulfureuses ; le caractère mixte de leur minéralisation dominante explique ces divergences Elles sont à la fois, en effet : Chlorurées sodiques faibles, Sulfatées Cal ciques, Sulfatées Sodiques et légèrement Sulfu reuses. La considération de leurs propriétés théra peutiques nous invite à les classer parmi les eaux Calciques.

Ces eaux, dit Willm, sont Salées, nettement Bromurées et Lithinées, et la source du Torrent est en même temps légèrement Sulfureuse, ce qui paraît arriver parfois aussi pour les deux autres sources.

Analyse :

	Mey.	Gontard.	Torrent.
Acide carbonique des Bicarbonates...................	0^{gr},1408	0^{gr},1525	^{gr},149
Acide carbonique libre......	0 ,0549	0 ,0505	0 ,0506
Hydrogène sulfuré libre......	»	»	0 ,0049
Carbonate de calcium. ..	0 ,1555	0 ,1715	0 ,1677
de magnésium...	0 ,0038	0 ,0015	0 ,0014
Silicate de magnésium.......	0 ,0605	0 ,0237	0 ,0298
Silice en excès..............	0 ,0081	0 ,0279	0 ,0277
Sulfate de sodium...........	1 ,7732	1 ,7150	1 ,7153
— de potassium........	0 ,1088	0 ,1070	0 ,1166
de lithium..........	0 ,0748	0 ,0770	0 ,0745
de calcium	0 ,9577	0 ,9017	0 ,9321
de magnésium.......	0 .0695	0 ,1194	0 ,1267
Chlorure de sodium........	1 ,7530	1 ,7189	1 ,7509
Bromure de sodium........	0 ,0369	0 ,0361	0 ,0407
Iodure de sodium..........	traces	traces	traces
Arsenic...................	indices	traces	tr. faib.
Acide phosphorique........	traces	traces	traces
Total par litre.........	5 ,0018	4 ,8997	4 ,9834
Résidu observé........	4 ,9960	4 ,8919	4 ,9888
Contrôle des analyses :			
Résidu sulfaté observé.	5 ,4712	5 ,3178	5 ,4272
calculé.	5 ,4709	5 ,3377	5 .4286
Alcalinité observée....	0 ,2141	0 ,1940	0 ,1999
calculée	0 ,2161	0 ,1931	0 ,1960
Bicarbonate de calcium......	0 ,2239	0 ,2470	0 ,2415
de magnésium...	0 ,0057	0 ,0023	0 ,0022

(WILLM, 1888.

Particularités physiques. — Cette eau est limpide, son odeur est sulfureuse, sa saveur est sulfureuse et un peu amère. Elle est onctueuse à la peau.

Modes d'emploi — Boisson, Bains, Douches, Pulvérisation.

Applications thérapeutiques. — Les affections

de la Peau et des Muqueuses constituent la spé cialité de Saint-Gervais, surtout quand elles sont greffées sur un terrain Herpétique ou Lymphatique quand les dermatoses sont humides, et aussi quand elles s'accompagnent d'un état d'excitabilité qui contre-indique les eaux Sulfureuses Fortes. Généralement l'état d'Éréthisme disparaît très vite sous leur influence. — Comme affections des Muqueuses justiciables de Saint-Gervais, nous citerons les Laryngites et les Pharyngites, les Affections du Nez, et aussi de l'Estomac, de l'Intestin, quand il s'agit d'une répercussion de l'Herpétisme, — L'action est à la fois Sédative, Tonique et Dépurative.

⁕ BOURG-SAINT-MAURICE (Savoie) ⁕

Source Bonneval. — Ces eaux seraient, d'après Calloud, analogues à celles de Saint-Gervais. *Température* 36°

Analyse :

Acide carbonique des bicarbonates.........	$0^{gr},7140$
libre..................	1 ,1120
Bicarbonate de calcium..........	1 ,0944
de magnésium...............	0 ,0620
ferreux....................	0 ,0049
Sulfate de calcium	1 ,2072
— de magnésium...............	0 ,2268
de sodium	0 ,1775
Chlorure de sodium	0 ,0048
de potassium......	traces.
Silice	0 ,0400
Matières organiques.....................	0 ,0022
Poids du résidu fixe...............	2 ,4600

(École des Mines, 1882.)

L'eau a une odeur d'Hydrogène Sulfuré, mais ce gaz n'est pas déterminé dans l'analyse.

⚜ BRIDES (Savoie) ⚜

Voies d'accès. — Réseau des chemins de fer de P.-L.-M.

Ligne d'Albertville à Moutiers-Salins. — De Moutiers-Salins à Brides : Route de voitures, 5 k.

Situation, aspect général. — Sur la rive gauche du Doron, dans la vallée du même nom.

Altitude. — 640 m.

Climat. — De montagne, variations brusques.

Saison. — Du 15 mai au 1er octobre.

Ressources. — Plusieurs Hôtels, dont un dépendant de l'établissement. Station calme. Belles promenades et excursions.

L'*Établissement thermal* comprend plusieurs parties : 1° sur la source même un bâtiment renfermant une Buvette et 2 Piscines ; — 2° à 150 mètres de distance, un bâtiment auquel sont annexés un Hôtel et un Casino, et contenant des Baignoires, des Douches et une installation pour l'Hydrothérapie froide. — Outre ces deux installations principales, il y a dans un pavillon, annexé au premier des deux édifices précédents, une Piscine, et, dans un pavillon au milieu du parc, 12 Baignoires.

Les **Eaux** : Sulfatées Calciques, Sulfatées Sodiques.

Elles *émergent* d'un schiste quartzeux magnésien, « elles sont sous la dépendance du prolongement de la bande triasique étendue sur le revers sud-est du Mont-Blanc » (Jacquot et Willm)

La *source* *Ybord* est la principale source. Son *débit* est de 4000 hectolitres par 24 heures; sa *température* est de 34° à 35°.

Particularités physiques. — Cette eau est limpide, elle a une odeur hépatique légère et une saveur ferrugineuse peu prononcée. Elle abandonne un dépôt ocracé dans les bassins.

Modes d'emploi. — Boisson, Bains de baignoires. Bains de piscine. Douches.

Applications thérapeutiques. — On a rapproché leur action de celle des eaux de Bohême. Elles sont Diurétiques, Laxatives et Toniques. On les emploie particulièrement dans les états suivants : Obésité, Pléthore abdominale, Engorgements du Foie et des conduits Biliaires, tendance aux Congestions Céphaliques, états Hémorroïdaires, Constipation habituelle avec atonie du tube digestif, troubles liés à la Ménopause, Gravelles urinaire et Biliaire, affections des voies urinaires surtout quand il y a un substratum lymphatique.

Analyse

Acide carbonique des bicarbonates........	0^{gr},2934
libre	0 ,1017
Carbonate de calcium.....................	0 ,3133
de magnésium	0 ,0112
ferreux.....................	0 ,0078
Arséniate de fer.....................	0 ,0008
Chlorure de sodium.................	1 ,8318
Bromure et iodure	traces.
Sulfate de sodium....................	1 ,1604
— de potassium....................	0 ,0946
de lithium.	0 ,0095
de calcium.	1 ,7143

Sulfate de magnésium................... 0gr,5288
Silice .... 0 ,0464
Phosphates........ .... traces.
                                          ─────────
                                          5 ,7189
    Poids du résidu de 1 litre........... 5 ,7130
Bicarbonate de calcium................. 0 ,4512
        de magnésium .... 0 ,0171
        ferreux..................... 0 ,0108

(WILLM, 1888.)

❊ LE MONÊTIER-DE-BRIANÇON ❊

(Hautes-Alpes)

Situation. — A 8 k. de Briançon.

Deux *sources* : Source du Nord, ou de la Rotonde. — Source du Midi, ou des Prés-Bagnols.

La *température* est variable : elle oscille entre 22⁰ et 30⁰ pour la source du Nord, — entre 39⁰ et 45⁰ pour la source du Midi.

La première sert pour la *Boisson*, la seconde pour les *Bains*.

Applications thérapeutiques. — Affections de l'Appareil Digestif et des Voies Urinaires.

	Source du Midi.	Source du Nord.
Acide carbonique libre.........	0gr,051	0gr,066
Carbonate de calcium...........	0 ,4055	0 ,1974
de magnésium	0 ,0871	0 ,0018
ferreux.............	traces	0 ,0048
d'ammonium.........	traces.	traces.
Phosphate calcique............	0 ,0369	0 ,0071
Sulfate de calcium.............	1 ,5657	0 ,4627
— de sodium.............	0 ,3593	0 ,1628
de magnésium.........	0 ,0430	0 ,0073
Chlorure de sodium...........	0 ,5106	0 ,1430
de potassium..........	»	0 ,0031
de calcium	0 ,0261	0 ,0315
— de magnésium........	0 ,0718	0 ,0503
Manganèse....................	»	traces.
Silice.......................	»	0 ,0366
Matière organique............	0 ,0300	0 ,0500
	3 ,1360	1 ,1684

(TRIPIER.)

✻ CONDORCET (Drôme) ✻

La source émerge d'un terrain calcaire; l'eau est Sulfatée Calcique Froide (15°).

✻ PROPIAC (Drôme) ✻

Eau Bicarbonatée Calcique et Magnésienne Froide (16°), utilisée en boisson et en bains.

✻ CONTREXÉVILLE (Vosges) ✻

Voies d'accès.   Réseau des Chemins de fer de l'Est. Ligne de Chalandrey à Nancy, par Mirecourt. — Station de Contrexéville.

Situation, aspect général   Le village et l'établissement sont dans un vallon ouvert du sud au nord, sur les bords de la petite rivière du Vair, entourés de plaines fertiles, de prairies et de bois.

Altitude. — 342 m.

Climat. — A cause du voisinage des Vosges, il est variable et rude, et rend le séjour pénible en dehors du plein été.

Saison. — Du 1er juin au 1er octobre; mais particulièrement en juillet et en août.

Ressources.   Matérielles très étendues, Hôtels et Maisons meublées, installations confortables. Comme agréments les ressources sont très restreintes.

L'*Etablissement thermal* est très grand, très beau et très bien aménagé. — 46 cabinets de Bains, 5 salles de Douches. — Dans l'Établissement · Logements, Salles de jeu, Salons de lecture, Salons de conversation. — Grand Jardin.

Ancienneté. — Les sources étaient fréquentées depuis longtemps par les gens de la contrée; c'est au siècle dernier qu'elles ont commencé à être visitées par les étrangers.

Les **Eaux** : Sulfatées Calciques, Froides.

Elles *émergent* d'un sol d'alluvion superposé au terrain triasique dans lequel elles ont leur origine.

Nombre des sources. — 4 principales sont utilisées : du Pavillon, — du Prince, — du Quai, — Souveraine. Elles sont toutes de composition et de température identiques.

Débit par 24 heures

Source Pavillon.....................	1 800ˡⁱ
du Quai.....................	965
— du Prince.....................	172
Souveraine.....................	130

Température. — 11°,5 (la Souveraine n'a que 10°).

Minéralisation dominante. — Ces diverses sources sont Sulfatées Calciques et légèrement Ferrugineuses. (La Souveraine n'est pas Ferrugineuse.)

Particularités physiques. — Ces eaux sont limpides, Inodores ; elles n'ont pas de saveur déterminée et sont très fraîches.

Modes d'emploi. — Boisson, Bains, Douches.

Applications thérapeutiques. — Ces eaux sont Diurétiques et Laxatives. — On les emploie specialement dans les états suivants : Gravelle Urinaire et Coliques Néphrétiques, Catarrhe Vésical et Prostatite Subaiguë ou Chronique, Goutte, Diabète Goutteux, Lithiase Biliaire.

Analyse de la source du Pavillon ·

Acide carbonique des bicarbonates.........	0gr,2766
libre	0 ,0800
Bicarbonate de calcium....................	0gr,402
de magnésium.................	0 ,035
ferreux......................	0 ,007
de lithium	0 ,004
Silice	0 ,015
Sulfate de calcium	1 ,565
de magnésium...................	0 ,236
— de sodium.......	0 ,030
Chlorure de sodium.......................	0 ,004
de potassium	0 ,006
Fluorure de calcium. Arsenic...............	traces.
	2 ,304
Résidu fixe correspondant..........	2 ,166

(DEBRAY, 1864.)

VITTEL (Vosges)

Voies d'accès. — Station du chemin de fer de l'Est, sur la Ligne de Chalindrey à Mirecourt et Nancy.

Situation, aspect général. — Gros bourg dans la vallée du Vair, à 5 k. de Contrexéville.

Altitude. — 336 m.

Climat. Est rendu froid et variable par le voisinage des Vosges.

Saison. Du 1er juin au 15 septembre; surtout juillet et août.

Ressources. Hôtel dans l'Établissement, Hôtels et Maisons meublées dans le village; ressources très réduites au point de vue des agréments.

Établissement thermal. — Outre les logements, il comprend des cabinets de Bains et des cabinets de

Douches, mais c'est la Buvette qu'on fréquente
surtout.

Ces sources sont fréquentées depuis environ
trente ans.

Les Eaux. — Sulfatées Calciques, Froides. —
Elles émergent du terrain triasique.

4 sources : Grande Source, — Source Marie, —
Source des Demoiselles, — Source Salée — Cette
dernière est à 3 kilomètres de l'établissement. Les
trois premières sont à peu près exclusivement employées.

Le *débit* total des trois premières sources est de
2 150 hectolitres par 24 heures ; le débit de la Source
Salée est de 750 hectolitres.

Température. — Les trois premières sources ont
de 11° à 11°,5, — la Source Salée a 11°,6.

Minéralisation dominante. — Ces eaux sont
Sulfatées Calciques ; la Source Salée contient
deux fois plus de Sulfate de calcium que les
autres.

Particularités physiques. — L'eau de Vittel est
limpide, inodore et ne présente pas de saveur bien
déterminée.

Le *Mode d'emploi* principal est la Boisson.

Applications thérapeutiques. — Elles sont ana-
logues à celles de Contrexéville : Gravelle Urinaire
Goutte, Catarrhe Vésical, Prostatite Subaiguë et
Engorgements Bilieux du Foie.

Analyse :

	Grande Source.	Source des Demoiselles.	Source Marie.	Source Salée.
	—	—	—	—
Acide carbonique des bicarbonates	0^{gr},2582	0^{gr},2510	0^{gr},2540	0^{gr},2835
Acide carbonique libre	0 ,0656	0 ,0864	0 ,2295	»
Carbonate de calcium	0 ,2859	0 ,2808	0 ,2848	0 ,3188
de magnésium	0 ,0033	0 ,0019	0 ,0020	0 ,0028
ferreux	0 ,0027	0 ,0022	0 ,0017	0 ,0005
Silicate de magnésium	0 ,0171	0 ,0176	0 ,0278	»
de sodium	0 ,0097	0 ,0071	»	0 ,0342
de potassium	0 ,0109	0 ,0109	0 ,0072	0 ,0110
Silice en excès	0 ,0022	0 ,0018	0 ,0018	0 ,0019
Sulfate de calcium	0 ,6039	0 ,6123	0 ,6484	1 ,4215
de magnésium	0 ,2393	0 ,2298	0 ,2676	0 ,8216
de lithium	0 ,0002,5	traces.	traces.	traces.
Chlorure de sodium	0 ,0063	0 ,0084	0 ,0165	0 ,0155
de potassium	»	»	0 ,0043	»
Alumine, phosphates, fluorures	traces.	traces.	traces.	0 ,0014
Matière organique et pertes	0 ,0114,5	0 ,0262	0 ,0123	0 ,0118
Résidu fixe par litre	1 ,1940	1 ,1990	1 ,2744	2 ,6410
Bicarbonates primitivement dissous :				
Bicarbonate de calcium	0 ,4117	0 ,4044	0 ,4101	0 ,4591
de magnésium	0 ,0065	0 ,0030	0 ,0031	0 ,0043
ferreux	0 ,0038	0 ,0030	0 ,0024	0 ,0006
Minéralisation totale sans l'acide carbonique	1 ,3241	1 ,3245	1 ,4014	2 ,7828

(WILLM, 1879.)

MARTIGNY-LÈS-LAMARCHE (Vosges)

Voies d'accès. — Station du réseau des Chemins de fer de l'Est, sur la Ligne de Chalindrey à Mirecourt et Nancy.

Situation, aspect. — Village non loin de Lamarche et de Neufchâteau, à 10 k. de Contrexéville.

Altitude. — 360 m.

Climat. — Variable.

Saison. — Du 1er juin au 15 septembre.

Ressources. — Peu étendues. Hôtel dans l'établissement.

Celui-ci, situé dans un grand parc, comprend des Buvettes, des Bains et des Douches. La station est fréquentée depuis trente ou quarante ans.

Les **Eaux**, Sulfatées Calciques, Froides, emergent du terrain triasique.

Il y a deux *sources* désignées par les numéros 1 et 2.

Le *débit* quotidien est d'environ 1100 hectolitres.

La *température* est de 11°.

Particularités physiques. — L'eau est limpide, inodore et sans saveur bien déterminée.

La *minéralisation* des deux sources est identique, et elle est semblable à celle des eaux de Contrexéville et de Vittel.

Modes d'emploi. — L'eau est surtout utilisée en boisson.

Les *applications thérapeutiques* sont les mêmes que pour Contrexéville et Vittel.

Analyse :

	Source n° 1	Source n° 2
Acide carbonique des bicarbonates...	0gr,2408	0gr,2450
libre	0 ,0060	0 ,0465
Bicarbonate de calcium............	0 ,2690	0 ,2727
de magnésium..........	0 ,0030	0 ,0030
ferreux.................	0 ,0014,5	0 ,0023
Silicate de magnésium.............	0 ,0192	0 ,0184
de sodium................	0 ,0112	0 ,0117
de potassium..............	0 ,0063	0 ,0065
Silice en excès....................	0 ,0018	0 ,0018
Sulfate de calcium................	1 ,5939	1 ,5759
de magnésium..............	0 ,2700	0 ,2780
de lithium................:	0 ,0002,4	0 ,0002,4
Chlorure de sodium.................	,0087	0 ,0091

Phosphates, fluorures..............	traces	traces.
Matière organique et pertes........	0gr.0250	0gr.0293,6
Résidu par litre..............	2 ,2098	2 ,2090
Bicarbonates primitivement dissous :		
Bicarbonate de calcium............	0 ,3873	0 ,3927
de magnésium.........	0 ,0046	0 ,0046
ferreux...............	0 ,0020	0 ,0032
Minéralisation totale, moins acide carbonique libre..............	2 ,3202	2 ,3315

(WILLM. 1879.)

✻ HAGÉCOURT ou HEUCHELOUP (Vosges) ✻

Arrondissement de Mirecourt, à 8 k. de cette ville sur les bords de la rivière de Madon. — Altitude : 277 m. — 2 sources analogues à celles de Contrexéville et de Vittel : 1° source du Moulin de Heucheloup, la plus abondante et la plus anciennement connue : 2° la source du coin du Bois. — Température : la première a 12°; la seconde 13°

Les *applications thérapeutiques* sont les mêmes que pour Contrexéville, Vittel et Martigny.

Analyse de la source du Moulin de Heucheloup :

Carbonate de calcium.................... .	0gr,178
— de sodium.....................	0 ,010
Sulfate de calcium.....................	1 ,819
de magnésium...................	0 ,407
Oxyde de fer.....................	traces.
	2 ,414

(Laboratoire de l'Académie de médecine.)

✻ SAINT-VALLIER (Vosges) ✻

A 12 k. d'Epinal. · Assez fréquentée autrefois. Source Valère. Emerge du muschelkalk. Débit : environ 1900 hectolitres. Température : 10°. Sulfatée calcique. Analogue à Contrexéville et Vittel par ses indications comme par sa nature.

Sulfate de calcium.. .... 1^{gr},302
       de magnésium..................... 0 ,605
Bicarbonate de calcium.................... 0 ,278
Chlorure de sodium....................... 0 ,014
Résidu insoluble......................... 0 ,050
                               2 ,249

(Laboratoire de l'Académie de médecine.)

⚜ CIRCOURT (Vosges) ⚜

A une petite distance de Saint-Vallier.   Sources des « Saumeures » — Analogue, comme Saint-Vallier, à Contréxéville et à Vittel.   Froîde, Sulfatée Calcique. Sulfates de Calcium et de Magnésium, 2 gr. 266 ; — Résidu fixé : 2 gr. 492 (Jacquot et Willm).

⚜ NORROY-SUR-VAIR (Vosges) ⚜

Sources du « Rond-Buisson ». — Eau analogue à celle de Contrexéville et de Vittel.

Acide carbonique libre.. .... 0^{gr},0496

Bicarbonate de calcium...... .... 0 ,4000
   —   de magnésium................ 0 ,0065
   —   ferreux...................... 0 ,0096
Silicate de magnésium .... 0 ,0227
Silice en excès........................... 0 ,0104
Sulfate de calcium .... 1 ,6893
       de magnésium .... 0 ,3096
   —   de sodium .... 0 ,0231
Chlorure de sodium .... 0 ,0115
Matière organique........................ 0 ,0073
                               2 ,4900
Résidu fixe par litre.......... 2 ,3630
(École des Mines, 1876.)

⚜ REMONCOURT (Vosges) ⚜

A 8 k. de Vittel. — Source « Bienfaisante du Rey », analogue à Contréxéville et à Vittel.   Elle émerge du muschelkalk. — Débit faible (72 h.). — Température : 12°.

Sulfate de calcium.......................	1gr,9554
de magnésium	0 ,0320
de sodium.....................	0 .1600
Total des sulfates... .,... ...	2 ,1474
Résidu fixe total..............	2 ,7179

(Laborat. de l'Acad. de médecine.)

⚹ LA RIVIÈRE-SOUS-AIGREMONT ⚹

(Haute-Marne)

Dans la vallée de Laparie, au sud-ouest de Lamarche, à 8 k. de Bourbonne. La source émerge du muschelkalk. Débit : environ 1 200 hectolitres par 24 h.   Température : 11°. — Sulfatée Calcique.   Analogue à Contrexéville et à Vittel comme composition et comme indications thérapeutiques.

Acide carbonique des Bicarbonates........	0gr,2528
Sulfate de calcium................	1 ,6028
de magnésium.................. .	0 ,4755
— de sodium...	0 ,0671
Bicarbonate de calcium...................	0 ,3974
de magnésium..............	0 ,0114
ferreux....................	0 ,0040
Chlorure de sodium...........	0 ,0155
de potassium..................	traces.
Silice..........................	0 ,0185
Matière organique..............	0 ,0020
	2 ,5909
Résidu du lixe par litre.......	2 4600

(École des Mines, 1883.)

⚹ SERMAIZE (Marne) ⚹

Station du Chemin de fer de l'Est, sur la Ligne de Paris arrondissement de Vitry-le-François. — Petite ville sur le Saulx.

L'*Établissement thermal* est à 2 k. de la gare, près d'une

petite rivière, la Laune, dans la vallée du même nom. — Outre des Hôtels et des Maisons meublées dans la ville, il y a dans l'établissement des logements pour les baigneurs. — L'établissement comprend : Buvette, Salles de Bains, Salles de Douches, Cabinets pour Douches Diverses.

Les **Eaux** sont Sulfatées Calciques Froides. Elles émergent du terrain néocomien. — Une *source*, dite des Sarasins, dont le *débit* est de 355 hectolitres par heure et dont la température est de 13°.

Leurs *applications thérapeutiques* sont celles de Contrexéville et de Vittel.

Analyse ·

Bicarbonate de calcium....................	0^{gr},4800
— de magnésium................	0 ,0077
de strontium.................	0 ,0200
ferreux......................	0 ,0101
Sulfate de magnésium	0 ,7000
de calcium......................	0 ,0850
de sodium	0 ,0450
Chlorure de magnésium	0 ,0100
Silice	0 ,0100
Phosphate d'aluminium....................	traces.
Matière organique......................	0 ,1100
	1 ,4778

(CALLOUD.)

Une analyse ultérieure d'O. Henry indique en outre des traces d'iodure.

⚞ SAINT-AMAND (Nord) ⚟

Voies d'accès. — Réseau des Chemins de fer du Nord, Ligne Lille-Valenciennes, — Station de Saint-Amand.
Situation, aspect général. — Ville sur la Scarpe, à 12 k.

de Valenciennes. L'Établissement est à 3 k. de la ville, à l'entrée d'une plaine marécageuse, près d'une belle forêt.

Le *climat* est doux.

Saison. A lieu particulièrement du 1er juin au 1er octobre, mais elle peut être continuée toute l'année.

A l'*Établissement thermal* est annexé un hôtel très confortable, le tout installé en vue des cures d'hiver. Les malades peuvent, de leur appartement, se rendre aux diverses salles de traitement par des couloirs intérieurs, sans s'exposer à l'air du dehors. L'installation balnéothérapique est très complète et très bien aménagée au point de vue des Bains, des Douches et des Bains de Boue. — La station était connue des Romains.

Les **Eaux**, Sulfatées, Calciques Froides, émergent d'un terrain argileux et tourbeux.

Nombre des sources. — Il y en a plusieurs, de composition analogue. Les 4 principales sont : l'Évêque-d'Arras, le Pavillon-Ruiné, la Vieille-Chapelle, la Fontaine-Bouillon.

Le *débit* total est de 5760 hectolitres par 24 heures.

La *température* des eaux est de 19°,5 ; — celle des Boues est de 25°.

Particularités physiques. — Ces eaux sont limpides ; elles ont une odeur sulfhydrique légère s'évaporant à l'air ; leur saveur est peu prononcée.

Modes d'emploi — Boisson, Bains, Douches, mais surtout *Bains de Boue.*

Applications thérapeutiques — L'action de la

cure est Excitante, Tonique et Résolutive. — On
l'applique dans les états morbides suivants : Rhumatisme (manifestations Articulaires, Musculaires
Névralgiques) ;   Paralysies Rhumatismales ; Atro-
phies musculaires, Raideurs des Muscles consécutives au rhumatisme ; — Manifestation de la
diathèse Scrofuleuse : Tumeurs blanches, Coxal-
gies, Nécroses, Caries, Trajets Fistuleux ; — suites
de Fractures, de Luxations, d'Entorses. — On les
a proposées aussi dans diverses maladies de la
Peau ; mais il convient d'être très réservé sur leur
emploi dans ces cas.

Analyse ·

	Pavillon Ruiné.	Évèque d'Arras.
Acide carbonique des Bicarbonates..	0gr,141	0gr,145
libre.............	0 ,235	0 ,488
Carbonate de calcium......	0 ,066	0 ,045
— de magnésium.....	0 ,079	0 .101
— ferreux	traces.	traces.
Sulfate de calcium...........	0 ,870	0 ,841
— de magnésium...........	0 ,152	0 ,128
de sodium...............	0 ,234	0 ,170
Chlorure de sodium...............	0 ,018	0 ,018
— de potassium........	traces.	traces.
— de magnésium...........	0 ,095	0 ,077
Silice...........................	0 ,020	0 ,028
Matière organique...............	traces.	traces.
	1 ,534	1 .408
Hydrogène sulfuré...............		traces.
Bicarbonates primitivement en solution		
Bicarbonate de calcium.............	0 ,0950	0 ,2376
de magnésium..........	0 ,1204	0 ,0576
ferreux...............	traces.	0 ,0034
Acide carbonique total..............	190cc	320cc

(KUHLMANN.)

⚜ LOUÈCHE (Suisse. — Valais) ⚜

Voies d'accès. — Ligne du chemin de fer du Simplon, Station de Louèche-Souste. — De Louèche-Souste à Louèche-les-Bains : route de voitures, 20 k.

Situation, aspect général. — Village situé au fond d'un vallon sauvage entouré de hautes montagnes et de glaciers, au bord du torrent la Dala, près du point où il se jette dans le Rhône, au pied de la Gemmi, non loin du glacier de Balm.

Altitude. — 1415 m.

Climat. — De haute montagne.

Saison. — Juillet et août.

Installations. — Confortables, mais, comme agréments, ressources à peu près nulles.

Établissements thermaux. — Il y en a 5 principaux : Grand-Bain, Werra Bain Vieux, Bain Zurichois, Bain de l'Hôtel des Alpes; ils sont pourvus chacun de 2, 3, 4 Grandes Piscines de famille.

Ces bains sont connus depuis le xiie siècle.

Les **Eaux** sont Sulfatées Calciques, Chaudes. — Elles émergent d'un terrain schisteux et pyriteux.

Les *sources* sont très nombreuses. La principale est la source *Saint-Laurent*, dont le débit est évalué par Morin à 14 000 hectolitres quotidiens.

Température des principales sources (prise au griffon) :

Source Saint-Laurent	51°
des Guérisons	50
Bains des Pauvres	46
Source du Bain de pieds	38

La température des Piscines est maintenue à 34°,8.

Particularités physiques. — Eau limpide, se troublant à la suite des grandes pluies et des fontes de neige; inodore à l'émergence, d'un goût fade; laissant un dépôt ferrugineux sur les parois des réservoirs.

Modes d'emploi. — Boisson, mais surtout Bains de Piscines, prolongés de 1/2 heure à 5 et 6 heures et même plus, en deux séances, une le matin, une l'après-midi. — C'est la source Saint-Laurent que l'on boit, et c'est elle qui fournit à presque tous les bains.

Applications thérapeutiques. — Dermatoses (Eczéma, Impétigo, Herpès, Acné), surtout à forme humide et particulièrement chez les sujets lymphatiques.

Analyse de la source Saint-Laurent :

Gaz azote........	$11^{cc},5180$
Acide carbonique.........................	2 ,3890
Oxygène..............................	1 ,0545
Sulfate de chaux......................................	$1^{gr},5200$
de magnésie....	0 ,3084
de soude...................................	0 ,0502
— de potasse.........................	0 ,0386
de strontiane.............................	0 ,0058
Carbonate de protoxyde de fer................	0 ,0103
de magnésie.......................	0 ,0096
— de chaux..........................	0 ,0053
Chlorure de potassium..........................	0 ,0065
Silice....................................	0 ,0360
Alumine, phosphates, azotates, sels ammoniacaux.	traces.
Glairine	qu. ind.
Total des matières fixes................	2 ,0104

(P. MORIN, 1854.)

VI

MÉDICATION FERRUGINEUSE

La *médication ferrugineuse* comprend : 1° les *eaux Ferrugineuses Froides Peu ou Pas Gazeuses* ; — 2° les *eaux Ferrugineuses Froides Gazeuses* ; — 3° les *eaux Ferrugineuses Chaudes.*

1° *EAUX FERRUGINEUSES FROIDES PEU OU PAS GAZEUSES*

FORGES-LES-EAUX (Seine-Inf.)

Voies d'accès. — Réseau des Chemins de fer de l'Ouest. — Ligne de Paris à Dieppe, par Pontoise, Gisors, Gournay-Ferrières. — Station de Forges-les-Eaux avant Serqueux.

Situation, aspect général. — Petit bourg dans la vallée de Bray, aux riches herbages bien arrosés. Des collines l'abritent contre les vents du nord.

Altitude. 120 m.

Climat. Doux et sain, mais assez souvent rendu pluvieux par la proximité de la mer.

Saison. — Du 15 juin au 1er octobre.

Ressources. — Hôtels et Maisons meublées. — Promenades, station paisible.

Ces eaux sont *connues* depuis le XVIᵉ siècle; mais leur notoriété date de la visite qu'y firent en 1633 Louis XIII, Anne d'Autriche et Richelieu, et à laquelle on rattache quelquefois la naissance de Louis XIV, bien qu'il ne soit venu au monde que cinq ans après la cure faite à Forges par Anne d'Autriche.

L'*Établissement thermal* est bâti sur pilotis au milieu d'un parc traversé par l'Andelle. Il comprend, outre la Buvette et les cabinets de Bains, 2 Piscines, des cabinets de Douches, une salle d'Inhalation.

Les **Eaux** : Ferrugineuses, Crénatées et Bicarbonatées, — Froides

Il y a 3 *sources*, qui prirent les noms de : Royale, Reinette, Cardinale, en souvenir de leurs augustes visiteurs. Elles avaient été d'abord employées isolément; mais elles sont aujourd'hui préalablement reçues toutes dans un réservoir commun, pour être employées confondues dans les bains.

Le *débit* total est de 330 hectolitres par 24 heures.

Température : 7°.

Minéralisation dominante — Ces eaux sont Ferrugineuses; elles se distinguent notamment des eaux de Spa et de Schwalbach en ce qu'elles sont plus Martiales et moins Gazeuses. D'après O. Henry, le fer s'y trouverait sous la forme de Crénate de Protoxyde de fer (0 gr. 098), et d'après une analyse de l'École des Mines, sous la forme de Bicarbonate ferreux (0 gr. 0122).

Particularités physiques. — Cette eau est limpide et inodore; elle ne dégage pas de gaz; sa saveur fraîche et un peu atramentaire est très agréable. Les réservoirs et les conduites contiennent des conferves.

Applications thérapeutiques. — Très actives, ces eaux sont cependant très bien supportées par les sujets les plus irritables, et elles ont une action utile chez les Nerveux et chez les Tuberculeux (Caulet). Elles sont appropriées surtout aux cas de débilités profondes des voies digestives produites par de longues fièvres et par les hémorragies passives; — Dyspepsie de nature essentielle, Diarrhée, Dysentéries chroniques; — Anémies liées aux affections utérines. — Maladies du Système Nerveux : vomissements nerveux, gastralgies, entéralgies, névralgies faciales, nervosisme. — Cette eau exerce une action hyposthénisante sur le cœur et sur les gros vaisseaux (Caulet).

Analyse de la source Cardinale :

Acide carbonique libre........	0^l,225
	(1/5 vol.)
Crénate de protoxyde de fer............. .	0^{gr},1980
— de manganèse....................	traces.
Crénate alcalin (potasse)........	0 ,0020
Bicarbonate de chaux....................	⎱ 0 .0761
de magnésie.................	⎰
Chlorure de sodium.....................	0 ,0120
de magnésium.................	0 ,0030
Sulfate de chaux....	0 ,0400
— de soude...................	⎱ 0 ,0060
de magnésie.................	⎰
Silice et alumine........	0 ,0330
Sel ammoniacal (carbonate?).............	sensible.
Total des matières fixes..........	0 ,2701

(O. **Henry**.)

⚜ BRUCOURT (Calvados) ⚜

A 4 k. de Cabourg, dans la vallée de la Dives. Elle est *Ferrugineuse* et elle doit en outre des propriétés laxatives à la proportion assez forte de sulfate et de carbonate-de calcium qu'elle renferme. Peroxyde de fer : 0 gr. 066.

⚜ PASSY-AUTEUIL (Seine) ⚜

Eaux sulfatées *ferrugineuses froides* : températures : 9⁰ (Passy), 10° (Auteuil).

Sulfate de fer.

Passy. { Sources anciennes. {	n° 1.........	0^{gr},0456
	n° 2.........	0 ,412
Sources nouvelles. {	n° 1.........	0 ,039
	n° 2.........	0 ,077
Auteuil		0 ,220

Ces eaux renferment en outre du Sulfate de Calcium en proportion notable : de 1 gr. 536 à 2 gr. 800.

⚜ PROVINS (Seine-et-Marne) ⚜

Station du réseau des Chemins de fer de l'Est.

Situation. — Chef-lieu d'arrondissement, sur la Voulzie, dans une jolie vallée, centre de charmantes promenades.

Altitude. — 88 m.

Climat. — De la région de Paris.

Ressources. — Bonnes installations comme hôtels et maisons meublées.

Établissement thermal pourvu d'une Buvette, de Salles de bains et d'une installation d'Hydrothérapie

La station est connue depuis le XVIIe siècle.

Les *eaux*, qui proviennent d'une nappe située dans la vallée de Durtein, affluent de la Voulzie, sont recueillies

dans un puits de 11 m. de profondeur; on les élève à
l'aide d'une pompe.

Débit quotidien : environ 350 hectolitres.

Température : 7°,8.

Minéralisation dominante : Oxyde de Fer, 0 gr. 076
(correspondant à 0 gr. 111 de Carbonate ferreux)
(Vauquelin et Thénard).

⚛ LA BAUCHE (Savoie) ⚛

Situation. — Canton des Échelles, à 6 k. des Échelles,
à 8 k. de Lépin-Lac-d'Aiguebelle, station de la ligne du
chemin de fer de Lyon à Chambéry.

Altitude. — 480 m.

La source sourd dans le parc du Château de La
Bauche   Les baigneurs peuvent loger dans un Hôtel et
dans quelques maisons meublées; mais l'eau sert surtout
à l'exportation.

Elle est *Ferrugineuse Bicarbonatée* ; sa température
est de 11°,5 et la source débite 43 hectolitres par
24 heures.

Les *applications thérapeutiques* sont celles des eaux
Ferrugineuses en général : Chlorose, Anémie, etc.

Analyse ·

	Principes fixes.	Sels préexistant dans l'eau. (Bicarbonates)
Acide carbonique des bicarbonates....	0^{gr},3272	
libre..............	0 ,0516	
Hydrogène sulfuré.............. .	traces.	
Carbonate de calcium..............	0^{gr},2651	0^{gr},3817
ferreux..............	0 ,0572	0 ,0789
de manganèse............	0 ,0031	0 ,0047
de magnésium............	0 ,0168	0 ,0256

Carbonate de sodium................	0^{gr},0039	0^{gr},0055
d'ammonium		0 ,0490
Phosphate de calcium...	0 ,0024 ⎫	
Silice	0 ,0208 ⎪	
Sulfate de sodium..................	0 ,0012 ⎬ 0 ,0518	
de potassium...............	0 ,0005 ⎪	
Chlorure de sodium.........	0 ,0025 ⎪	
Matière organique....................	0 ,0244 ⎭	
Arsenic...	faibles tr.	
Iode, acide azotique...................	traces.	
	0 ,0379	0 ,5972
Poids du résidu de 1 litre à 100°.....	0 ,3785	
Poids du résidu sulfaté. ⎰ observé.....	0 ,4592	
⎱ calculé.....	0 ,4598	

(WILLM, 1889.)

✳ FARETTE (Savoie) ✳

Commune d'Albertville. — La source émerge d'éboulis de micaschistes et a pour origine le terrain cristallophyllien. *Débit* faible : 115 h. par 24 heures. — *Température* : 11°. — Eau *Ferrugineuse* et *Arsenicale*. — Exportation.

Analyse ·

		Bicarbo-nates.
Acide carbonique des bicarbonates.	0^{gr},1344	
— — libre.......	0 ,0010	
Carbonate de calcium.......	0 ,0875	0 ,1313
de magnésium.........	0 ,0390	0 ,0594
ferreux.....:..........	0 ,0073	0 ,0102
manganeux...........	0 ,0005	0 ,0006
Silice...........	0 ,0176	
Sulfate de magnésium.	0 ,0254	
de sodium...............	0 ,0049	
de potassium	0 ,0031	
Chlorure de sodium.....	0 ,0047	
de lithium.............	faibles traces.	
Matière organique...............	traces.	
Acide azotique.................. ⎰	traces tr. faibles	
Arsenic, iode, cuivre............. ⎱		
Total par litre............	0 ,1900	
Poids du résidu sec......	0 ,1908	

(WILLM, 1888.)

☀ SAINT-CHRISTAU (Basses-Pyrénées) ☀

Voies d'accès. — Réseau des Chemins de fer du Midi. — Ligne de Toulouse à Bayonne. — Embranchement de Pau à Oloron. — D'Oloron à Saint-Christau : route de voitures, 8 k.

Situation, aspect général. — Hameau de la commune de Lurbe, sur la rive droite de l'Aspe. L'établissement, entouré d'un grand parc, est au centre d'un vallon, au pied des premiers contreforts des Pyrénées, au pied notamment du Mont Binet.

Altitude. 300 m.

Climat. Doux et salubre.

Saison. — Du 15 mai au 1ᵉʳ octobre.

Ressources. — Hôtel, maisons particulières. Station calme.

Les sources sont connues depuis le moyen age, mais elles ne sont fréquentées que depuis une trentaine d'années.

Il y a deux *Établissements* : 1° les Bains Vieux alimentés par la source des Arceaux : 2° la Rotonde, à la fois Établissement thermal et Hôtel; le plus récent, son aménagement comprend tous les perfectionnements modernes. A ces deux établissements, il convient d'ajouter : 3° une Buvette, qui est situé à 200 mètres de la Rotonde.

Les **Eaux** : Froides, Ferrugineuses (et Cuivreuses), faiblement minéralisées.

Elles *émergent* d'un calcaire cristallisé à schistes argileux; il n'est pas sûr (Jacquot et Willm) qu'elles puissent être rattachées au trias.

4 *sources* : 1° S. du Pêcheur: 2° S. Douce de la

Rotonde (ou S. Bazin); 3° S. Froide de la Rotonde;
4° S. des Arceaux.

Débit. — Celui du Pêcheur est faible, mais celui
des autres sources est considérable : 18 500 hectolitres par 24 heures, dont les deux tiers pour la
seule source des Arceaux.

Température. — Pêcheur, 13°,6, — Bazin, 12°,8,
— Froide de la Rotonde, 12°,2, — Arceaux, 14°.

Minéralisation dominante. — Le fer (la source du
Pêcheur est en outre légèrement Hydrosulfurée).

Particularités physiques. — Eau limpide, d'une
odeur faiblement sulfureuse (Pêcheur), d'un goût
faiblement styptique.

Modes d'emploi. — Boisson, Bains, Douches, Pulvérisations et Fomentations locales. — Les applications *locales* ont reçu une grande extension

Applications thérapeutiques. — Surtout les
Dermatoses, particulièrement celles qui sont liées
à l'Anémie et à la Scrofule, et aussi celles qui sont
liées à la Syphilis. Eczéma, Impétigo, Acné. —
Angines, Laryngites, Blépharites, Conjonctivites,
Kératites, Affections des Oreilles.

C'est au Cuivre signalé comme entrant dans
leur composition que ces eaux ont dû de voir
l'attention se porter sur elles. Mais on n'a pas
établi qu'une part d'action fût imputable à ce
métal. Comme le manganèse, le cuivre a des affi-
nités géologiques avec le fer; mais le premier
rang est réservé au fer, et près de lui le rôle de
ses satellites s'efface.

Analyse :

	Arceaux.	Bazin.	S. Froide.	Pêcheur.
Acide carbonique des bicarbonates.	0^{gr},1318	0^{gr},1343	0^{gr},1296	0^{gr},2788
Acide carbonique libre.	0 ,0192	0 ,0166	0 ,0212	0 ,0675
Hydrogène sulfuré....	»	»	»	0^{cc},0020
Carbonate de calcium.	0 ,1320	0 ,1338	0 ,1293	0 ,2515
de magnésium..............	0 ,0141	0 .0138	0 ,0135	0 ,0527
Carbonate de strontium..............	traces	traces	traces	0 ,004»
Carbonate ferreux et manganeux.........	0 ,0012	0 .0026	0 ,0022	0 ,001»
Carbonate de cuivre..	0 ,0003	traces?	traces	»
Silicate de calcium...	0 .0338	0 ,0290	0 ,0291	0 ,0221
de magnésium.	0 ,0134	0 ,0480	0 ,0465	0 ,0065
Sulfate de calcium....	0 ,0070	0 ,0034	traces	traces
— de magnésium.	0 ,006»	0 .0058	0 .0060	0 ,0270
de sodium....	0 ,0042	} 0 ,0128	0 ,0070	0 ,0819
de potassium.	0 ,0038		0 ,0031	0 ,0033
de lithium....	traces	traces	traces	traces
Hyposulfite de calcium.	»	»	»	0 ,0021
Chlorure de sodium..	0 ,0102	»	»	»
Ammoniaque.........	»	»	»	traces
Borates.............	»	»	»	faibles traces
Arséniates...........	indices	indices	indices	indices
Phosphates..........	traces		traces	
Matière organique et pertes......... ...	0 .0177	traces	0 .0102	0 .0088
Poids du résidu par litre.........	0 .2740	0 ,2324	0 ,2296	0 ,4730

BICARBONATES PRIMITIVEMENT EN DISSOLUTION :

	Arceaux.	Bazin.	S. Froide.	Pêcheur.
Bicarbonate de calcium..............	0 ,1901	0 ,1927	0 ,1862	0 ,3622
Bicarbonate de magnésium.............	0 ,0215	0 .0210	0 .0206	0 .0803
Bicarbonate de strontium	traces	traces	traces	0 .0052
Bicarbonate de fer....	0 .0016	0 ,0036	0 .0030	0 .0016
Minéralisation totale, moins l'acide carbonique	0 .3399	0 ,2992	0 ,2944	0 .6127

Ces résultats confirment dans leur ensemble les résultats de l'analyse faite en 1861 par Filhol, qui découvrit le Cuivre dans la source des Arceaux.

⚞ AURENSAN (Gers) ⚟

Quatre sources d'une eau *ferrugineuse bicarbonatée* dont la température est de 17°. — Il y a une mare où on prend des *Bains de Boues* ferrugineuses. — Ces eaux sont employées contre l'Anémie, la Chlorose, les Rhumatismes.

Groupe des Eaux Ferrugineuses de la Gascogne.

⚞ VILLENEUVE-DE-MARSAN (Landes) ⚟

Temperature : 15°.   Carbonate ferreux : 0 gr. 043.

⚞ CASTELJALOUX (Lot-et-Garonne) ⚟

Un petit établissement thermal; deux sources : Source de la Plateforme et Source du Levadou. — Température des deux sources : 14°,5. — Minéralisation dominante · Source de la Plateforme : 0 gr. 048 de Carbonate et Crénate ferreux, — Source du Levadou : 0 gr. 0164 de Bicarbonate de fer.

⚞ COURS (Gironde) ⚟

Source La Rode.   Température : 14°. — Carbonate ferreux : 0 gr. 030.

⚞ CESTAS (Gironde) ⚟

Carbonate ferreux : 0 gr. 018 (source des Fontaines), — 0 gr. 015 (source des Sablons).

Monrepos, Saucats, Crédo, Belloc, Bernos (toutes dans la Gironde), présentent respectivement la minéralisation dominante suivante ·

	Carbonate de fer.	Crénate de fer.
Monrepos..........................	0^{gr},018	0^{gr},020
Saucats	0 ,012	0 ,032
Crédo.............................	0 ,012	0 ,018
Belloc............................	0 ,016	0 ,026
Bernos	0 ,019	0 ,038
Source du parc de Pau....	0 ,036	

✻ OGEU (Basses-Pyrénées) ✻

Arrondissement d'Oloron. — Petit établissement thermal renfermant six baignoires — Eau Ferrugineuse (0 gr. 006 de Bicarbonate de fer). — Température : 22°.

✻ VILLELONGUE (Hautes-Pyrénées) ✻

Canton d'Argelès, près de Pierrefitte Nestalas, à l'entrée de la vallée du Lavedan. Trois sources *ferrugineuses froides* : Barbazan, Pontis, Mouré. Température : 13° — Minéralisation dominante : Sulfate ferreux : 0 gr. 380.

✻ BUÉ (Hautes-Pyrénées) ✻

Près de Saint-Sauveur. — Eau *Ferrugineuse Froide*. Renferme approximativement 0 gr. 015 de Crénate de fer.

✻ LE MOUDANG (Hautes-Pyrénées) ✻

Le hameau d'été du Moudang se trouve dans la haute vallée d'Aure, dans la région des hauts pâturages, sur le chemin de la vallée d'Aure à la vallée de Bielsa par le col du Moudang : à 1 h. 15 de Castets, à une *altitude* de 1 560 m.

Les sources se trouvent à 20 minutes de là, à une altitude supérieure encore : à 1 655 m.

Il y a cinq sources, dont la réunion forme un véritable torrent qui va grossir celui de Chourrious, affluent de la Neste-de-Moudang. Ces eaux sont très froides : à la température constante de 4°. Elles sont *Ferrugineuses* (Sulfate de Protoxyde de fer : 0 gr. 031). Ceux qui veulent les boire sur place sont obligés de séjourner dans le hameau d'été du Moudang. — Elles se conservent très bien. On les utilise en Boisson à l'Établissement thermal de Cadéac.

On les emploie dans les Anémies diverses.

✻ SAINT-BERTRAND-DE-COMMINGES ✻
(Haute-Garonne)

La source Trey-Signalès. *Froide, Ferrugineuse Bicarbo-*

natée, est employée par les gens de la contrée contre l'*Anémie*.

Elle a été analysée par Filhol en 1879.

Bicarbonate de chaux.....	$0^{gr},2315$
de magnésie..............	0 ,0217
de protoxyde de fer...........	0 ,0560
de lithine...................	traces.
— de protoxyde de manganèse...	traces.
Sulfate de chaux.......................	0 ,0060
Chlorure de sodium.............	0 ,0100
Azotate de potasse......................	0 ,0021
Ammoniaque ....,......	0 ,0015
Silice.................................	0 ,0015
Iode............................	traces.
Arsenic...........................	traces.
Matière organique..........	traces.
Acide carbonique libre...".................	0 ,0500
Total......................	0 ,3803

L'analyse élémentaire indique $0^{gr},0252$ de protoxyde de fer.

✻ SALLES (Haute-Garonne) ✻

Près de Luchon, en aval de cette station, sur la rive droite de la Pique; eau *Ferrugineuse Froide* (15°). L'eau présente une réaction franchement acide due à du Sulfate ferreux (Willm); Sulfate ferreux : 0 gr. 0302, — Oxyde ferrique libre (déposé) : 0 gr. 0410.

✻ SOURROUILLE (Haute-Garonne) ✻

Près de Luchon. — *Ferrugineuse Froide.* — Carbonate ferreux : 0 gr. 030.

Les eaux de Castelviel et de Barcugnas, près de Luchon, sont également minéralisées par du Sulfate ferreux.

⚞ MONTÉGUT-SÉGLA (Haute-Garonne) ⚟

Arrondissement de Muret. à 25 k. de Toulouse, sur la route de Toulouse à Luchon.   Établissement thermal sur les bords de la Garonne.   Eau froide : 19° Légèrement *alcaline, ferrugineuse*. — Elle est limpide et d'une saveur agréable.

Applications hygiéniques et thérapeutiques.   Eupeptiques, Digestives et Diurétiques, ces eaux sont appliquées particulièrement dans des Troubles Digestifs divers.

Acide carbonique	0^{gr},0710
Carbonate de calcium	0 ,2740
de magnésium	0 ,0020
Bicarbonate de sodium	0 ,0190
Silicate de sodium	0 ,0310
de potassium	0 ,0060
Sulfate de magnésium	0 ,0130
Chlorure de magnésium	0 ,0170
Oxyde de fer et alumine	0 ,0020
Matière organique	0 ,0010
	0 ,3650

(FILHOL. 1848.)

⚞ LE PLAN (Haute-Garonne) ⚟

Commune du Plan, près de Cazères : source *Castille*. C'est une eau *Ferrugineuse* et *Manganésienne* et en même temps *Calcique*.

Acide carbonique libre	61^{cc}
Bicarbonate de calcium	0^{gr},358
de magnésium	0 ,015
Oxyde de fer	0 ,019
Manganèse	0 ,005
Acide crénique combiné au fer	0 ,020
Chlorure de sodium	0 ,035
— de potassium	traces.
Arsenic et iode	traces.
Silice	0 ,008
	0 ,453

(FILHOL.)

BOURRASSOL (Haute-Garonne)

Arrondissement de Toulouse. — Eau *Ferrugineuse* bicarbonatée, Froide (17°), présentant une odeur et une saveur
sulfureuses. — Carbonate ferreux, 0 gr. 070. — Employée
en Boisson dans l'Anémie et la Chlorose.

SAINTE-MADELEINE-DE-FLOURENS
(Haute-Garonne)

Eau Ferrugineuse Froide : 0 gr. 080 de Carbonate ferreux.

SENTEIN (Ariège)

Arrondissement de Saint-Girons. — Petit établissement
thermal fréquenté par les gens du pays. — Eau *Froide
Ferrugineuse* Bicarbonatée, legèrement gazeuse. — Température : 12°. — Sesquioxyde de fer : 0 gr. 059.

ROQUECOURBE (Tarn)

Ferrugineuse (Carbonate de Protoxyde de fer, 0 gr. 052)
Froide (16°,5).

TRÉBAS (Tarn)

Ferrugineuse, Hydro-Sulfurée (17°).

SAINT-JULIEN (Hérault)

Eau *Ferrugineuse* Bicarbonatée gazeuse. — Carbonate
de fer : 0 gr. 020. — Acide carbonique : 500 cc.

CHARBONNIÈRES (Rhône)

A 8 k. de Lyon. — *Altitude* : 300 m.

L'*Établissement thermal* comprend une Buvette, des
cabinets de Bains, des Douches, une grande Piscine, une
petite Piscine.

Deux *sources* : Source Laval et Source Nouvelle ou Source Cholat, qui émergent du porphyre granitoïde. Ces eaux sont *Ferrugin uses*.

Débit de la source Laval, 800 h. par 24 heures.

Température. — Les deux sources sont Froides. la source Laval a 9°,5.

Mo l s d'emploi. Boisson, Bains de Baignoires, Bains de Piscine, Douches.

Applications thérapeutiques. Anémies de causes diverses. Chlorose, Dyspepsies accompagnées d'Anémie.

Analyse de la source Laval :

Acide carbonique.........................	34^{cc}
Hydrogène sulfuré.......................	traces.
Azote	24^{cc}
Oxygène........	1^{cc}
Bicarbonate de calcium...................	0^{gr},050
de magnésium................	0 ,006
de sodium........	0 ,017
ferreux..	0 ,041
Sulfate de calcium....	traces.
Chlorure de sodium.....................	0 ,008
Silice	0 ,022
Alumine................................	0 ,009
Matiere organique...................	notable.
	0 .153

(GLÉNARD.)

⚜ SAINT-CHRISTOPHE-EN-BRIONNAIS ⚜

(Saône-et Loire)

Bourg dans l'arrondissement de Charolles. à 20 k. de Charolles.

Petit établissement thermal alimenté par une source *Ferrugineuse* Froide qui sourd du granit. Elle est employée en Boisson et en Bains dans l'Anémie et la Chlorose.

Acide carbonique....... .... 1/2 du vol.

Bicarbonate de chaux.................. 0^{gr},040
           de magnésie .. .. traces.
Carbonate et crénate de fer... .... 0 ,070
Manganèse .... traces.
Sulfate de chaux....................... 0 ,020
Chlorure de sodium..... .... 0 ,022
Silice et alumine...................... 0 ,011
Matière organique..................... traces.
Principe arsenical reconnu dans le dépôt.. traces.

                       0 ,163

(O. HENRY, 1851.)

✴ CHATEAU-GONTIER (Mayenne) ✴

Station sur le réseau des Chemins de fer de l'Ouest, — chef-lieu d'arrondissement. — Altitude : 50 m.   Hôtels, Promenades.

L'établissement thermal comprend une Buvette, des cabinets de Bains, des cabinets de Douches et une installation d'Hydrothérapie.

La station est fréquentée par une clientèle régionale depuis le XIVe siècle.

Connu sous le nom de « Pougues rouillée », la source émerge du terrain paléozoïque. Elle est *Froide* et *Ferrugineuse*.

D'après l'analyse qu'en a faite O. Henry en 1849, la minéralisation dominante est constituée par de l'Oxyde de Fer carbonaté, Crénaté et Apocrénaté : 0 gr. 1040.

Les applications thérapeutiques de cette eau sont l'Anémie et la Chlorose.

✴ MARTIGNÉ-BRIAND (Maine-et-Loire) ✴

Arrondissement de Saumur.

Deux sources : 1° trois filets pouvant être considérés comme une source unique : *les sources Jouannet*, 2° la *source Nouvelle*.

L'eau de *Jouannet* est *Ferrugineuse* (0 gr. 0141 de Carbonate ferreux), et renferme en outre des carbonates de calcium et de magnésium. Sa température est de 13°. La source *Nouvelle* serait Sulfureuse, elle a une tempé rature de 15°.

Les eaux de *Jouannet* sont employées contre l'Anémie et la Chlorose ; les eaux de la source *Nouvelle* contre les maladies de la Peau.

❋ THOUARCÉ (Maine-et-Loire) ❋

A 3 k. de Martigné-Briand, sourdent deux sources, dites du *Prieuré*, dont la composition est analogue à celle de la source Jouannet. Cette eau a 10° et renferme 0 gr. 020 de Sesquioxyde de fer.

❋ CHALONNE-SUR-LOIRE (Maine-et-Loire) ❋

Chef-lieu de canton de l'arrondissement d'Angers. Eau *Ferrugineuse Froide*. — Elle renfermerait 0 gr. 012 de Bicarbonate ferreux et 0 gr. 030 de Bicarbonate de manganèse.

2° *EAUX FERRUGINEUSES GAZEUSES*

❋ SPA (Belgique. — Province de Liège) ❋

Voies d'accès. — De Paris à Spa par Saint-Quentin, Namur, Liège, Pépinster.

Situation, aspect général. Petite ville d'aspect gracieux, dans une vallée pittoresque entourée de montagnes boisées constituant les premiers contreforts des Ardennes.

Altitude. — Environ 300 m.

Climat. — Variable, mais tempéré.

Saison. — Du 15 mai au 15 octobre.

Ressources. Très étendues. Station de premier ordre.

Hôtels nombreux et tres confortables, Concerts, Théâtres, Casino (Redoute, Vauxhall, etc.), — Courses. — Promenades, excursions.

Cette station est tres anciennement connue.

Les Eaux. — Ferrugineuses, Gazeuses, Froides.

Elles *émergent* de schistes argileux et ferrugineux

Les *sources* sont au nombre de 8 : Le Pouhon de-Pierre-le-Grand (ou simplement Le Pouhon) Pouhon-du-Prince-de-Condé, Marie Henriette, le Tonnelet, la Sauvenière, le Groesbeck, la Géron stère, Barisart. Le Pouhon est la plus importante.

Le *débit* du Pouhon est de 220 hectol. par jour.

Température. — Toutes ces sources sont Froides (de 9° à 10°); le Pouhon a 10°,8.

Particularités physiques. — Les diverses sources de Spa sont limpides et laissent dégager des bulles de gaz acide carbonique en grand nombre. Elles ont une odeur piquante due à l'acide carbonique; leur saveur est piquante, fraîche, un peu atramen taire; par le repos elles abandonnent un sédiment ocracé. Le dégagement de gaz produit dans la source du Pouhon un bouillonnement plus prononcé par les temps d'orage.

Modes d'emploi. — Boisson, Bains, Douches (surtout la Boisson).

Le *Grand-Établissement thermal* compte parmi les établissements les mieux aménagés et les plus confortablement installés. Il présente toutes les ressources de la balnéothérapie moderne.

Applications thérapeutiques. — Des propriétés
particulières ont été attribuées respectivement aux
diverses sources de Spa; mais l'observation a
démontré que toutes avaient des propriétés communes, sauf des différences de détail dues aux
différences d'ailleurs très peu prononcées qu'elles
présentent dans les proportions de l'élément fer
rugineux et de l'élément gazeux, au point de vue
surtout des tolérances personnelles des divers esto-
macs. Leurs applications sont celles de la médica
tion ferrugineuse en général : Anémies, Convalescences prolongées, Atonie liée à divers États Nerveux, Dyspepsies, Affections Utérines.

Analyse du Pouhon ·

Acide carbonique libre................	2ʳʳ,55278
	(1288ᶜᶜ)
Bicarbonate de sodium.....................	0 ,12222
de potassium...................	0 ,01484
de calcium....................	0 ,04050
de magnésium........	0 ,01825
de fer........................	0 ,19647
de manganèse..................	0 ,00386
Chlorure de sodium.........	0 ,05402
Sulfate de sodium...................	0 ,02316
Silice.....................................	0 ,01900
Alumine...................................	0 ,01430
Hydrogène sulfuré.......................	0 ,00011.039
Lithine, acides nitrique et phosphorique, oxy-gène, azote, hydrogène carboné.............	traces.
Résidu sec................................	0 ,61100
	3 ,66751,039

(Commission de 1874.)

❋ PYRMONT ❋

(Allemagne. Principauté de Waldeck)

Voies d'accès. — 1° De Paris à Cologne. — 2° De Cologne à Hamm. — 3° De Hamm à Altenbecken. — 4° D'Altenbecken à Pyrmont.

Situation, aspect général — Petite ville élégante, sur l'Emmer, dans une vallée entouree de collines boisées · station très fréquentée encore, bien que déchue de sa vogue passée

Altitude. — Environ 120 m.

Climat. — Rude, venteux, pluvieux.

Saison. — Du 15 juin au 15 septembre.

Ressources. — Installations confortables.

La station était très fréquentée au moyen âge.

Les **Eaux**, Ferrugineuses, Gazeuses, Froides, émergent du terrain secondaire.

Il y a deux *groupes de sources* : 1° les unes sont Ferrugineuses Bicarbonatées, Très Gazeuses · 2° les autres sont Chlorurées Sodiques. On emploie en outre les Eaux Mères des Salines de Pyrmont.

Ce sont les sources Ferrugineuses qui ont fondé la réputation de Pyrmont, et, parmi elles, la plus importante et la plus connue est la *Stahlbrunnen* (Source d'Acier) qu'on appelle aussi *Trinkbrunnen Trinkquelle* ; elle est employée en Boisson, tandis que la *Brodelbrunnen* sert pour les Bains.

Débit : Stahlbrunnen, 100 hectolitres par 24 heures ; Brodelbrunnen, 1 660 hectolitres.

Température :

1° FERRUGINEUSES BICARBONATÉES (PARMI LES)

Stahlbrunnen................................. 12°,5
Brodelbrunnen .... 12°,5
Augenbrunnen............................... 17°,5
Neubrunnen................................. 10°,5
Saüerlingbrunnen .... 12°,5

2° CHLORURÉES SODIQUES (PARMI LES)

Salzbrunnen............................. .... 10°

Particularités physiques. — L'eau de la Stahl-brunnen est limpide et dégage de nombreuses bulles de gaz. Sa saveur un peu atramentaire est agréable.

Modes d'emploi. — On boit les eaux ferrugineuses et les salées, mais particulièrement l'eau de la Stahlbrunnen. On additionne d'Eaux Mères les Bains d'eau salée.

Les *Établissements balnéaires* sont très confortablement installés. Le principal est celui qu'on appelle *Bain de la ville*, dont les baignoires sont alimentées par la Brodelbrunnen.

Les *applications thérapeutiques* sont celles des eaux Ferrugineuses Gazeuses. Les sources Chlorurées Sodiques ressortissent à la Médication Salée.

Analyse de la source Stahlbrunnen ·

Acide carbonique libre.................... 777

Bicarbonate de fer....................... 0^{gr},0576
     de manganèse.. .... 0 .0044
     de chaux................... . 1 .0477
     de magnésie....... .... 0 ,0171
     d'ammoniaque................. 0 .0003

Sulfate de potasse........................ 0^{gr},0233
—   de magnésie..................... 0 ,3888
de chaux........................ 0 ,9034
Chlorure de sodium.................... 0 ,0514
—   de lithium.................... 0 ,0026
de magnésium................. 0 ,0696
Azotate de soude......................... 0 ,0000,5
Silice................................... 0 ,0002,6
Alumine................................. 0 ,0011,1
Matières organiqués...... .... traces

Total des matières fixes............. 2 ,57256

(WIGGERS, 1857.)

⚹ SAINT-MORITZ ⚹

(Suisse, Haute-Engadine, canton des Grisons)

De Coire à Saint-Moritz : de 12 à 14 heures en voiture (17 heures par le Julier).

Situation, aspect général. — Village de 400 habitants dans la Haute-Engadine, près du petit lac de Saint-Moritz au pied du Rosatch, dans la vallée de l'Inn. — L'Établissement thermal est à 2 k. du village.

Altitude. — 1 775 m.

Climat de haute altitude, excitant et tonique. Air vif et sec. Il n'est pas rare qu'il y neige en plein été. Grandes oscillations thermometriques.

Saison. — Du 15 juin au 15 septembre. Quelques hôtels restent ouverts toute l'année.

Les Eaux. — Ferrugineuses Bicarbonatées, Gazeuses, Très Froides.

Elles émergent du terrain granitique.

Deux *sources* sont utilisées : 1° la Vieille Source ou Source Ancienne ou Grande Source; — 2° la Source Nouvelle, ou Petite Source, ou Source Paracelse.

Le *débit* n'est pas considérable : 316 hectolitres par 24 heures pour la Grande Source, — 33 hectolitres pour la Petite Source (Dictionnaire).

Température. — Grande Source : 5°,6. — Petite Source, 4°,3.

Particularités physiques. — Remarquables par la proportion de gaz Acide carbonique qu'elles renferment et par leur basse température, ces eaux ont un goût agréable, acidule et astringent. Elles déposent un sédiment ocreux.

Modes d'emploi. — Elles sont surtout utilisées en Boisson.

Les *applications thérapeutiques* se déduisent : 1° de l'altitude et du climat ; — 2° de la composition martiale de l'eau ; — 3° de la qualité très gazeuse de l'eau, tant au point de vue de son action à l'intérieur qu'au point de vue de ses effets excitants en bains. — Anémies, États Asthéniques divers.

A ces indications capitales il faudrait joindre, d'après Jaccoud : des Affections catarrhales diverses (de l'Estomac, de l'Intestin, de la Vessie, de l'Utérus) et des affections constitutionnelles telles que le Diabète, l'Albuminurie atonique, la Scrofule et même le Rhumatisme et la Goutte.

Analyse de la Grande Source :

Acide carbonique....	1287cc,10
Azote................................	3 ,72
Oxygène	1 ,01

Bicarbonate de chaux ....   1^{gr},0460
         de magnésie..................   0 ,1911
         d'oxydule de fer..............   0 ,0327
         d'oxydule de manganèse......   0 ,0057
Chlorure de sodium......................   0 ,0389
Sulfate de soude........................   0 ,2723
         de potasse....................   0 ,0464
Acide silicique........................   0 ,0381
       phosphorique..................   0 ,0004
Alumine................................   0 ,0003
Brome, iode, fluor.....................   traces.

Total des éléments solides........   1 ,9113

(De Planta et Kekulé, 1855.)

⚹ SCHWALBACH (Allemagne. Nassau). ⚹

Situation, aspect général. — Petite ville à 8 k. d'Ems, à 12 k. de Wiesbaden, dans la vallée du Taunus, entourée de montagnes boisées.

Altitude. — Environ 300 m.

Climat. — Vif et tonique, mais froid et variable.

Saison. —,Du 1er juin à la fin de septembre.

Ressources. — Hôtels et Maisons garnies. — Promenades. La station est fréquentée depuis le XVIe siècle.

Les Éaux. — Ferrugineuses, Gazeuses, Froides (10°).

Elles *émergent* de schistes argileux.

La *source* la plus employée est la Weinbrunnen (source du Vin); la Stahlbrunnen (source d'Acier) et la Paulinenbrunnen (source Pauline) sont les principales après elle.

La Weinbrunnen et la Stahlbrunnen sont réservées à la *Boisson*; la Paulinenbrunnen sert à la *Boisson* et aux *Bains*; les autres ne sont employées qu'en Bains.

Ces eaux sont limpides; leur saveur fraîche, acidule, un peu atramentaire, est agréable. — Quand
on abuse de ces eaux, de celle de la Weinbrunnen
surtout, leur acide carbonique produit une sorte
d'ivresse, d'où le nom de Weinbrunnen qu'on lui a
donné.

Il y a plusieurs *établissements thermaux*. Les principaux sont : l'Établissement Royal et le Linden-
brunnen.

Applications thérapeutiques. — Chlorose,
Anémie, Convalescences lentes, Épuisements de
causes diverses. — En outre, les Allemands vont
beaucoup à Schwalbach faire une *cure complémen-
taire* de traitements thermaux divers.

Analyse de la source Weinbrunnen

Acide carbonique libre.	1er,7414
Bicarbonate de fer.....................	0 ,0576
de manganèse...............	0 ,0090
de chaux.....................	0 ,5708
de magnésie.................	0 ,6051
de soude....................	0 ,2456
Sulfate de potasse.....................	0 .0074
— de soude......................	0 ,0062
Chlorure de sodium....................	0 ,0086
Acide silicique.......................	0 ,0465
Phosphate de soude....................	traces.
Matière organique.....................	traces.
Total des matières fixes...........	1 ,5568
Total général........	3 ,2982

(Fresenius, 1856.)

⸎ LACAUNE (Tarn) ⸎

A 10 k. de Castres.   L'établissement thermal est à
1 k. du village de Lacaune. Il est alimenté par une source
appelée la *Source Thermale*. dont la température est de 22
à 24°. — Une autre source, la *Source Rouge*, est froide.
Toutes deux sont *Ferrugineuses Bicarbonatées* et *Gazeuses*
et renfermeraient : la première 0 gr. 10, la seconde
0 gr. 045 de Peroxyde de fer.

⸎ RENLAIGUE (Puy-de-Dôme) ⸎

Commune de Diery, canton de Besse, arrondissement
d'Issoire. — Altitude : 710 m.

Deux *sources* : *Renlaigue* et *La Bonnette*, qui jaillissent
d'un terrain basaltique et granitique.

L'eau de ces deux sources est *Froide* (14°) et *Ferrugineuse très gazeuse*. Il y a lieu même de souligner l'abondance de l'Acide carbonique, parce qu'il assure le main-
tien à l'état de dissolution de l'élément ferreux.

Minéralisation dominante. — La source Renlaigue renferme 0 gr. 081 de *Bicarbonate de fer* et 2 gr. 464 d'*Acide
carbonique*; — la source de la Bonnette contient 0 gr. 069
de Bicarbonate ferreux et 2 gr. 110 d'*Acide carbonique*.

Analyse de la source Renlaigue :

Acide carbonique libre......................	2^{gr},464
Bicarbonate de sodium...........	0 ,417
— de potassium.................	traces.
de calcium....................	0 ,216
— de magnésium................	0 ,247
— de fer.....	0 ,081
Chlorure de sodium.................	0 ,041
de lithium......................	traces.
Sulfate de sodium.......................	0 ,024
Arsenic.................................	traces.
Silice...............	0 ,060
	1 ,476

(Truchot, 1876.)

✳ OREZZA (Corse) ✳

Situation. Commune de Rapaggio, canton de Pie-dicroce, arrondissement de Corte, à 50 k. de Bastia, à une petite distance de la mer, au milieu de montagnes pittoresques.

Le *climat* est doux et tempéré.

Saison. De juin à septembre.

Ressources. — Presque nulles : les eaux ne sont guère utilisées que pour l'exportation. Quelques habitants de la contrée viennent seuls en faire usage sur place.

Les **Eaux**, Ferrugineuses, Très Gazeuses, Froides, — émergent du terrain crétacé.

Deux *sources* jaillissent à environ 150 m. l'une de l'autre : *Sorgente soprana*, celle d'en haut, — *Sorgente Sottana*, celle d'en bas. Cette dernière est celle qui a fait la réputation des Eaux d'Orezza, c'est celle qui est habituellement employée.

Débit de la source *Sorgente Sottana* : 1 440 hecto litres par 24 heures.

Température de cette même source : 11°

Particularités physiques. — Eau limpide, très gazeuse, sa saveur est légèrement marine, très agréable.

Modes d'emploi. — Cette eau est exclusivement employée en Boisson, et à peu près exclusivement utilisée comme exportation.

Applications thérapeutiques et hygiéniques. — Celles des eaux Ferrugineuses Très Gazeuses.

Analyse :

Acide carbonique libre et provenant des bicarbonates	2^{gr},4672
	(1248^{cc})
Acide carbonique libre (donné par le calcul)	2^{gr},1100
	(1067^{cc})
Carbonate de calcium....................	0^{gr},602
— de magnésium..................	0 ,074
— de lithium....................	traces.
— ferreux........................	0 ,128
— de manganèse et de cobalt......	traces.
Sulfate de calcium.....................	0 ,021
Chlorures alcalins.......................	0 ,014
Alumine et silice.......................	0 ,010
Arsenic................................	traces.
Fluorure de calcium....................	traces.
Matière organique.....................	traces.
	0 ,849

(POGGIALE, 1853.)

P A R D I N A (Corse) ✖

Eau ferrugineuse : Bicarbonate ferreux : 0 gr. 02, Acide carbonique libre : 1 gr. 49.

✖ B U S S A N G (Vosges) ✖

Voies d'accès. — Réseau des Chemins de fer de l'Est. — Ligne de : Nancy, Épinal, Remiremont, Bussang.

Situation.   Village sur la Moselle à quelques kilomètres des sources de la Moselle, au centre des hautes Vosges. Situation très pittoresque. Les sources minérales sont à quelques kilomètres du village.

Altitude. — 625 m.

Il y a depuis quelques années un Établissement d'Hydrothérapie. Jusque-là il n'y avait qu'une simple Buvette, qui n'était guère utilisée d'ailleurs que pour l'embouteillage, l'exportation étant le mode d'emploi presque exclusif.

Les Eaux. — Ferrugineuses Bicarbonatées, Très Gazeuses, Froides.

Trois *sources* : 1° la Salmade (ou Source d'En Bas), à peu près exclusivement utilisée ; — 2° Source des Demoiselles ; — 3° Source Marie.

Débit de la Salmade : 2 160 hectolitres par 24 h.

Température. — 13°.

Particularités physiques. — Cette eau est limpide, très gazeuse, d'un goût aigrelet et légèrement ferrugineux. Elle est très agréable à boire.

Applications hygiéniques et thérapeutiques. — Elle est à peu près exclusivement employée comme Eau de Table. Elle est apéritive, digestive, Reconstituante, et convient surtout dans les cas d'Atonie.

Analyse :

	Source Salmade
Acide carbonique des bicarbonates..........	1ᵍʳ,0934
libre...........	1 .7786
	(899ᶜᶜ.5)
Carbonate de sodium...............	0ᵍʳ,6285
de potassium.....................	0 .0612
— de lithium	0 .0061
de calcium	0 .3798
de magnésium....................	0 .1771
ferreux.................................	0 .0086
manganeux.....................	0 .0030
Arséniate de fer (ou arséniate de sodium : q. ég.)..	0 .0012
Silice	0 .0641
Sulfate de sodium........................ .	0 ,1337
Chlorure de sodium....................	0 ,0836
Phosphate, borate et fluorure de calcium..........	traces.
Alumine?............................	0 .0012
	1 .5481
Poids du résidu sèche a 200°.......	1 .5426

Bicarbonates primitivement dissous (anhydres) :

$$
\begin{cases}
\text{de sodium} & 6^{gr},8895 \\
\text{de potasssium} & 0\ ,0807 \\
\text{de lithium} & 0\ ,0097 \\
\text{de calcium} & 0\ ,5469 \\
\text{de magnésium} & 0\ ,2699 \\
\text{ferreux} & 0\ ,0118 \\
\text{manganeux} & 0\ ,0036
\end{cases}
$$

Soit, pour les bicarbonates alcalins hydratés (CO^3NaH, etc.) ·

Bicarbonate de sodium .... 0 ,9962
—   de potassium.......................... 0 ,0887
—   de lithium .... 0 ,0114

(WILLM, 1879.)

3° EAUX FERRUGINEUSES CHAUDES

✳ LAMALOU (Hérault) ✳

Voies d'accès. — Station du chemin de fer du Midi, sur la ligne de Montauban à Bédarrieux, par Saint-Sulpice, Castres, — 6 k. avant d'arriver a Bédarrieux.

Situation, aspect général. — Dans un joli vallon (dirigé du nord au sud) de la chaîne des Cévennes, baigné par l'Orb et entouré de montagnes élevées. La station se compose de trois parties distinctes, mais assez rapprochées :

Lamalou-le-Bas (qui est le plus important), *Lamalou-le-Centre*, et *Lamalou-le-Haut*. Ces trois parties correspondent à trois groupes de sources et à trois établissements. L'ensemble, comprenant les Établissements thermaux, les Hôtels, les Maisons meublées, se trouve échelonné sur un espace d'environ 800 mètres.

L'*altitude* des divers points du vallon est comprise entre 170 m. et 195 m.

Le *climat*, méditerranéen tempéré, est doux et agréable.

Saison. — Du 1er mai au 15 octobre.

Ressources. — Matérielles assez étendues et installations confortables : Hôtels et Maisons meublées. Promenades. Station calme.

La station est connue depuis le siècle dernier.

Établissements thermaux. — Il y en a trois correspondant aux trois groupes de sources, et distingués, d'après leurs situations respectives, en Lamalou-le-Bas, — Lamalou-le-Centre, — et Lamalou-le-Haut. Chacun utilise plusieurs sources pour la Boisson et surtout pour les Bains, les Bains de Piscine et les Douches.

Les Eaux. — Ferrugineuses bicarbonatées, — Chaudes, Tempérées et Froides.

Elles *emergent* des schistes talqueux.

Nombre des sources. — On en distingue trois groupes : 1° Lamalou-le-Bas, — 2° Lamalou-le-Centre, — 3° Lamalou-le-Haut. — Les sources du premier groupe sont Chaudes, — celles des deux autres groupes sont Tempérées, et elles sont en même temps moins concentrées comme minéralisation. — 1° *Lamalou-le-Bas* : cet établissement est alimenté par un grand nombre de sources qui (sauf une, la source Stoline) sont toutes emmagasinées dans un réservoir commun qui sert à alimenter les baignoires et les piscines. — « La température de ces sources à leur émergence varie de 34° à 47°, et la température de l'eau de ce réservoir n'est que de 37°,5, et dans les piscines de 33°. Cet abaissement de la température moyenne des sources tient à ce que l'eau se refroidit dans son trajet, qui se fait à découvert, circonstance qui amène en outre une perte dans la minéralisation, comme le montre l'analyse de l'eau du réservoir et celle de la source chaude (46°,6). Il y a notamment disparition presque complète de l'arsenic, qui est entraîné dans la précipitation d'une partie des matières tenues en dissolution à la faveur de l'acide carbonique. Ce grave inconvénient serait facilement évité en réunissant les eaux dans une conduite close. » (Jacquot et Willm.) — La Source Stoline a 30°,8; elle est employée isolément comme Bains et aussi comme Boisson.

Deuxième groupe : *Lamalou-le-Centre.* — Il comprend : *a*, l'*Établissement Bourges*, à 500 m. au nord du précédent. Il est alimenté par la Source Bourges (24°,4), la Source Nouvelle (23°,7) et la Source Marie (21°,5). Cette dernière n'est utilisée qu'en Boisson; les deux premières sont employées en Boisson et en Bains; — *b*, la *Buvette Capus*, très Ferrugineuse et d'une température de 21°,4.

Troisième groupe : *Lamalou-le-Haut.* — A 800 m. du précédent. L'établissement est alimenté par un puits artésien dont l'eau a 30° — Comme Boisson, on y utilise plusieurs sources froides : Petit-Vichy, 16°,5, — Source de la Mine, 17°,6.

Particularités physiques. — Ces eaux sont limpides et dégagent des bulles de gaz, elles abandonnent un dépôt ocracé, et se troublent au contact de l'air.

Modes d'emploi. — On boit particulièrement l'eau de la Source Capus et de la Source de la Mine. — Les autres sources sont employées surtout en Bains de Baignoires, en Bains de Piscines et en Douches.

Applications thérapeutiques. — Rhumatismes et Névralgies chez les sujets nerveux et affaiblis ; Troubles Nerveux résultant d'épuisements de causes diverses, états d'Anémie compliqués d'états nerveux ; bref, états divers justiciables d'une méthode à la fois tonique et antispasmodique.

Charcot avait mis ces eaux à la mode dans le traitement de l'Ataxie Locomotrice et de diverses maladies de la Moelle Épinière, où elles rendent en effet des services très appréciables.

Tableau comparatif de la minéralisation dominante et de la Température :

		Bicarbonate ferreux.	T°
Lamalou-le-Bas	Réservoir des bains.....	0ʳ,0110	35°5
	S. Chaude de la galerie.	0 ,0138	46 6
	S. Stoline............	0 ,0096	30 8
Lamalou-le-Centre	Source Capus..........	0 ,0782	21 4
	Source Bourges........	0 .0144	25 4
	Source Marie..........	0 .0108	21 5
Lamalou-le-Haut	Source des Bains.......	0 .0250	30
	Petit-Vichy...........	0 ,0072	16 5
	Source de la Mine......	0 ,0818	17

Analyse de la Source Chaude (Lamalou-le-Bas) ·

Acide carbonique des bicarbonates........	0ʳ,1536
libre.................	0 .6464
	(326ᶜᶜ,4)

Carbonate de sodium...... .... $0^{gr},4714$
— de potassium................... 0 ,1822
de lithium.................... non dosé.
ferreux........................ 0 ,0100
manganeux.................... 0 ,0013
de cuivre..................... traces.
de calcium.............. ..... 0 ,4956
— de magnésium................. 0 ,2074
Sulfate de sodium.................... 0 ,0516
Chlorure de sodium.................... 0 ,0288
Arséniate de sodium.................... 0 ,0009
Phosphate de sodium.................... 0 ,0008
Silice............................... 0 ,0532
traces.

Total...................... 1 ,5032
Poids du résidu sec........... 1 ,4860
Minéralisation totale, moins l'acide carbo-
nique libre........................... 2 ,0800

Bicarbonates primitivement dissous :

Bicarbonate de sodium $C^2O^5Na^2$........... 0 ,6600
de potassium................. 0 ,2402
de lithium.................. non dosé.
ferreux...................... 0 ,0138
— manganeux.................. 0 ,0018
de calcium.................. 0 ,7137
de magnésium............... 0 ,3152

Bicarbonates hydratés correspondants CO^3MH :

Bicarbonate de sodium.......'............ 0 ,7472
de potassium................. 0 ,2642

(WILLM, 1879.)

✳ L U X E U I L (Haute-Saône) ✳

Voies d'accès. — Réseau des Chemins de fer de l'Est,
— Ligne de Nancy à Belfort. — Station de Luxeuil entre
Aillevillers et Lure.

Situation, aspect général. — Petite ville de près· de
5 000 habitants, dans une situation charmante, sur les
bords du Breuchin, à l'entrée de la pláine, sur le revers

occidental et la chaine boisée des Vosges qui protège la ville contre les vents du nord.

Altitude. — 310 m.

Climat. — Tempéré.

Saison   Du 15 mai au 1er octobre.

Ressources. — Hôtels, Maisons particulières. — Promenades, excursions.

Très ancienne, cette station date *d'avant* la conquête romaine.

Les *Thermes* sont la propriété de l'État depuis 1853. Ils sont parmi les plus beaux et les mieux installés de l'Europe. Ils comprennent : 3 Grandes Piscines à eau courante, 2 Piscines de famille, 74 Baignoires, 59 Appareils à Douches. 7 Buvettes. Le tout est réparti en 8 Divisions (ou Bains) reliées entre elles par des galeries munies de Cabinets : 1° Bain des Bénédictins ; — 2° Bain Gradué ; — 3° Bain des Capucins ; — 4° Grand Bain ; — 5° Bain des Dames ; — 6° Bain des Fleurs ; — 7° et 8° Bains Ferrugineux.

Les Eaux. — Ferrugineuses et Chlorurées Sodiques, Chaudes.

Elles *émergent* de grès vosgiens imprégnés d'Oxydes de Fer et de Manganèse.

Les *Sources* sont au nombre de 15 (Tillot). Le tableau suivant indique pour chacune le *débit* et la *température*.

Les chiffres des températures sont ceux indiqués par Tillot pour les sources : de l'Aqueduc, Nouvelle, des Yeux, Labiénus et du Pré Martin ; tous les autres sont de Willm.

	Débit.	T°
1° Le Grand-Bain, 2 griffons.........	380ʰ	$\left\{\begin{array}{l} 51°4 \\ 52\ 5 \end{array}\right.$
2° Source de l'Aqueduc...............	75	35
3° des Cuvettes..............	136	44 6
4° des Dames..........,.....	488	43 7
5° des Bénédictins...........	80	42 2
6° des Capucins.............	405	40
7° Nouvelle ...,...........	390	41
8° des Yeux................	4	39
9° Bain-Gradué $\left\{\begin{array}{l} \text{griffon extérieur....} \\ \text{griffon central.....} \end{array}\right.$	$\left.\right\}$ 114	$\begin{array}{l} 44\ 4 \\ 38\ 5 \end{array}$
10° Source Gélatineuse ou des Fleurs.	78	36
11° Labiénus................	89	34
12° Hygie..................	59	30 5
13° Puits Romains...........	447	29
14° — Eugénie, ou du Pré Martin.	3293	24
15° du Temple...............	270	21

Minéralisation dominante. — On peut distinguer à ce point de vue deux Groupes de sources : le *1ᵉʳ groupe*, qui comprend les sources du Puits Romain, du Temple et Labiénus, est minéralisé par le *Fer* et le *Manganèse*. Les autres sources, qui forment le *2ᵉ groupe*, sont *Chlorurées Sodiques*.

Particularités physiques. — L'eau du Puits Romain se trouble au contact de l'air; elle a une saveur styptique. — Les sources Chlorurées Sodi ques sont limpides; elles ont une saveur légèrement salée et sont onctueuses au toucher.

Modes d'emploi. — Boisson, Bains, Douches Etuves, applications de Boues. — Hydrothérapie, Massage

Applications thérapeutiques. — Elles se déduisent de la composition de l'eau, mais surtout de sa thermalité et de la variété des moyens balnéo-

thérapiques. — L'action est, d'une manière générale : Sédative et Reconstituante. — Anémies par
épuisements divers, Pertes de sang, Fièvres prolongées, Dyspepsie, Hypocondrie, Diarrhée chronique , Cachexie paludéenne , Affections de la
matrice; Rhumatismes, Névralgies, Paralysies Rhumatismales; Lymphatisme léger.

Tableau de la minéralisation dominante ·

1° SOURCES CHLORURÉES SODIQUES.

	Chlorure de sodium.
Grand Bain. { Source du réservoir...............	0ᵍʳ,7 20
des étuves.............	0 ,7315
Bain des Dames..................................	0 ,7425
Source Gélatineuse.............................	0 ,7050
des Bénédictins	0 ,7 12
Bain gradué. { Source extérieure (la plus chaude).	0 ,7845
intérieure (la plus froide)...	0 ,7091
Source des Capucins...........................	0 .4001
— des Cuvettes	0 ,6165
Source d'Hygie..............................	0 ,2111

2° SOURCES FERRUGINEUSES.

	Phosphate de fer.	Carbonate ferreux.	Carbonate manganeux.
Puits Romain.............	0 ,0027	0 ,0093	0 ,0055
Temple.................	0 ,0019	0 ,0104	0 ,0074

Analyse de la source des Bénédictins ·

Acide carbonique libre.......	0ᵍʳ.0056
Carbonate de sodium................ ..	0 ,0196
de calcium	0 .0720
de magnésium................	0 ,0026
ferreux.....................	{ 0 .0017
manganeux	

Chlorure de sodium...................... 0^{gr},7512
— . de potassium.................... 0 ,0579
— de lithium.................... 0 ,0043
Sulfate de sodium...................... . 0 ,1646
Arséniate de sodium .... non dosé.
Borates, Fluorures, Azotates............. traces.
Silice .... 0 ,0882
Matière organiques et pertes.......... .... 0 ,0037

Matières fixes par litre................... 0 ,1658

Bicarbonates / de sodium, CO^{3}NaH..... 0 ,0311
primitivement { de calcium............. 0 ,1037
dissous : { de magnésium........... 0 ,0039
ferreux................ } 0 ,0024
manganeux............. }

Silicate correspondant au carbonate...... 0 ,0222

(Willm, 1881.)

⚜ NEYRAC (Ardèche) ⚜

Voies d'accès. — Réseau des Chemins de fer de P.-L.-M.
Ligne de la rive droite du Rhône, embranchement du Teil à Nieigle-Prades. — A 10 k. de cette derniere gare se trouve la station thermale de Neyrac.

Situation. — Petit bourg sur la rive droite de l'Ardèche, à 500 m. d'altitude.

Climat. — Variable.

Saison. — Du 1er juin au 1er octobre.

Ressources. — Restreintes ; la station n'est fréquentée, que par les gens du pays.

Il y a plusieurs sources ; la principale est la *Source des Bains.*

Débit : 4 000 hectolitres par jour.

Les eaux sont *Ferrugineuses Bicarbonatées* ; leur température est de 27°.

Elles sont employées en Boisson et en Bains.

Applications thérapeutiques. — . Anémies, Chloroses, Dermatoses, Névroses, Rhumatismes.

Analyse de la source des Bains :

Acide carbonique libre.....................	1ᵍʳ.813
Bicarbonate de sodium.....................	0 .648
de potassium.................	0 ,129
de calcium...................	0 ,781
de magnésium........	0 ,373
ferreux.....................	0 ,080
Chlorure de sodium....................	0 ,012
Sulfate de sodium.........................	0 ,025
Phosphate de sodium......................	0 ,007
Silice.............	0 .132
Alumine, arsenic, manganèse..............	traces.
	2 ,187

(J. Lefort.)

RENNES (Aude)

Voies d'accès.   Réseau des Chemins de fer du Midi, Embranchement de Carcassonne à Quillan, — Station de Couiza-Montazels. — De cette gare à Rennes : route de voitures, 10 k.

Situation, aspect général. — Village sur les deux rives de la Salz, affluent de l'Aude, dans une gorge entourée de montagnes peu élevées. Situation pittoresque.

Altitude. — 320 m.

Climat.   Doux.

Saison.   De mai à octobre.

Ressources. — Restreintes, installations modestes.

Il y a *trois établissements thermaux* appartenant au même propriétaire : *Bain Doux,*   *Bain de la Reine,* — *Bain Fort,* alimentés chacun par une source. Ils contiennent ensemble 80 baignoires et 12 cabinets de douches.

Cette station parait avoir été connue des Romains.

Les Eaux. — Trois groupes distincts : 1º groupe d'eaux Calciques et Ferrugineuses ; — 2º groupe d'eaux Ferrugineuses ; — 3º groupe d'eau Chlorurée Sodique, ou Salée de la Salz. Elles *émergent* d'un pointement keupérien.

1er. GROUPE.

Il comprend trois sources portant respectivement les noms des 3 établissements qu'elles alimentent : *Bain Doux*; — *Bain de la Reine*; — *Bain
Fort*. — Une quatrième source, la source *Marie*, alimentant un petit établissement privé, n'est qu'une
dérivation de la Source de la Reine. — Une cin-
quième source enfin, appartenant à la Société propriétaire des trois établissements ci-dessus : la
Source du Pontet.

Cette dernière est froide, les autres sont chaudes.
Toutes ont une composition analogue : elles sont
Bicarbonatées Calciques et Ferrugineuses.

Le *débit* total des 3 sources alimentant les trois
établissements est énorme : 16 500 hectol. par 24 h.

Températures :

Bain Fort.................................... ..   46°
Bain de la Reine ....,..   38°,1
Bain Doux................................... ..   36°,6
Source Marie...............................   39°
Source du Pontet...........................   18°

(WILLM.)

Analyse du Bain Fort :

Acide carbonique des bicarbonates...........   0gr,1477
—   —   libre ....   0 ,0152
Carbonate de calcium. ....   0 ,1471
—   de magnésium......................   0 ,0165
—   ferreux...........................   0 ,0015
Sulfate de calcium..........................   0 ,0680
Chlorure de sodium..........................   0 ,0995
de potassium......................   0 ,0134
—   de magnésium......................   0 ,0885
—   de lithium, iode...................   traces.
Silice......................................   0 ,0372
Total par litre.................   0 ,0417

Bicarbonates correspondant aux carbonates :	de calcium......	0^{gr}.2118
	de magnésium...	0 ,0251
	ferreux.........	0 ,0020
Minéralisation totale moins CO² libre....		0 ,5455
Poids du résidu sulfaté	observé.............	0 ,5752
	calculé.............	0 ,5730
Alcalinité observée (SO⁴H² nécessaire)........		0 ,1633

(WILLM, 1890.)

2e GROUPE : EAUX FERRUGINEUSES.

Le travail de Willm démontre que les eaux de ce groupe présentent une composition *toute spéciale* et *exceptionnelle* : « Elles sont minéralisées par du Sulfate Ferreux, du Sulfate d'Aluminium et de l'acide Sulfurique *libre* ; leur réaction Acide est très énergique, leur saveur répond bien à leur composition. »

Ce groupe est composé de 5 sources : *Madeleine n° 1*, *Madeleine n° 2*, *Source du Cercle*, *Source d'Amour* ou *Source d'Oule* et *Source des Demoiselles*. Les trois premières appartiennent à la Société, les deux dernières à la Commune.

Analyse de la Source Madeleine. n° 1

Acide carbonique libre...........	0^{gr},0367
	(18^{cc},6)
Sulfate ferreux...	0^{gr},1520
d'aluminium........	0 ,0644
de calcium..............	0 ,1390
de magnésium............	0 ,0268
de sodium............ ...	0 ,0069
de potassium............	traces.
Acide sulfurique libre............	0 ,1701
Chlorure de sodium	0 ,0091
Silice.......................	0 ,0409
Phosphates.................	traces.
Arsenic...............	indices douteux
Total par litre..............	0 ,6002

Poids du résidu calciné...........   0 ,3222
—   d'après le calcul............   0 ,3237

3° EAU SALÉE DE LA SALZ.

« La petite rivière qui porte le nom caractéristique de la *Salz* est aussi, dans certains cas, utilisée pour les Bains, associée à l'eau thermale du *Bain Fort*. Elle est alimentée par plusieurs sources salées situées dans le haut de la vallée de Sougraigne ; mais sa constitution chimique se trouve nécessairement modifiée par l'apport des affluents d'eau douce » (Jacquot et Willm).

A son passage à Rennes, au moment d'être utilisée pour les bains, cette eau renferme, d'après O. Henry : 2 grammes de *Chlorures* et autant de *Sulfates*. Willm fait observer avec raison que cette composition doit être variable.

Les sources de la rivière sont formées par plusieurs filons, dont le principal a été analysé par Willm.

Acide carbonique des bicarbonates........	0^{gr},1285
libre......	0 ,0553
Carbonate de calcium...................	0 ,1460
ferreux.........	0 ,0024
Sulfate de calcium................... .	3 ,3970
de magnésium................	2 ,5450
de potassium.	2 ,6857
Chlorure de sodium.....................	56 ,4025
de potassium..................	1 ,5936
de lithium.................	0 ,0022
Bromure de sodium..................	0 ,0242
Silice........................	0 ,0216
Matière organique (par différence)..	0 ,0292
Poids du résidu de 1 litre à 150°...	66 ,8494

Modes d'emploi. — Boisson, Bains, Douches. — Les Bains du Bain Fort sont additionnés d'eau salée de la Salz, quand il y a lieu de combiner l'action des deux eaux.

Applications thérapeutiques. — Les variétés de thermalité et de composition chimique entraînent des diversités d'indications thérapeutiques : des effets Sédatifs sont fournis par les bains du *Bain Doux*; les bains du *Bain Fort* sont stimulants, et ils acquièrent en outre, dans certains cas, par l'addition d'eau salée de la *Salz*, des propriétés résolutives.'— Les eaux Ferrugineuses sont employées à titre Tonique et Reconstituant.

C'est surtout aux manifestations du Rhumatisme et aux manifestations de la Scrofule que s'adressent ces eaux.

Tous les auteurs s'accordent à reconnaître les eaux de Rennes comme difficiles à classer. Cela se conçoit, puisque, selon les sources qu'on envisage, on peut être invité à les ranger parmi les eaux *Salées*, parmi les *Ferrugineuses* ou parmi les *Calciques*. — En considération de l'emploi thérapeutique dominant, nous les étudions avec les eaux *Ferrugineuses*.

⚹ CAMPAGNE (Aude) ⚹

Voies d'accès. Réseau du Midi. — Ligne de Carcasonne à Quillan. Station d'Esperaza. Campagne est à 3 k. d'Alet.

Situation. — Le bourg est sur le bord de l'Aude, au

confluent du Rieutort. L'établissement thermal est à 1 k.
en aval.

Altitude. — 250 m.

Climat. — Doux.

Saison. — De mai à octobre.

Ressources. — Restreintes, vie de famille; les baignéurs
sont logés dans l'*Établissement thermal*, qui comprend
comme installation balnéaire : 24 Baignoires, des Douches, des Buvettes. — La station était très fréquentée au
XVIᵉ siècle.

Les Eaux. — Ferrugineuses, Bicarbonatées,
Tempérées.

Elles *émergent* du terrain crétacé supérieur.

Il y a 3 *sources* : à peu près identiques au point
de vue de leur composition, elles diffèrent un peu
par leur température. Ce sont : 1° la Source du
Pont, — 2° la Source de la Buvette, — 3° la Source
Thérèse. La première, la plus importante, sert aux
Bains, les deux autres sont employées en Boisson.

Le *débit* de la Source du Pont est de 3 000 hectolitres par 24 h. ; — celui de la Source de la Buvette
est de 1 100 hectolitres.

Température : Source du Pont, 26°, — Source de
la Buvette, 24°,8, — Source Thérèse, 20°,4 (Willm).

Applications thérapeutiques. — Chlorose,
Anémie et troubles qui s'y rattachent : Dyspepsie,
Atonie, Flueurs blanches, etc.

Analyse de la Source du Pont :

Acide carbonique des bicarbonates 0gr,3534

— — libre ....·................... 0 ,0802

(40cc,6)

Carbonate de calcium... . ...   0 ,3708
       de magnésium......................   0 ,0245
       ferreux..........................   0 ,0032
  —   manganeux........................   traces.
Sulfate de calcium..............................   0 ,0318
       de magnésium ....   0 ,0781
  —   de sodium............................   0 ,1650
       de potassium ....   0 ,0390
  —   de lithium............................   0 ,0021
Chlorure de sodium.............................   0 ,0831
Silice............................. ....   0 ,0182
Arsenic (à l'état d'arséniate sans doute)..........   0 ,0000,8
Iode...   traces.

Total des matières dosées par litre...............   0 .8459
Résidu séché à 130° (incomplètement déshydraté).   0 ,8186

Bicarbonates { de calcium............   0 ,5340
primitivement dissous : { de magnésium ....   0 .0373
                  { ferreux..............   0 .0044

Minéralisation totale, moins l'acide carbonique...   0 ,9931

(WILLM, 1890.)

VII.

MEDICATION THERMO-MINÉRALE SIMPLE

✻ NÉRIS (Allier) ✻

Voies d'accès. — Réseau des Chemins de fer d'Orléans. — De Paris à Chamblet par Orléans, Vierzon, Bourges, Montluçon. — Route de voitures : 1° de Chamblet à Néris, 5 k. — ou 2° de Montluçon à Néris, 8 k.

Situation. aspect général. — Petite ville de 2 500 habi tants, sur un plateau voisin des montagnes de l'Au vergne.

Altitude. — 385 m. (ville haute), 354 m. (au seuil de l'établissement).

Climat. — Variable.

Saison. — Du 15 mai au 1er octobre.

Ressources. — Beaucoup d'Hôtels et de Maisons garnies, installations très confortables. Les distractions résultent de la nombreuse clientèle.

La station date de l'époque gallo-romaine.

Les *Établissements thermaux* appartiennent à l'État. Il y en a deux : 1° le Petit Établissement,

pour l'usage des indigents, — 2° le Grand Établissement. C'est un des plus complets et des mieux
aménagés de l'Europe. Il renferme 62 cabinets de
Bains avec appareils de Douches, — des Étuves
sèches et humides, 4 belles Piscines, dont 2 très
grandes, et à fond incliné : présentant une profondeur graduée de 1 mètre à 1 m. 40. L'écoulement
est ménagé de manière à maintenir une température à peu près constante de 34° à 34°,5 ; la température des deux piscines plus petites peut être portée
à 42°. — Pour les Bains, l'eau, puisée à l'aide de
pompes à élévation, est préalablement refroidie dans
des bassins *ad hoc*. — L'Établissement contient en
outre un Théâtre, des Salles de Concert, des Salons
divers. — De chaque côté de l'entrée de l'Établis
sement, on voit deux bassins : l'un sert à la pro
duction des conferves, l'autre au refroidissement
de l'eau minérale.

Les **Eaux** sont chaudes et faiblement minéralisées (Thermo-Minérales simples).

Elles *émergent* du terrain granitique.

. 6 *sources*, paraissant provenir d'une nappe unique,
et captées dans 6 puits très rapprochés. « Ils occupent un espace de 15 mètres de long sur 5 m. 15 de
large » (Lebret) : Puits de la Croix, — Puits César,
— Puits Carré, — Grand Puits, — Puits Dunoyer,
Puits innommé. — Le Grand Puits alimente les
deux établissements thermaux ; le Puits de la Croix
sert de Buvette et aussi de Fontaine publique.

Le *débit* est considérable. D'après un jaugeage

fait en 1866, il doit être évalué à 10 000 hectolitres
par 24 h., lorsque le niveau de l'émergence est très
élevé ; mais le débit peut arriver à 17 000 h. quand
l'eau vient à baisser dans le niveau

La *température* au fond du Grand Puits est de
52°,8 et oscille généralement entre cette température et 50° (Willm).

Particularités physiques. — Ces eaux sont limpides, sans odeur ni saveur. Des conferves vertes
se développent dans plusieurs des puits et dans
les bassins de réfrigération.

Minéralisation dominante. — Ces eaux sont carac
térisées surtout par leur haute thermalité. — Quant
à leur composition, elle est la même pour les divers
puits ; la minéralisation est très faible ; les substances prédominantes sont les Bicarbonates de
Chaux et surtout de Soude, les Sulfates de Chaux et
surtout de Soude. Dans une analyse faite en 1858,
J. Lefort a signalé dans l'eau de Néris la présence
du Fluorure de Sodium.

Modes d'emploi. — L'usage externe constitue le
mode d'emploi à peu près exclusif : Bains, Bains de
Piscine, Douches, applications topiques de Con
ferves (très en vogue autrefois, ces dernières ont
beaucoup perdu de leur prestige).

Applications thérapeutiques. — En première
ligne il faut citer les manifestations diverses du
Rhumatisme : Articulaires, Musculaires, Nerveuses,
— surtout quand elles sont à l'état chronique,
Cependant on obtient aussi de bons résultats même

dans ces états subaigus non éloignés de la période d'acuité, où l'action de la plupart des eaux est à redouter. Névralgies Sciatiques, Faciales ; Rhumatismes Viscéraux ; Rhumatismes Nerveux avec état d'éréthisme ; Perversions de la Sensibilité de nature rhumatismale ; Rhumatisme des Voies Urinaires et de l'Utérus. — L'action des eaux est sédative dans les Maladies de la Peau accompagnées d'hyperesthésie : Eczéma, Lichen, Prurit vulvaire. — Affections Utérines dans les cas où il s'agit de dissiper un reliquat inflammatoire, surtout s'il y a complication d'état nerveux. — Paralysies, à la condition qu'elles soient de nature Rhumatismale, sans lésion de l'encéphale ni du cœur et des gros vaisseaux.

Analyse

Acide carbonique libre....................	$0^{gr},0451$
des bicarbonates........	$0,3600$
Carbonate de sodium	$0,3175$
— de calcium....................	$0,0973$
— de magnésium.................	$0,0092$
— ferreux.....................	$0,0013$
Chlorure de sodium.....................	$0,1816$
Sulfate de sodium....................	$0,3651$
de potassium..................	$0,0462$
de lithium..................	$0,0015$
Silice...	$0,1082$
Iodure, borates	traces.
Matière organique.	traces.
	$1,1279$
Poids du résidu à 150°...................	$1,1256$
Minéralisation totale, moins CO^2 libre.....	$1,3078$

Bicarbonates primitivement dissous....	de sodium.........	$0,4493$
	de calcium........	$0,1401$
	de magnésium.....	$0,0140$
	ferreux..	$0,0018$
Bicarbonate de sodium CO^3NaH		$0,5032$

(WILLM, 1891.)

⚹ BAINS (Vosges) ⚹

Voies d'accès. — Réseau des Chemins de fer de l'Est. — Station sur la ligne de Nancy à Vesoul.

Situation, aspect général — Petite ville de 2 500 habitants, pittoresque, entourée de collines boisées, au pied du versant sud des Vosges, dans un vallon parcouru par le Baignerot, affluent de la Saône.

Altitude. — 300 m.

Climat. — De montagnes.

Saison. — Du 15 mai au 15 septembre.

Ressources.   Hôtels, Maisons meublées. Station tres calme.

La station date de l'époque romaine.

L'*Établissement thermal* porte le nom de « Bains Romains ». Il contient 3 Grandes Piscines à Eau courante, des cabinets de Bains, des cabinets de Douches, 2 Buvettes. — Un second établissement existait, mais a été détruit par un incendie en 1876.

Les Eaux. — Chaudes, Thermo-Minérales simples.

Elles traversent, pour émerger, le grès vosgien et le grès bigarré qui recouvrent le granit.

Il y a un grand nombre de *sources.* 11 sont utilisées. Elles ont toutes une composition analogue, et diffèrent par leur température, qui est échelonnée entre 50° et 32°

Leur *débit* total est estimé à près de 3 000 hecto litres par 24 h. Sur cette quantité 2 000 h. sont fournis par les deux sources du Robinet de Fer et de la Promenade.

Température des principales sources ·

Grosse Source.............................. 49°-50°
Source Souterraine...................... 49°
    du Robinet de fer................. 48°-48°.5
    des Romains.................. .... 45°
—   Féconde......................... 39°-41°
—   Savonneuse...................... 37°-39°
    de la Vache .... 37°
    de la Promenade................. 32°-33°

Particularités physiques. — Ces eaux sont limpides, elles n'ont ni odeur, ni saveur déterminées.

Modes d'emploi. — Boisson, Bains de Baignoires, Bains de Piscine, Douches, Étuves, Boues.

Applications thérapeutiques. — Les manifestations diverses du Rhumatisme : Articulaires, Musculaires, Névralgiques (Sciatiques ou autres) sont justiciables des sources chaudes; — aux sources tièdes doivent être adressés les états névropathiques tant primitifs que liés à des affections telles que Métrites, Troubles de la Ménopause, etc.

Analyse de la Grosse Source ·

Carbonate de calcium 0gr,028
     de sodium.................. 0 ,010
Oxyde ferrique............. .... 0 ,002
Sulfate de sodium.................... 0 ,110
Chlorure de sodium.................. 0 ,083
Silice .... 0 ,060
Matière organique.................... pet. quant.
                          ————
                          0 ,302

(POUMAREDE, 1840.)

En outre, la présence de l'Arsenic a été constaté par Bailly dans la Grosse Source.

✳ FONTAINES-CHAUDES (Vosges) ✳

A 3 k. de Bains. — Débit abondant; température : 25°,4; minéralisation analogue à celle de Bains et de Plombières.

✳ LA CHAUDEAU (Vosges) ✳

Entre Bains et Plombières. — Ces eaux minérales très abondantes sourdent dans le lit meme du ruisseau; température : 23°; minéralisation analogue à celle de Bains et de Plombières.

✳ AIX-EN-PROVENCE (Bouches-du-Rhône) ✳

Chef-lieu d'arrondissement, ancienne capitale de la Provence, 30 000 habitants.

Altitude. — 205 m.

Climat. — De la Provence.

Établissement *ouvert toute l'année*;   toutes les *ressources* d'une ville.

L'*Établissement thermal*, terminé en 1870, occupe l'emplacement des Thermes du Proconsul Sextius. Il possède une installation complète : vingt-six cabinets de Bains, deux cabinets de Douches, une salle de Pulvérisation et une salle d'Inhalation. Une *Galerie vitrée chauffée* par l'eau minérale sert de promenoir. Il comprend en outre des *logements* pour les baigneurs.

Les Eaux. — Chaudes, Faiblement Minéralisées.

De-nombreuses *sources* jaillissent dans l'intérieur de la ville, mais une seule est utilisée : la Source Sextius.

Débit : 3 700 hectolitres par 24 h.

La *température*, qui est de 36°,5, s'abaisse de 1° ou 2° par les temps de sécheresse.

Minéralisation dominante. — Chimiquement parlant, c'est le Bicarbonate de Calcium qui est l'élément minéralisateur dominant, mais il s'y trouve à dose très faible (0 gr. 20), et les eaux dans leur ensemble sont très faiblement minéralisées. Au point de vue thérapeutique, c'est leur température qui est l'élément prédominant : c'est à elle et aux moyens balnéo-thérapeutiques que doit être attribuée l'action de ces eaux, qui prennent rang parmi les agents de la Médication Thermo-Miné rale simple.

Particularités physiques. — Ces eaux sont limpides, sans odeur, sans saveur déterminée.

Modes d'emploi : Bains, Douches, Pulvérisations.

Applications thérapeutiques. — Les eaux d'Aix sont sédatives et s'adressent à l'élément ner veux quand il prédomine : dans les Rhumatismes, les Maladies de la Peau, les Maladies de la Matrice.

Analyse :

Acide carbonique des bicarbonates........	0gr,1346
libre...................	»
Carbonate de calcium....................	0 ,1410
de magnésium................	0 ,0054
ferreux.......................	0 ,0056
Silicate de magnésium....................	0 ,0210
Silice en excès........................	0 ,0078
Chlorure de sodium.....................	0 ,0228
Sulfate de sodium......................	0 ,0228
de magnésium................	0 ,0218
Matière organique.....................	0 ,0040
	0 ,2522

Poids du résidu fixe...................... $0^{gr},2540$

Bicarbonates : {
de calcium............... 0 ,2032
de magnésium........... 0 ,0088
ferreux................. 0 ,0078
}

(Groupement établi par WILLM, sur l'analyse
élémentaire de l'École des Mines, 1873.)

✳ BAGNOLES-DE-L'ORNE (Orne) ✳

Voies d'accès. — Réseau des Chemins de fer de l'Ouest.
Ligne de Paris a Granville. — Embranchement de Briouze
à La Ferté-Macé. — Station de Bagnoles.

Situation, aspect général. — L'établissement thermal
est au centre d'un grand parc, entouré de sites char-
mants.

Altitude. — 163 m.

Climat. — Très doux.

Saison. — Du 15 mai au 15 octobre.

Ressources. — Hôtels divers, dont un dans l'établissement. Station très calme.

La station est connue depuis la fin du XVIIe siècle.

L'*Établissement thermal*, qui comprend l'Hôtel
comporte trente Baignoires, dix Baignoires avec
appareils à Douches, Bains russes, Bains de vapeur,
une Grande Piscine de Natation (25°), une Piscine
pour Enfants, une installation pour l'Hydrothérapie.

Les **Eaux**, faiblement minéralisées, sont Thermo-
Minérales simples.

Elles *émergent* de terrains de nature granitique.

Il y a plusieurs *sources* : la principale est la
Grande Source, dont la *température* est de 27° et le
débit de 4 000 hectolitres environ par 24 h. Sa *miné-*

ralisation est très faible : il y a lieu de signaler le Sulfate de Sodium et le Chlorure de Sodium qu'elle renferme, en très petites proportions d'ailleurs.

Il y a des sources qu'on désigne sous le nom de « ferrugineuses »; mais tout ce qu'on en peut dire, c'est qu'elles contiennent une proportion d'oxyde de fer un peu plus forte que la Grande Source. Elles sont froides.

Modes d'emploi. — Boisson, Bains, Bains de Piscines, Douches, Inhalations, — Hydrothérapie.

Applications thérapeutiques.— Rhumatismes, Névralgies, états nerveux divers accompagnant les Affections Utérines.

Analyse de la Grande Source ·

Acide carbonique.........	5 à 6 ⎞	p. 100 parties.
Azote...................	94 à 95 ⎠	
Acide sulfhydrique.......	$1^{cc},224$	

Chlorure de sodium......................	$0^{gr},0600$
Sulfate de soude anhydre.................	0 ,0020
Arséniate de soude...............	trace.
Phosphate de chaux.....................	0 ,0200
Fer et manganèse........................	0 ,0005
Bicarbonates de chaux et de magnésie.....	0 ,0150
Silicates de lithine, de potasse, d'alumine..	0 ,0270
Matières organiques.....................	0 .0015
	0 .1309

(O. HENRY.)

⚜ CHATEAUNEUF (Puy-de-Dôme) ⚜

Voies d'accès. — Réseau des Chemins de fer de P.-L.-M. De Paris à Riom par Saint-Germain-des-Fossés. — De Riom à Châteauneuf : Route de voitures, 25 k.

Situation, aspect général. — Petit bourg de 1 200 habitants, sur les deux bords de la Sioule, dans la belle vallée de ce nom.

Altitude. — 558 m.

Climat. — De montagnes, mais doux.

Saison. — Du 1er juin au 15 septembre.

Ressources. — Très restreintes, mais tendant à s'étendre, la station est en voie de développement. Plusieurs hôtels.

Les eaux étaient connues à l'époque romaine.

Il y a quatre *établissements* échelonnés dans la vallée.

Les Eaux. — Chaudes, Tempérées et Froides. — Bicarbonatées Sodiques, faiblement Ferrugineuses et Chlorurées. — Gazeuses.

Elles *émergent* de couches qui sont en contact avec les roches granitiques et les roches porphyriques.

Les *sources* sont au nombre de 22, dont 12 sont chaudes et 10 froides. — Elles forment 3 groupes (Boudet) : 1° *Groupe des Grands Bains*, ou des *Méritis*, comprenant : les Grands Bains Chauds, le Bain Tempéré, le Bain Julie, le Bain Auguste et les Sources de la Chapelle, de la Pyramide, du Pré, de Saint-Cyr. — Outre les 3 Buvettes alimentées par ces 3 dernières sources, il y a une Buvette aux Grands Bains Chauds.

2° *Groupe des Bordats* — Bains de la Rotonde, du Petit-Rocher ; — Buvettes : Marie-Louise, du Petit-Rocher, Chevarrier.

3° *Groupe des Chambon* — Buvettes de Chambon-Lagarenne et Morny-Châteauneuf.

En dehors de ces 3 groupes se trouvent les

sources des Grands-Rochers, Marguerite, Méritis, du Pavillon, du Petit-Moulin, Desaix.

Le *débit* des Grands Bains Chauds est de 2 300 hectolitres par 24 h.; le débit total des diverses sources est de 11 000 h.

La *température* est échelonnée entre 38°,2 et 11°

Bains :	Petit-Rocher...................	38°2
	Grand Bain Chaud..............	36 6
	La Chapelle...................	36
	Marie-Louise.................	34 4
	Bain Auguste.................	32
Buvettes :	Chevarrier...................	25 4
	Pyramide....................	25
	Chambon-Lagarenne............	18 5
	Morny-Châteauneuf............	17 5
	Pavillon....................	16
	Pré.......................	14
	Saint-Cyr..................	11

Particularités physiques. — Ces eaux sont limpides, inodores, d'un goût piquant et agréable, surtout Morny-Châteauneuf, qui s'exporte.

Modes d'emploi. — Boisson, Bains, Bains de Piscine à eau constamment renouvelée et à la température native, — Douches, Inhalations. Les sources chaudes sont utilisées pour l'usage externe, les sources froides sont surtout employées en Boisson.

Applications thérapeutiques. — Les détails des indications ne sont pas encore bien précisés. D'une manière générale cependant on peut considérer la médication de Châteauneuf comme surtout hyposthénisante, et les différentes températures dont on dispose permettent de graduer les effets suivant les cas particuliers.

Ces eaux sont surtout appropriées aux diverses manifestations du Rhumatisme, surtout chez les sujets nerveux ; — Névralgies, Névroses, affections de la Peau, affections de la Matrice.

Au point de vue de l'usage interne, elles répondent aux cas dans lesquels les eaux alcalines fortes seraient trop actives et où l'on recherche une minéralisation atténuée.

Tableau comparatif de la minéralisation dominante :

	Bicarbonate de sodium.	Chlorure de sodium.	Bicarbonate ferreux.
Grand Bain Chaud......	1^{gr},296	0^{gr},395	0^{gr},034
Bain Auguste...............	1 ,454	0 ,449	0 ,032
La Chapelle...............	2 ,080	0 ,437	0 ,026
Petit-Rocher............. ..	0 ,915	0 ,340	0 ,022
Marie-Louise	1 ,513	0 ,241	0 ,010
Rotonde....................	1 ,209	0 ,375	0 ,028
Pyramide..................	1 ,850	0 ,433	0 ,042
Saint-Cyr..................	1 ,327	0 ,173	0 ,057
Pavillon..................	1 ,620	0 ,377	0 ,016
Pré ...,.................	1 ,383	0 ,362	0 ,027
Chevarrier...............	0 ,773	0 ,173	0 ,010
Chambon-Lagarenne........	0 ,914	0 ,198	0 ,050
Morny-Châteauneuf.........	0 ,968	0 ,169	0 ,055

La proportion du Gaz *Acide Carbonique* varie dans les diverses sources entre 1 gr. 019 (Bain Auguste) et 2 gr. 351 (Morny-Châteauneuf).

En somme, la minéralisation est analogue dans les diverses sources.

Analyse du Grand Bain Chaud :

Acide carbonique libre............. ...... 1ᵉʳ,195

Bicarbonate de sodium................... 1 ,296
            de potassium................ 0 ,540
            de calcium.................... 0 ,314
            de magnésium .... 0 ,204
            ferreux...................... 0 ,034
Chlorure de sodium............... .... 0 ,395
    —   de lithium...................... traces.
Sulfate de sodium...................... 0 ,470
Arséniate................................ traces
Crénate de fer.......................... traces
Silice.......... .... 0 ,101
Matière organique .... traces.

Total.............. . 3 ,354

(J. Lefort.)

❋ CHAUDESAIGUES (Cantal) ❋

Situation, aspect général.   Chef-lieu de canton de l'arrondissement de Saint-Flour, à 30 k. de la gare de Saint-Flour, dans une gorge sauvage sur le Remontalou, un des affluents de la Trueyère, au pied des montagnes qui séparent l'Auvergne du Gévaudan. La localité doit son nom à la haute température de ses sources, les plus chaudes de France.

Altitude. — 650 m.

Climat. — De montagnes.

Saison. — Du 1ᵉʳ juin au 15 septembre.

Ressources. — Restreintes; la station n'est guère fréquentée que par les gens du pays.

Leur température élevée a naturellement attiré l'attention dès les temps les plus reculés; mais ce n'est guère que vers 1830 qu'elles ont été connues au dehors.

Elles sont utilisées médicalement dans trois petits *établissements thermaux* dont l'aménagement est des plus primitifs.

Les **Eaux** ont pour origine la montagne basal
tique d'Aubrac.

Il y a 25 *sources*, dont la principale est celle du
Par, qui est propriété communale. Citons en outre
l'Estande, le Moulin du Ban, Felgère, Source du
Remontalou, — Source La Condamine.

Le *débit* de la source du Par est de 3 758 hectolitres par 24 h.; le débit total est de 6,308 h.

Températures :

Source du Par....................	81°,5
Moulin du Ban........	72°

Les autres varient de 72° à 57°.

La Condamine (Ferrugineuse) est Froide.

Particularités physiques. — Ces eaux sont limpides, inodores, à saveur fade, onctueuses au toucher; elles dégagent des bulles de gaz et abandonnent un dépôt ocreux incrustant les conduites.

Modes d'emploi. — Boisson, Bains, Douches.

Ces eaux sont surtout utilisées dans la localité
pour le chauffage, les usages domestiques et les
industries locales. Berthier a estimé que l'eau du
Par équivalait « dans l'espace de 8 mois à la com-
bustion de 4 230 stères de bois de chêne, représen-
tant le produit de la coupe d'un taillis de 30 ans
sur une superficie de 18 hectares. Il en résulte que
l'eau du Par remplit à Chaudesaigues l'office d'une
forêt de 540 hectares. »

Les **Applications thérapeutiques** sont celles
des eaux faiblement minéralisées et chaudes : Rhu-

matismes (Musculaires, Articulaires, Névralgiques).

Composition chimique. — Toutes les eaux de Chaudesaigues ont une origine commune et une minéralisation identique (minéralisation faible).

Analyse de la source du Par :

Acide carbonique.	⎫	77
Azote.............	⎬ 0¹,405 formés p. 100 de	19
Oxygène.........	⎭	4

Carbonate de sodium......................	0ᵍʳ,471
de calcium......................	0 ,050
de magnésium...................	0 ,010
Oxyde de fer..........................	0 ,001
Sulfate de sodium.......................	0 ,045
de calcium.........................	0 ,014
de magnésium......	0 ,006
Sulfure d'arsenic et de fer.............	traces.
Chlorure de sodium.....................	0 ,063
de magnésium...................	0 ,007
Bromure de sodium.....................	0 .020
Iodure alcalin.	0 ,018
Silice et silicate de sodium (ou de calcium).	0 ,095
Alumine..............................	0 ,001
Matière organique........	0 ,010
	0 ,811

(Blondeau, 1850.)

❊ LA CHALDETTE (Lozère) ❊

Hameau de la commune de Brion, arrondissement de Marvejols, — à 8 k. de Chaudesaigues.

Ces eaux ont la même origine volcanique que Chaudesaigues ; — leur nature est analogue ; leur minéralisation est faible et leur température est de 30° à 31°.

Il y a un petit établissement thermal rudimentaire, où les gens des environs vont traiter leurs rhumatismes.

✳ SAINTE-MARIE (Cantal) ✳

A 8 k. de Chaudesaigues.   Même origine que Chaudesaigues. — Température : 12° Deux sources; la Source Vieille est la plus abondante et seule utilisée. Elle dégage une grande quantité d'Acide carbonique, mais elle est faiblement minéralisée :

Carbonate de soude......................... 0^{gr},270
Chlorure de sodium......................... 0 ,080
Carbonate de fer........................... 0 ,045

(NIVET, 1844.)

Cette eau n'est employée qu'en Boisson et s'exporte.

✳ ÉVAUX (Creuse) ✳

Voies d'accès. — Réseau des Chemins de fer d'Orléans. — Ligne Paris, Orléans, Vierzon, Montluçon, Eygurande. — Station d'Évaux-les-Bains, entre Montluçon et Eygurande (à 28 k. de Montluçon).

Situation, aspect général. — Petit bourg de l'arrondissement d'Aubusson, à l'extrémité sud-est du département de la Creuse, sur un plateau. L'établissement est à la naissance d'un vallon parcouru par la Tardes, affluent du Cher.

Altitude — 466 m.

Climat. — De montagnes, variable.

Saison. — Du 1er juin au 1er octobre.

Ressources. — Plusieurs Hôtels, station très calme.

La station remonte à l'époque romaine : on a retrouvé notamment à peu près intacts les puits de captage et les réservoirs.

L'*Établissement thermal* comprend : Buvette, Bains Douches diverses, une Grande Piscine, et, dans un bâtiment isolé, une autre Grande Piscine. On y trouve en outre un autre établissement contenant quelques baignoires.

Les **Eaux** sont chaudes et présentent une échelle de températures ; — elles sont faiblement minéralisées.

Elles *émergent* du terrain primitif « à quelques kilomètres de la falaise par laquelle se termine le plateau central » (Jacquot et Willm).

Les *sources* sont au nombre d'environ 25, dont la température varie entre 57° et 28°, mais dont la composition diffère peu, et qui paraissent provenir d'une même nappe. — Leur *débit* est considérable, à lui seul le Puits César fournit un volume de 20 000 hectolitres par 24 heures.

Tableau de la température des principales sources
(d'après Rotureau)

Puits César...................... 56°,7
Petit Cornet..................... 54°,5
Grand Mur....................... 53°,8
Puits carré .... 49°,9
1er juillet...................... 48°
Milieu du bassin................. 47°,8
2 sources à..................... 46°
Escalier .... 43°,9
3 sources sans nom à............ 40°; 42°,8; et 46°
Piscine ronde................... 39°
Ferrugineuses................... 38°,5
5 sources à..................... 38°,1
Midi............................ 34°
Triangulaire.................... 28°,8

Minéralisation dominante. — La composition est analogue pour toutes : elles sont faiblement minéralisées et renferment notamment, mais en très petite quantité, du Sulfate de Sodium, du Bicarbonate de Calcium, et, à dose moindre encore, du Bicarbonate de Sodium.

Les sources du Grand-Mur et du Petit-Cornet, cette dernière particulièrement , renferment de l'Acide Sulfhydrique. — Rotureau y a signalé des sources Ferrugineuses.

Particularités physiques. — Ces eaux dégagent des bulles de gaz; elles sont incolores, inodores (sauf le Grand-Mur et le Petit-Cornet, qui ont une légère odeur sulfureuse); leur saveur est lixivielle, elle est atramentaire pour les ferrugineuses. — Les eaux d'Evaux donnent naissance à d'abondantes conferves semblables à celles de Néris; les ferrugineuses déposent un sédiment ocracé.

Modes d'emploi. — On emploie ces eaux en Boisson : mais on les utilise surtout en usage externe : Bains de Baignoires, Bains de Piscines, Bains de Vapeur, applications topiques de Conferves.

Applications thérapeutiques. — Les eaux Sulfatées Sodiques et Bicarbonatées sont employées dans les états suivants (où leur action doit être attribuée surtout à la thermalité et aux modes balnéothérapiques) : Rhumatisme : Articulaire, Musculaire, Névralgique; — Névroses, états nerveux divers. — Les eaux Sulfureuses (Grand-Mur et Petit-Cornet) sont utilisées dans les affections de la Muqueuse des Voies Respiratoires. — Les eaux

Ferrugineuses sont administrées dans les cas d'Anémies diverses.

Analyse du Puits César :

Acide carbonique total....................	^{gr}.2242
Carbonate de calcium......................	0 ,0680
de magnésium....................	0 ,0311
ferreux...........................	0 .0028
— de sodium...................	0 ,1561
Silicate de sodium........................	0 ,0750
Silice en excès...........................	0 ,0371
Sulfate de sodium........................	0 ,8052
de potassium	0 ,0247
Chlorure de sodium.......................	0 ,2324
— de lithium.......................	traces
Matière organique........................	0 ,0042
Total par litre...................	1 ,4336
Poids du résidu fixe......................	1 ,4300

	de calcium............	0 ,0979
Bicarbonates	de magnésium.........	0 ,0474
tenus primitivement	ferreux...............	0 .0040
en dissolution :	de sodium : { $C^2O^5Na^2$..	0 ,2209
	{ CO^3NaH ..	0 ,2473

(Groupement établi par Willm, d'après l'analyse élémentaire effectuée en 1877 au Bureau
d'essais de l'École des Mines.)

❊ SAIL-LES-BAINS ❊

ou SAIL-LÈS-CHATEAU-MORAND (Loire)

Voies d'accès. — Chemin de fer de P.-L.-M. — Gare de
Saint-Martin d'Estreaux. — De la gare à Sail-les-Bains :
6 k. — De la Palisse à Sail-les-Bains : 16 k.
Situation. Dans un petit vallon abrité au nord et à
l'est par les contreforts du Forez.
Altitude. — 950 m.
Climat. — Doux.
Ressources. — Restreintes : un Hôtel.

28

L'*Etablissement thermal* est bien installé ; il renferme 25 Cabinets de Bains, une installation de Douches, 1 *Piscine de Natation* pour 20 personnes.

Les **Eaux**, sauf une source, qui est froide, sont toutes chaudes. — Elles sont Bicarbonatées Mixtes une est Sulfureuse, une est Froide et Ferrugineuse. — Leur faible minéralisation, leur thermalité, les modes d'emploi les plus usités et leurs indications nous ont invités à les ranger parmi les agents de la médication Thermo-Minérale simple.

Elles *émergent* du porphyre.

Nombre des sources et températures :

1° Source Duhamel........................ - 34°
2°   des Romains..................... 27°
3°   —   d'Urfé........................ 26°,5
4°   ferro-sulfureuse................. 26°,4
5°   —   sulfureuse..................... 23°
6°   Bellety (ferrugineuse)............ 10°

Débit total quotidien : 11 500 hectolitres. .

Modes d'emploi. — Boisson, Bains, Douches, *Bains de Piscine*

Applications thérapeutiques — Rhumatismes Dermatoses, Dyspepsies, Anémies. Les indications ne paraissent pas d'ailleurs encore bien exactement précisées.

Analyse de la source Duhamel :

Azote et acide carbonique............ .	petite quantité
Bicarbonates de soude et de potasse....	0^{gr},0482
de chaux et de magnésie..	0 ,1122
Sulfate de soude.....................	0 ,0800
Chlorures de sodium et de magnésium..	0 ,0903

Silicates de soude et de potasse........	0^{gr},1032
Iodure alcalin..........	0 ,0030
Alumine) silicate, éval...............	0 ,0100
Lithine)	
Matière organique azotée, éval.........	0 ,0070
	0 4539

(O. Henry, 1850.)

La source *Sulfureuse* renferme 0 cc. 612 d'Acide Sulfhydrique. — Là source Bellety contient 0 gr. 0078 de Crénate et Carbonate de Fer.

❊ SAINT-LAURENT (Ardèche) ❊

Voies d'accès. — Ligne de Clermont à Nimes.   Station de la Bastide. — De la gare de la Bastide à Saint-Laurent : 28 k.

Situation.   Sur le penchant d'une montagne, l'Espervelouze, au pied de laquelle coule la Borne, dans une gorge étroite.

Altitude. — 900 m.

Climat. — De montagne.

Ressources.   Très limitées.

Trois petits *établissements* de bains alimentés par une source unique dont le débit est de 540 hectolitres par ᵒⁱ heures.

Les **Eaux** sont chaudes : 53°,5. — D'après une analyse ancienne de Bérard, ces eaux seraient faiblement minéralisées, et minéralisées notamment par du *Bicarbonate de Sodium* et du *Chlorure de Sodium.* — Leur faible minéralisation, leur température, la prédominance des modes d'emploi externe et les applications thérapeutiques nous font ranger ces eaux parmi les agents de la médication Thermo Minérale simple.

Modes d'emploi. — Boisson, mais *surtout moyens externes* : Bains, Bains de Piscine, Douches, Étuves.

Applications thérapeutiques. — Affections Rhumatismales Articulaires, Musculaires, Névralgiques.

Composition chimique (d'après Bérard).

Carbonique sodique	$0^{gr},505$
Chlorure................................	$0,085$
Sulfate.................................	$0,040$
Silice..................................	$0,052$
	$\overline{0,682}$

❋ AVÈNE (Hérault) ❋

Voies d'accès. — Réseau des chemins de fer du Midi. — Ligne de Béziers à Millau. — Station du Bousquet-d'Orb. De cette station à Avène : Route de voitures, 6 k.

Situation, aspect général. — Bourg de 1 200 habitants, de l'arrondissement de Lodève, dans la partie supérieure de la vallée de l'Orb, non loin des Causses de Larzac.

Altitude. — 300 m.

Climat.   Méditerranéen, chaud, mais tempéré par le voisinage des montagnes et des causses.

Saison. — Du 15 mai au 1er octobre.

Ressources. — Hôtel dans l'établissement. Vie très calme.

L'*Établissement thermal* est assez récent. Il comprend deux Grandes Piscines, une pour chaque sexe, vastes et aérées, et huit Piscines de Famille; les unes et les autres sont à eau courante. Il y a, en outre, six Cabinets de Bains, dont l'eau est préalablement chauffée pour les malades qui ne supportent pas la température des piscines (27°). — Douches variées.

Les **Eaux** sont Thermo-Minérales simples.

Elles *émergent* sur un point où le dévonien inférieur buterait contre le cambrien. (J. Bergeron.)

Il n'y a qu'une *source*, mais son *débit* est considérable : 5 000 hectolitres par 24 heures.

La *température* est de 27° : sans être élevée, elle est effective, et caractérise la nature de l'eau au point de vue thérapeutique; quant à la *minéralisation* elle-même, elle est indéterminée et très faible.

Modes d'emploi. — Boisson, mais surtout Bains et spécialement Bains de Piscine à eau courante à 27°.

Analyse :

Acide carbonique libre.....................	0^{gr},8600
Bicarbonate de calcium....................	0 ,5184
de magnésium	0 ,1440
Chlorure de sodium........................	0 ,0168
Sulfate de calcium.....·.................	0 ,0272
Silice....................................	0 ,0150
Matière organique......... ·..........	0 ,0009
	0 ,7223

(CHANCEL, 1869.)

❋ FONCAUDE (Hérault) ❋

Situation. — A 5 k. de Montpellier, dans un vallon arrosé par le Mosso, à une altitude de 40 m.
Climat. — Chaud.

1 *source*, dont le débit quotidien est de 1 300 hectolitres en chiffre rond, et dont la température est de 25°,5.

C'est une eau très faiblement minéralisée, dans laquelle domine le Bicarbonate de Calcium, d'après une analyse de Bérard.

Elle est limpide, et dégage des bulles de gaz,

elle n'a pas d'odeur, sa saveur est fade, elle est onctueuse au toucher.

Cette station est aujourd'hui bien déchue. D'un travail de Bertin il résulte que ces eaux, prises en bains, agissent comme *Sédatives et Toniques* dans les états nerveux.

Carbonate de calcium.....................	0^{gr},1880
de magnésium..................	0 ,0163
ferreux et alumine..............	0 ,0067
Chlorure de magnésium....................	0 ,0589
de sodium.......................	0 ,0162
Sulfate de calcium.........................	quantité
Matière organique analogue à la barégine..	minime
	0 ,2861

(BÉRARD, 1846.)

L'Acide Carbonique libre n'a pas été déterminé.

❈ SYLVANÈS (Aveyron) ❈

Situation, aspect général. — Hameau à 4 k. d'Andabre, à 8 k. de Camarès, dans un beau vallon entouré de collines boisees.

Altitude. — 400 m.

Climat. — Doux.

Saison. — Du 15 mai au 25 octobre.

Ressources.   Très restreintes. Hôtel dans l'Établissement.

L'*Établissement thermal* laisse beaucoup à désirer comme installation. Il est aménagé dans une ancienne abbaye. Il est alimenté par la Source des Moines et comprend : 1 Buvette, 7 cabinets de Bains et 1 Piscine. — Une construction annexe alimentée par la Source des Petites-Eaux comprend : 1 Buvette, 7 cabinets de Bains et 4 Piscines. L'aménagement en est aussi rudimentaire que celui de la construction principale.

Les **Eaux** sont Ferrugineuses, Chaudes.

4 *sources*, dont 2 seulement sont utilisées : des Moines et des Petites-Eaux.

Le *débit* de ces 2 sources utilisées est de 450 hectolitres par 24 heures.

La *température* de la source des Moines est de 36°, celle de la source des Petites-Eaux est de 34°.

Minéralisation dominante. — Ces eaux sont Ferrugineuses et Bicarbonatées, et la plus minéralisée est une source inutilisée, celle des Petites-Baignoires.

Modes d'emploi   Boisson, mais surtout usages externes (Bains, Douches, Bains surtout, et particulièrement Bains de Piscine).

Analyse ·

	S. des Moines.	S. des Petites-Eaux.	S. des Petites-Baignoires.
Acide carbonique libre........	0gr,2387	0gr,0809	0gr,1388
Bicarbonate de calcium........	0 ,3365	0 ,3984	0 ,3755
de magnésium....		0 ,1520	»
ferreux.	0 ,0666	0 ,0445	0 ,1666
de sodium........		0 ,0865	
Chlorure de sodium..........	0 ,2635	0 ,2635	0 ,2635
Sulfate de sodium............	0 ,0524	0 ,0382	0 ,0741
— de calcium............	0 ,0246		0 ,0127
de magnésium........	0 ,0240	»	0 ,0150
Silice....................	0 ,0275	0 ,0400	0 ,0350
	0 ,7951	1 ,0231	0 ,9424
Poids du résidu fixe..........	0 ,6400	0 ,6950	0 ,6650
Principes fixes calculés........	0 ,6590	0 ,8016	0 ,7338

(MOITESSIER. 1858.)

Applications thérapeutiques. — Les véritables indications de ces eaux ne paraissent pas avoir été encore bien précisées. On y va surtout pour des Affections Rhumatismales et Nerveuses et pour des Anémies de causes diverses.

⧉ FERRÈRE (Hautes-Pyrénées) ⧉

Voies d'accès — Réseau des Chemins de fer du Midi, — Embranchement de Montréjeau à Luchon, station de Saléchan. — De la gare de Saléchan à Mauléon-Barousse, 6 k., — de Mauléon-B. au village de Ferrère, 4 k.; du village de Ferrère *aux Bains*, 4 k.

Les *Bains* sont près du lieu dit des « Chalets de Saint-Néré », sur la rive gauche de l'Ourse, affluent de la Garonne, dans la vallée de la Barousse, à une altitude de 770 m. — Quelques Auberges, dont l'installation est très sommaire, servent à loger les baigneurs, qui se recrutent parmi les habitants de la contrée.

Il y a un petit établissement thermal, qui renferme une douzaine de baignoires; il est alimenté par la source dite des Nerfs. L'eau de cette source a 21°; elle est limpide et gazeuse; elle serait, d'après Fontan, « principalement Carbonatée, Sulfatée et Chlorurée Sodique, avec des traces de Calcium ». Il est fâcheux qu'il n'en existe pas d'analyse plus précise.

Elle jouit d'un certain crédit dans la contrée comme guérissant les Maladies Nerveuses, les Rhumatismes et les Dermatoses.

En aval de l'établissement sourd une source froide, très agréable à boire, et que les malades emploient comme purgative et dépurative. A une petite distance de là sont deux autres sources : l'une est Froide et l'autre Chaude. Cette dernière est appelée Source des Bains. Elles sont inutilisées actuellement l'une et l'autre.

⚹ SOST (Hautes-Pyrénées) ⚹

Village à 4 k. de Mauléon-Barousse, à 10 k. de la gare de Saléchan.

Petit *établissement thermal* contenant des chambres pour loger les baigneurs.

Trois *sources* assez abondantes, dont une suffit à l'alimentation de l'établissement. *Température* : 21° — D'après une analyse de Latour (1854), ces eaux sont *Calciques et Magnésiennes*, *Chlorurées*, faiblement minéralisées, et elles renferment un milligr. d'*iodure de sodium*.

Boisson, Bains, Douches.

Applications thérapeutiques. — Rhumatismes, névralgies, états nerveux, affections de l'appareil digestif, affections des voies urinaires, maladies des femmes, maladies de la peau et des muqueuses.

En considération de l'iode qu'elles renferment, on les a recommandées, en outre, dans les diverses manifestations du lymphatisme et de la scrofule, dans la syphilis et dans le goitre.

Analyse de l'eau de Sost :

Acide carbonique.	25ᶜᶜ
Oxygène..........	12
Azote.....	30

Chlorure de sodium........................ 0ᵍʳ,100
—   de calcium........................ 0 ,100
—   de magnésium.................:... 0 ,100
Sulfate de magnésium..................... ... 0 ,004
       de calcium........................ 0 ,013
Iodure de sodium....... .... 0 ,001
Bicarbonate de magnésium........ .... 0 ,010
       de strontium .... 0 ,010
—   de calcium..................... 0 ,030
       de fer crénaté................. 0 ,001
Phosphate terreux......................... traces.
Silice et alumine.......................... 0 ,030
Matière organique azotée................. 0 ,010
Perte .... 0 ,001

(LATOUR.)

✠ SAUBUSSE (Landes) ✠

Village de l'arrondissement de Dax. Les sources sont
à 1 k. du village. — *Eaux* et *Boues* connues sous le nom
de Bains de Jouanin, ou de Joanin. L'eau jaillit d'un
bourbier et s'amasse dans une fosse d'environ 1 mètre
de profondeur, qui sert de Piscine pour les deux sexes.
La température varie entre 24° et 38° suivant la saison.
Le débit serait de 50 litres par minute. L'emploi externe
ci-dessus est le seul qu'on en fasse. Les gens de la région
vont y traiter des Rhumatismes Articulaires, Musculaires,
Névralgiques, ainsi que des suites de Fractures et d'Entorses.

Cette eau paraît être Sulfatée Calcique et Chlo
rurée ; elle est très faiblement minéralisée.

Thore et Meyrac en ont donné l'analyse approximative suivante ·

Sulfate de calcium........................ 0ᵍʳ,048
Chlorure de sodium....................... 0 ,080
       de calcium .... 0 ,095
       de magnésium.................. 0 ,047
Matière gélatineuse...................... 0 ,010
     Total..................... 0 ,280

✻ RAGATZ ET PFEFFERS (Suisse. Saint-Gal) ✻

Ragatz, station du chemin de fer de la ligne Bâle — Zurich — Coire. — De Ragatz à Pfeffers : une demi-heure.

Altitude : Ragatz, 521 m., Pfeffers, 685 m. — Climat de montagnes, rude à Pfeffers. — Les bains de Ragatz sont alimentés par l'eau de la sources de Pfeffers. Pour se rendre de l'une à l'autre de ces stations, on suit un chemin ménagé dans une gorge très étroite et au-dessous duquel, au fond de la gorge, gronde le torrent de la Tamina. La difficulté de l'accès, la sauvagerie du site et le manque d'espace empêchent le développement de Pfeffers ; aussi est-ce à Ragatz surtout que séjournent les baigneurs, et c'est là qu'ont été construits les Hôtels. A Pfeffers cependant on loge dans l'établissement.

Les **Eaux** sont très faiblement minéralisées, Chaudes, et rentrent parmi les agents de la médication Thermo-Minérale simple.

Température : 37°,5 à Pffers, 35°,4 à Ragatz où l'eau est amenée par des tuyaux en fonte insérés dans des troncs de mélèzes.

Particularités physiques. — Cette eau est limpide, elle n'a ni odeur ni saveur déterminées.

On l'*emploie* en Boisson et surtout en Bains et en Douches.

A Pfeffers, il y a une *installation* balnéothérapique complète, mais sans luxe ; à Ragatz, il y a plusieurs établissements très bien installés.

Applications thérapeutiques. — Prise à l'intérieur, cette eau est Eupeptique et Digestive, Diurétique ; — en Bains elle est Sédative. — On l'applique dans des états morbides divers caractérisés par un élément nerveux : Dyspepsies, Gastralgies, Névroses, Neurasthénie, Hystérie. Névralgies, Rhumatisme, Goutte, Dermatoses.

⚜ TEPLITZ-SCHŒNAU (Autriche. Bohême) ⚜

Voies d'accès.   Ligne du chemin de fer de Dresde à Teplitz par Aussig.

Situation, aspect général. — Double ville : Teplitz et son faubourg Schönau. Ces deux parties de la ville sont chacune sur un côté de la Saubach et reliées par un pont. Cette station thermale est située dans une belle vallée de la partie nord de la Bohême.

Altitude. — Environ 215 m.

Climat. — Doux.

Saison. — Du 1er mai au 1er octobre.

Ressources   Très étendues : grand nombre d'Hôtels et de Maisons meublées. Teplitz est une des villes d'eaux les plus fréquentées de l'Allemagne. — Elles sont connues depuis la fin du XVIᵉ siècle.

Les *installations balnéaires* sont bien aménagées, confortables et même luxueuses. On compte une dizaine d'Établissements Thermaux et, en outre, de nombreux Établissements Hospitaliers Civils et Militaires.

Les Eaux. — Chaudes, peu minéralisées. Elles *émergent* du terrain plutonien ; le porphyre granitique constitue les collines qui entourent la ville.

Les *sources* sont très nombreuses ; elles diffèrent par leur thermalité, échelonnée entre 49°,3 et 25°,8 ; mais elles offrent toutes une composition identique, car elles ont toutes une même origine. Les unes sourdent à Teplitz, les autres à Schönau.

Les principales sont : — 1° à Teplitz : Haupt quelle (Source Principale), Sandbadquelle (Source du Bain de Sable), — Frauenbadquellen (Sources du Bain des Dames), — Gartenquellen (Sources du Jardin)... — 2° à Schönau : Steinbadquelle (Source du Bain de Pierre), — Schlangenbadquelle (Source du Bain des Serpents), — Neubadquelle (Source du Bain Nouveau), — Stefanbad (Bain d'Étienne)...

Le *débit* total journalier est très considérable. La source qui donne le plus fort volume d'eau est aussi la plus chaude ; c'est la Hauptquelle : 6 000 hectolitres par 24 heures.

Températures ·

Hauptquelle......................................	48°
Frauenbadquelle..............................	47°,5
Neubadquelle..................................	44°.7
Schlangenbadquelle..........................	39°,1
Steinbadquelle................................	38°,2
Gartenquelle...................................	28°,4

(SONNENSCHEIN.)

Particularités physiques. — L'eau est limpide, elle n'a ni odeur ni saveur. Dans les bassins elle présente une belle teinte bleue. Elle dépose un sédiment ocracé.

Modes d'emploi. L'usage de la Boisson est à peu près abandonné ; le traitement externe est presque exclusivement employé : Bains, Bains de Piscine, Douches ; — Boues. — On y pratique le

Massage et on y fait des Cures de Lait et de Petit Lait.

La durée et la température des bains sont subordonnées au cas particulier : cette température est obtenue à volonté par voie de refroidissement à l'aide du serpentinage. « Il est rare qu'on dépasse 40°, excepté dans la piscine du Frauenbad, où s'est conservée l'habitude très ancienne de l'immersion à 45° » (Lebret).

Applications thérapeutiques. — La principale indication est la Goutte, mais dans sa forme atonique, dans sa forme vague, dispersée, plutôt étendue en surface et à déterminations plus volontiers viscérales que périphériques. — Nous en dirons autant du Rhumatisme. — Elles rendent aussi des services dans la Neurasthénie; elles seraient même utilement applicables à certaines formes du Lymphatisme et de la Scrofule.

Analyse de la Hauptquelle :

Acide carbonique demi-combiné.........	111^{cc},047
— — libre.................	3 ,412
Azote.........	5 ,094
Oxygène	1 ,836
Carbonate de soude....................	0^{gr}.4143
— de lithine...................	0 ,0005
— de chaux...................	0 ,0691
— de strontiane...............	0 ,0021
— de magnésie.........	0 ,0114
— d'oxyde de manganese.........	0 ,0018
— — de fer...............	0 ,0155
Sulfate de potasse.....................	0 ,0228
de chaux.....................	0 ,0560
Chlorure de sodium....................	0 ,0629
Fluorure de calcium...................	0 ,0017

Alumine............................... 0^{gr},0000,5
Acide silicique........................ 0 ,0475
Humine............................... 0 ,0102
Arsenic............................... traces

0 ,7181

(SONNENSCHEIN.)

🎇 GASTEIN ou WILDBAD-GASTEIN 🎇

(Autriche. Duché de Salzbourg)

Voies d'accès. De la station du chemin de fer de Lend à Gastein : Route de voitures, 34 k.

Altitude. — Environ 1 000 m.

Situation, aspect général. Sur les confins du duché de Salzbourg, de la Styrie et du Tyrol, dans une vallée au centre d'une des plus belles régions des Alpes et entourée de hauteurs boisées. Le hameau est bâti sur les deux rives de l'Ache, qui y forme une superbe cascade. La vallée s'appelle *Gastein*, le hameau lui-même se nomme *Wildbad-Gastein* ou *Bad-Gastein*.

Le *climat* est alpestre, mais la station est abritée.

Saison. — Du 15 mai au 1er actobre.

Ressources. — Hôtels luxueux, Maisons meublées très confortables, magnifiques promenades.

Les *installations balnéaires* sont très bien aménagées.

La station était connue dès le VIIe siècle.

Les Eaux. Thermo-Minérales simples.

Elles *émergent* du terrain primitif.

Les *Sources* sont nombreuses, elles ont une même origine et une composition semblable ; elles ne diffèrent que par leur température. Il y en a 8 principales, dont voici les noms avec leurs températures respectives :

Furstenquelle (source du Prince).................... 71°,5
Hauptquelle (source Principale)........, ... 49°
Schröpfbad ou Chirurgenquelle (source du Ventouseur
    ou des Chirurgiens)............................... 45°
Doctorsquelle (source du Docteur)...............,... 43°,3
Trinkquelle (source de la Buvette)...........,....... 42°,5
Ferdinandsquelle (source de Ferdinand)... .... 41°
Wasserfallquelle (source de la Cascade)............. 35°
Grabenbäckerquelle (source du Boulanger du quai)... 31°

Cette dernière émerge sur la rive gauche; la précédente, ainsi que son nom l'indique, sourd au milieu de la cascade; les six premières jaillissent sur la rive droite.

Particularités physiques. — Cette eau est limpide, elle n'a ni odeur ni saveur, elle ne se décompose pas à l'air et ne dépose aucun sédiment.

Minéralisation. — Ces diverses sources ne sont pas plus minéralisées que l'eau douce ordinaire de bonne qualité.

Modes d'emploi. — Elles sont utilisées surtout en Bains, en Bains courts généralement, mais à une température de 37° à 38°.

Applications thérapeutiques. — Elles se déduisent de la thermalité et aussi de l'altitude. — Ces eaux sont indiquées dans les états où il y a lieu de calmer le système nerveux et en même temps de remonter l'état général. — Rhumatismes, Anémies, épuisements Nerveux, États divers de Dépression liés à des hémorragies, à des convalescences prolongées, à des commotions morales.

Analyse :

Acide carbonique........	0 ,188	⎫
Oxygène.................	0 ,905	⎬ p. 100 p. d'eau.
Azote..............	2 ,025	⎭

Sulfate de soude........................	0^{gr},2016
— de potasse	0 .0017
Chlorure de sodium.....................	0 ,0526
Carbonate de soude.....................	0 ,0061
— de chaux.....................	0 ,0547
— d'alumine.....................	0 ,0038
d'oxyde de fer.................	0 ,0070
de manganèse...................	0 ,0028
Phosphate basique d'alumine..............	0 ,0055
Acide silicique.........................	0 ,0335
Fluorure de calcium, Strontiane, matières organiques........................ .	traces
	0 ,3676

(WOLF, 1846.)

❋ SCHLANGENBAD (Prusse. Hesse-Nassau) ❋

Voies d'accès. — Ligne de la rive droite du Rhin. — Station d'Eltville.   De la gare d'Eltville à Schlangenbad : 1 h. de voiture.

Situation, aspect général   Village, à 4 k. de Schwalbach, dans une vallée étroite et profonde, boisée, d'aspect assez triste, — sur le versant méridional du Taunus.

Altitude. — Environ 300 m.

Climat. — De moyenne altitude, assez doux.

Saison. — Du 1er mai au 1er octobre.

Ressources. — Restreintes, quelques Hôtels.

2 Établissements thermaux bien installés.

Les **Eaux** sont *Chaudes, Faiblement Minéralisées*; cette double considération, jointe à celle de l'emploi presque exclusif des moyens balnéothérapiques, et à celle des indications, nous fait classer cette eau parmi les agents de la médication *Thermo-Minérale Simple.*

8 *sources*, dont la *température* est comprise entre 27° et 32°. — Ces eaux n'ont ni odeur ni saveur· elles sont extrêmement onctueuses et très limpides; en masse elles ont une teinte bleue. — On les emploie presque exclusivement en Bains et surtout en bains de Piscines.

Applications thérapeutiques. — La dominante thérapeutique est l'action Sédative. — On utilise cette action dans des états très divers où il y a prédominance de l'État Nerveux, abstraction faite d'ailleurs de la nature de ces états pathologiques, surtout Maladies des Femmes, Rhumatismes, Dermatoses. — On emploie souvent aussi ces eaux comme complément de la cure de Schwalbach et de Wiesbaden.

INDEX ALPHABÉTIQUE

TABLE MÉTHODIQUE DES MATIÈRES

Coulommiers. — Imp. P. BRODARD. — 375-96.

Lightning Source UK Ltd.
Milton Keynes UK
UKHW02f0754130918
328823UK00013B/1093/P

9 780282 860219